信通社区 ICT BOOKS　　5G网络规划设计技术丛书　　华信咨询设计研究院专家团队

5G宽带集群网络规划设计及应用

李燕春　徐 恩　谢家林　毛卓华◎编著

U0276732

人 民 邮 电 出 版 社

北 京

图书在版编目（CIP）数据

5G宽带集群网络规划设计及应用 / 李燕春等编著
. -- 北京 ：人民邮电出版社，2023.3（2024.3重印）
（5G网络规划设计技术丛书）
ISBN 978-7-115-60066-0

Ⅰ．①5… Ⅱ．①李… Ⅲ．①宽带通信系统—网络规
划 Ⅳ．①TN914.4

中国版本图书馆CIP数据核字(2022)第172162号

内 容 提 要

　　本书以无线接入技术的基础知识为切入点，建立无线接入技术与频谱规划之间的联系，围绕技术、产业和应用三大核心要素，结合具体实际案例，全面阐述宽带集群基础知识、应用转化的场景和行业、产业发展现状及趋势；深入浅出地解析增强型长期演进技术（enhanced Long Term Evolution，eLTE）集群宽带系统的物理层结构，包括频率指配、多天线技术、信息质量反馈机制、时隙配置、公共开销配置、子帧结构及无线资源管理（Radio Resource Management，RRM）算法，以及设备到设备（Device to Device，D2D）应急通信等关键技术；详细描述了宽带集群专网在不同业务类型下的覆盖能力、系统容量评估方式。同时，本书列举了大量行业运用中典型应用场景和解决方案，使读者能够系统地了解宽带集群的技术优势和产业发展方向。

　　本书适合从事频谱管理的人员，专网规划设计、运营维护人员，市场规划的工程技术人员和管理人员参考使用，也可作为高等院校通信工程相关专业师生的参考用书。同时，本书也适合对宽带集群技术感兴趣的相关人员阅读。

◆ 编　著　李燕春　徐　恩　谢家林　毛卓华
　　责任编辑　刘亚珍
　　责任印制　马振武

◆ 人民邮电出版社出版发行　　北京市丰台区成寿寺路 11 号
　　邮编　100164　　电子邮件　315@ptpress.com.cn
　　网址　https://www.ptpress.com.cn
　　北京天宇星印刷厂印刷

◆ 开本：787×1092　1/16
　　印张：21.5　　　　　　2023 年 3 月第 1 版
　　字数：506 千字　　　　2024 年 3 月北京第 2 次印刷

定价：159.80 元

读者服务热线：(010)81055493　印装质量热线：(010)81055316
反盗版热线：(010)81055315
广告经营许可证：京东市监广登字 20170147 号

编委会

策 划

王鑫荣　朱东照　汪丁鼎　肖清华　彭 宇

编 委

丁 巍　许光斌　张子扬　汪 伟　吴成林

张建国　肖清华　周黎明　杨东来　单 刚

周 悦　赵迎升　徐伟杰　徐 辉　颜 永

陶伟宜　景建新　尚广广

序 PREFACE

　　当前，第五代移动通信技术（5th Generation Mobile Communication Technology，5G）已日臻成熟，国内外各大主流运营商积极准备 5G 网络的演进升级。促进 5G 产业发展已经成为国家战略，我国政府连续出台相关文件，加快推进 5G 商用，加速5G 网络建设进程。5G 和人工智能、大数据、物联网及云计算等的协同融合成为信息化新时代的引擎，为消费互联网向纵深发展注入后劲，为工业互联网的兴起提供新动能。

　　作为信息社会通用基础设施，当前国内 5G 产业建设和发展如火如荼。在网络建设方面，5G 带来的新变化、新问题需要不断地探索和实践，尽快找出解决办法。在此背景下，在工程技术应用领域，亟须加强针对 5G 网络技术、网络规划和设计等方面的研究，为 5G 大规模建设做好技术支持。"九层之台，起于累土"，规划建设是网络发展之本。为抓住机遇，迎接挑战，做好 5G 建设工作，华信咨询设计研究院有限公司组织编写了系列丛书，为 5G 网络规划建设提供参考和借鉴。

　　本书作者工作于华信咨询设计研究院有限公司，长期跟踪移动通信技术的发展和演进，一直从事移动通信网络规划设计工作。作者已出版有关 3G、4G 网络规划、设计和优化的图书，也见证了 5G 移动通信标准诞生、萌芽、发展、应用的历程，参与了 5G 试验网的规划设计，积累了 5G 技术和工程建设方面的丰富经验。本书有助于工程设计人员更深入地了解 5G 网络，更好地进行 5G 网络规划和工程建设。

中国工程院院士

郭昼恒

前言 FOREWORD

　　"一带一路"倡议的全面实施为中国企业"走出去"创造了战略机遇，搭建了国际化大平台，推动中国制造业由大变强。已具备国际竞争能力的电信企业正在纷纷探索"走出去"战略，参与国际竞争，拓展自身生存与发展空间。作为国内自有知识产权的宽带集群通信（Broadband Trunking Communication，B-TrunC[1]）标准，已经成功通过中国通信标准化协会及国际电信联盟的认证，成为世界级的标准，这是国际电信联盟首次采纳中国宽带集群标准。国内设备商纷纷推出基于 B-TrunC 标准的产品和解决方案，推动宽带集群产业迅速增长。我国宽带集群产业联盟在标准制定、产品认证、互联互通测试和产业发展等方面发挥了重要作用，遵循 B-TrunC 标准的产品和解决方案已经广泛应用于无线政务、公共安全、交通、能源等行业领域。

　　为了适应 1800MHz 频段本地无线接入技术的发展，根据我国无线电频率划分规定及频率使用现状，满足交通（城市轨道交通等）、电力、石油等行业专用网和公众通信网的应用需求，工业和信息化部发布了《关于重新发布 1785-1805MHz 频段无线接入系统频率使用事宜的通知》，用于指导 1785-1805MHz 频段的分布和行业用频，标志着专网系统完成同步码分多路访问（Synchronous Code Division Multiple Access，SCDMA）向 LTE（Long Term Evolution，长期演进）的政策转变，为近几年专网飞速发展奠定了坚实的基础。2020 年 3 月，工业和信息化部正式通过和发布了《基于 LTE 技术的宽带集群通信（B-TrunC）系统（第二阶段）总体技术要求》（YD/T

---

1. B-TrunC 是由宽带集群产业联盟制定的基于 TO-LTE 的"LTE 数字传输 + 集群语音通信"专网宽带集群系统标准。

3839-2021），宽带集群通信市场的政策环境进一步优化，标准化工作进展顺利，行业的宽带化发展规划更加清晰，国家对行业专网宽带化升级给予了大力支持，1.4GHz、1.8GHz 频率资源先后被确定为行业宽带专网的使用频段，突发事件应急管理体系建设已全面纳入《中华人民共和国国民经济和社会发展第十四个五年规划和 2035 年远景目标纲要》（以下简称"十四五"规划）。在国家政策、用户需求、标准发展、产业成熟等多重利好因素的拉动下，宽带集群通信产业正在蓬勃发展。

本书共有 7 章。第 1 章主要介绍了宽带多媒体集群系统历史发展进程、宽带集群（B-TrunC）标准化进程及产业发展现状，结合我国产业政策和技术发展路线，定义了宽带集群多媒体通信技术特征及频谱划分。

第 2 章主要介绍了宽带集群系统架构、业务功能、性能指标、关键性技术及端到端的信令流程等内容，并对复杂环境下的融合通信系统的组网方案进行深入剖析。

第 3 章深入浅出地解析增强型长期演进技术（enhanced Long Term Evolution，eLTE）集群宽带系统的物理层结构，例如，频率指配算法、多天线技术、信息质量反馈机制、时隙配置、公共开销配置、子帧结构及无线资源管理（Radio Resource Management，RRM）等关键技术，阐述了宽带集群专网在不同业务类型下的覆盖能力、系统容量及与频谱带宽之间的内在联系。

第 4 章主要介绍了宽带集群专网频谱管理要求及创新应用，并对全球宽带集群频谱发展现状、频率可用性、系统间兼容性、外系统共存及频段内系统共存进行分析，提出干扰规避技术和保护方法。

第 5 章着重对应急通信中的直连通信技术的物理层结构进行深入分析，通过直连通信混合自动重传请求（Hybrid Automatic Repeat Request，HARQ）操作、功率控制、测量与反馈机制及资源分配过程，直观地呈现直连通信的容量计算方法和覆盖能力评估机制。

第 6 章主要围绕技术、产业和应用三大核心要素，全面阐述宽带集群系统应用转化场景、网络规划原则、面向 5G 联合组网等技术，并结合公共安全、轨道交通、机场、电力等行业的具体案例进行了简单的介绍。

第 7 章展望了宽带集群通信系统与 5G 融合发展路径、增强的集群技术及研究热点，涉及安全技术、双模架构、深度定制、多播技术、信道适配技术等热点方向，对宽带集群通信系统在未来工程应用上能够起到"抛砖引玉"的作用。

本书由华信咨询设计研究院有限公司（以下简称"华信设计院"）总工程师朱东照统稿，李燕春编写第1、2、3、4章，徐恩编写第5章，谢家林编写第6章，毛卓华编写第7章。在本书编写和审校的过程中得到华信设计院多位领导和同事的大力支持，特别是王鑫荣总经理、网络规划研究院周振勇院长、无线专业委员会主任肖清华博士、技术发展部沈梁博士，在此表示感谢！在本书编写过程中，还得到无线电管理委员会、设备供应商等单位的支持和帮助，另外我们还参考了许多学者的专著和研究论文，在此一并致谢！

由于作者水平有限，书中可能存在诸多不足，恳请各位读者和专家提出宝贵的意见和建议。

李燕春

2022 年 12 月

目录 CONTENTS

第3章　宽带集群通信系统

第4章　宽带集群系统频谱管理

第5章 宽带集群直连通信技术

第6章 行业应用规划案例

第7章　宽带集群技术演进展望

绪论

Chapter 1

第1章

导读

　　随着 5G 的大量应用,"万物互联"正成为现实。无线移动通信技术发展至今,已经到第 5 代,每一代革新都实现了更快的传输率、更宽的网络频谱、更灵活的通信方式、更高的通信质量。用户期望一张网络同时具有语音、数据和视频等业务。宽带数字集群系统可实现可视化的生产调度、视频监控等大宽带需求,同时,也能提供广泛的物联网接入能力,融合了 5G 和数字集群技术,满足了此类用户的需求,因此它被广泛运用。近年来,我国承办了一些国际大型活动,并在应对突发事件中积累了大量的经验,依靠行业无线专网快速便捷的指挥调度功能,提升了维护公共秩序、处置突发情况、保障灾后救援等方面的应急反应能力。

　　随着工业化和信息化融合的稳步推进,公共安全、交通运输、能源、金融和农林生产等行业充分认识到信息化改造对提升竞争力的重要性,在满足行业安全生产及经营管理等方面对无线专网有迫切需求。

●● 1.1 集群通信的定义及历史发展回顾

1.1.1 集群通信的定义

集群通信系统是一种用于集团调度指挥通信的移动通信系统，主要应用在专业移动通信领域。该系统具有的可用信道为系统的全体用户所共用，具有自动选择信道功能，它是共享资源、分担费用、共用信道设备及服务的多用途、高效能的无线调度通信系统。集群通信的最大特点是话音通信采用即按即通（Push To Talk，PTT），以一按即通的方式接续，被叫无须摘机即可接听，且接续速度较快，并能支持群组呼叫等功能。它的运作方式以单工、半双工为主，主要采用信道动态分配方式，并且用户具有不同的优先等级和特殊功能，通信时可以一呼百应。集群的概念最早是从有线电话通信中的"中继"概念而来的。1908 年，贝尔电话公司的 E.C. 莫利纳发表的"中继"曲线的概念，证明了一群用户共用若干中继线路的概率可以大大提高中继线的利用率。"集群"这一概念应用于无线电通信系统，把信道视为中继。"集群"的概念，还可从另一个角度来认识，即与机电式（纵横制式）交换机类比，把有线的中继视为无线信道，把交换机的标志器视为集群系统的控制器，当中继为全利用度时，就可将其认为是集群的信道。集群系统控制器能把有限的信道动态地、自动地、最佳地分配给系统用户，实际上就是信道全利用度或我们经常使用的术语——信道共用。

1.1.2 集群通信技术的发展历程

集群通信系统追随公众移动通信系统 [1] 的步伐，经历了与蜂窝移动通信系统类似的发展历程，从 20 世纪 60 年代到现在，集群通信从模拟系统发展到数字系统，并朝着宽带化、互联网协议（Internet Protocol，IP）化的方向不断演进，集群通信系统的传输速率、系统容量、网络性能等指标不断提升。集群通信技术不断演进，为用户提供越来越丰富的服务。集群通信系统已经成为移动通信系统中的一个重要的组成部分。集群通信技术的演进线路如图 1-1 所示。

第一代模拟集群通信系统发展于 20 世纪 90 年代，代表系统为诺基亚公司推出的基于 MPT-1327 标准的 Actionet 系统，日本 FAST 公司和美国 Motorola 公司推出的 Smartnet。模拟集群通信系统只能提供单纯的语音对讲功能，数据速率仅为 2.4kbit/s。随着无线通信技术的发展，以及集群通信应用领域的复杂化、多样化，语音通信已不能满足用户的传输文本、

---

1. 公众移动通信系统是指大众所使用的移动通信网络，而不是指专用。

查看图片、观看视频等业务需求。

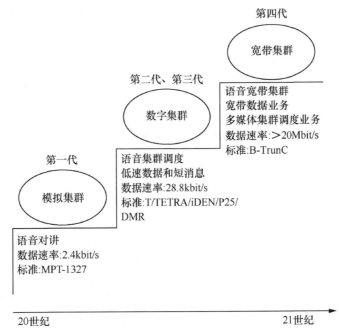

图1-1　集群通信技术的演进线路

第二代窄带数字集群通信系统兴起于 20 世纪 90 年代，支持语音、低速数据通信以及更好的安全性，集指挥调度、电话互联、数据传输、短消息通信等功能于一体，是国内应用最广泛的集群通信系统，代表系统包括欧洲电信标准组织（European Telecommunications Standards Institute，ETSI）定义的基于时分多址（Time Division Multiple Access，TDMA）技术的陆地集群无线电（Terrestrial Trunked Radio，TETRA）系统；美国摩托罗拉公司制定的一种基于 TDMA 方式的集成数字增强型网络（Integrated Digital Enhanced Network，iDEN）系统；华为技术有限公司研制开发的基于全球移动通信系统（Global System for Mobile Communications，GSM）技术的 GT800 系统，以及中兴通讯股份有限公司自主研发的基于 CDMA（Code Division Multiple Access，码分多址）2000 1x 技术的 GoTa 系统。从国内应用来看，TETRA 系统网络增长最快，在全国已建的数字集群通信网络中，TETRA 系统网络约占 2/3。纵观目前主流的数字集群通信系统，均以语音作为关注的重点，对于数据业务只能提供较低速率的支持。在分组数据传输方面，GT800 的理论速率只有 171.2kbit/s；GoTa 为 153.6kbit/s；TETRA 为 28.8kbit/s，其改进后的系统 TETRA 增强数据业务（TETRA Enhanced Data Service，TEDS）在理想情况下的传输速率不超过 700kbit/s；iDEN 只有 22kbit/s，其改进后的系统宽带集成数字增强型网络（Widen Integrated Digital Enhanced Network，WiDEN）传输速率为 384kbit/s。在电路型数据传输方面，GoTa 为 14.4kbit/s，GT800 为 9.6kbit/s，TETRA 为 7.2kbit/s。由此可见，目前，各数字集群系统的数据业务速率均未达到 Mbit/s 数量级，不能达到宽带数据业务的要求，各个系统很难实现宽带化。另外，在频谱利用率和覆盖方面，现有的数字集群系统不能很好地满足需求。

第三代数字集群通信系统以语音和宽带数据为主，支持标清视频传输，代表系统包括基于 IEEE 802.16 标准的微波存取全球互通（Worldwide interoperability for Microwave Access，WiMAX）、北京信威通信公司 SCDMA 综合无线接入系统的演进版本多载波无线信息本地环路（Multicarrier Wireless Information Local Loop，McWiLL）系统等。WiMAX 由于受到频率资源及管理政策的限制，主要应用于韩国、北美、欧洲等国家和地区，在我国并无商用案例。并且，WiMAX 终端受制于英特尔芯片的规模商用，价格偏高，很难被我国用户接受。McWiLL 系统具有自主知识产权，可提供端到端的解决方案，在国内外均有一定的应用。

第四代宽带数字集群通信系统除提供语音通信，还支持高质量音频、高清图像、高清视频等数据超高速传输，代表系统为我国自主研发的基于 4G 技术的时分长期演进（Time Division Long Term Evolution，TD-LTE）宽带数字集群通信系统。基于 LTE 技术的宽带集群通信（B-TrunC）空中接口标准是由中国通信标准化协会（China Communications Standards Association，CCSA）制定，并被国际电信联盟无线电通信部门（ITU-Radio Communications Sector，ITU-R）写入公共保护和抢险救灾（Public Protection and Disaster Relief，PPDR）建议书，成为 ITU-R 推荐的 PPDR 宽带集群空中接口标准。B-TrunC 标准主要面向公共安全、城市管理和应急、能源交通等行业的调度指挥和生产作业的宽带化需求，是目前宽带数字集群专网系统建设所采用的主要技术标准。全球 TETRA 和关键通信协会（TETRA and Critical Communications Association，TCCA）将 LTE 确定为其宽带集群通信技术演进方向。B-TrunC 标准在兼容 LTE R9 宽带数据业务的基础上，增强了语音集群和多媒体调度等宽带集群功能，支持从 1.4～20MHz 的灵活带宽。B-TrunC 空中接口采用了创新的下行共享信道技术，极大地提高了组呼通信业务的频谱效率，集群功能性指标达到或超过专业数字集群的技术水平，是国际上较早支持点对多点语音通话、多媒体集群调度等公共安全与减灾应用的宽带集群通信标准。

当今，集群通信系统在我国的发展还落后于公众移动通信系统，其技术创新和产业链等方面还不完善，在数据传输能力和多媒体业务的支持能力方面仍有较大的提升空间。目前，集群通信技术正在向系统 IP 化、业务多样化、数据宽带化、终端多模化的方向发展，主要体现在信道容量的增加、频谱利用效率的增强、传输性能的提升，以及构建于此基础上的多种应用在功能上和性能上的增强，包括移动办公、多媒体集群调度、视频监控、城市应急联动等方面的应用。同时，集群通信系统还要求采用低成本、可伸缩、可配置的全IP 无线多媒体网络架构，并能够实现平滑演进。

●● 1.2 我国集群通信的发展现状

1.2.1 国内集群通信技术体系

我国于 1989 年引进模拟集群系统，并于 1990 年投入使用。随着数字通信技术的发展，集群通信系统也开始向第二代数字技术发展，最主要的特点是采用了 TDMA 和 CDMA 通信方式。各集群使用企业为了满足其各自不同的要求，采用了独立建设集群通信网络的方案，因此众多企业的集群网络在网间互联互通、频率资源使用、整体建设等方面存在诸多问题。另外，国外通信头部企业通过控制核心技术并设置专利等知识产权保护壁垒，使内部接口基本不公开，技术开放性很差，系统和终端设备市场价格居高不下，也制约了中国数字集群的产业化进程和规模应用。为了促进中国数字集群产业的发展，原信息产业部牵头制定了中国集群技术的发展规划，并在新的《中华人民共和国电信条例》中第一次将数字集群纳入基本电信业务范畴，同时组织国内电信运营商开展 800MHz 数字集群商用实验。例如，中国卫通在济南、南京及天津开展了中兴基于 CDMA 技术体制的 GoTa 共网商用实验，中国铁通在沈阳、长春、重庆开展了中兴基于 CDMA 技术体制的 GoTa 和华为基于 GSM 技术体制的 GT800 两种技术体制的数字集群共网商用实验。但近几年的商用实验情况并不理想。

根据数字集群商用实验的实践情况，我国数字集群共网发展缓慢的原因主要有以下几个方面。我国信息技术发展较晚，信息基础设施不完善，但考虑到国家的通信安全和购买国外通信设备的投资成本，我们需要具有自主知识产权的数字集群通信系统，中兴推出的基于 CDMA 技术体制的 GoTa 虽然在国内取得了较快的发展，成功服务于天津港、潍坊城市应急联动等国内重大项目和体育赛事，取得了 100 多项发明专利，并且已经走出国门，但也应看到同欧美国家传统数字集群技术体制 TETRA、iDEN 相比，我国的数字集群技术从网络规模、呼叫时延、技术演进、终端质量和产业链上还存在一定差距。

1998 年 3 月，国际电信联盟（International Telecommunications Union，ITU）专门发布了一份题为《用于调度业务的高效频谱的数字陆上移动通信系统》（*Spectrum Efficient Digital Land Mobile System for Dispatch Traffic*）（ITU-R37/8）的文件。ITU 在该文件的附件中推了 7 个数字集群通信系统体制，我国选用了 TETRA 和 iDEN 两种体制。ITU 推荐的数字集群通信体制见表 1-1。

表1-1 ITU推荐的数字集群通信体制

数字集群体制	注释	提出组织/国家
TETRA	陆地集群无线电	欧洲电信标准协会
PROJECT 25	即 APCO-P25，美国公共安全通信官员联盟第 25 项	北美

续表

数字集群体制	注释	提出组织 / 国家
DIMRS	即 iDEN，数字综合移动无线电系统（Digital Integrated Mobile Radio System，DIMRS）	北美
IDRS	集成分配无线电系统（Integrated Dispatch Radio System，IDRS）	日本
Tetrapol System	警用 TETRA	法国
EDACS	增强数字接入通信系统（Enhanced Digital Access Communication System，EDACS）	瑞典
FHMA	跳频多址（Frequency Hopping Multiple Access，FHMA）	以色列

1. 陆地集群无线电

TETRA 标准是由 ETSI 制定的，它的技术指标和性能满足广大的处理应急业务、工业和商业部门的专用用户的使用要求。

2. APCO-P25

APCO-P25 标准是由美国公共安全通信协会（Association of Public Safety Communication Officials，APCO）、国家电信管理者协会（the National Association of State Technology Directors，NASTD），以及联邦政府用户等合作的一个项目，这个标准是针对公共安全领域和政府工作的广大用户的需要而制定的。

3. 集成分配无线电系统

IDRS 标准是由日本工商联合会制定的，这个标准所确定的技术指标能满足应急业务、商业和工业等领域的广大专业用户需求。

4. 数字综合移动无线电系统

DIMRS 是北美地区用于提供综合调度业务和提高频谱效率的一种方式和措施。摩托罗拉公司的 iDEN 系统和它的前身摩托罗拉集成无线通信系统（Motorola Integrated Radio System，MIRS）就符合 DIMRS 体制。

5. TETRAPOL

TRTRAPOL 的技术指标是由 TETRAPOL 论坛和 TETRAPOL 用户俱乐部提出的，它主要为公共安全部门的用户服务，也可用于其他大型专用网络。

6. 增强数字接入通信系统

EDACS 的一些标准是由美国电信工业协会（Telecommunication Industry Association，TIA）制定的，它提供的基于 EDACS 的技术指标主要是为目前全球现存大量的 EDACS 及设备的互通和兼容而制定的。它的技术指标能满足公共安全、工业、公用事业和商业用户的需要。EDACS 是一个能工作在甚高频（Very High Frequency，VHF）、特高频（Ultrahigh Frequency，UHF）、800MHz 和 900MHz 频段、频率间隔为 25kHz 和 12.5kHz 的双向集群无线电系统。

7. 跳频多址系统

FHMA 是由以色列的一个系统评估和认证部门制定的，研发 FHMA 的主要目的是提高频谱效率。

国际电信联盟仅仅推荐了以上几种体制，并不是限定数字集群通信只能有这 7 个系统。2000 年年底，工业和信息化部正式批准和发布了《数字集群移动通信系统体制》标准。该标准中规定我国的集群工作频段为 806 ～ 821MHz 和 851 ～ 866MHz，双工间隔为 45MHz，频道间隔为 25kHz，共 600 对频点。ETST 规定的 TETRA 工作在 400MHz 频段，共分两段，即 380 ～ 400MHz 供政府等部门使用，410 ～ 430MHz 供公共安全等部门使用，两部分各占有 20MHz 频段。为了进入中国的集群通信市场，国外的各大 TETRA 生产商相应地修改了 TETRA 协议。iDEN 本身就工作在 800MHz 频段，因此不需要过多修改便可应用。

面对国内迅速增长的集群市场，中兴和华为两家公司相继宣布我国自主研发的数字集群通信系统 GoTa 和 GT800 成功完成。2004 年 11 月 2 日，工业和信息化部正式发布了 GoTa 和 GT800 系统的通信标准技术参考性文件，2005 年 5 月，工业和信息化部通过了 GoTa 和 GT800 系统的部级技术鉴定。目前，中国主要应用的几种数字集群技术包括欧洲的 TETRA，美国的 iDEN，以及国内自主知识产权的 GoTa 和 GT800。

通信技术从模拟走向数字，传统的 TETRA、iDEN、GoTa、GT800 等集群网络已难以满足一般话音、业务外的高速数据传输、视频传输等业务的需要，因此，数字集群通信需要沿着宽带化演进之路向前迈进，来满足未来移动办公、多媒体集群调度、视频监控、城市应急联动等方面的多元化应用。多元化应用包括移动办公、多媒体集群调度、视频监控、城市应急联动等各个方面。LTE 技术作为全球 4G 标准，具有高速率、高频谱效率、低时延等优点，并且产业实力雄厚，成为全球无线专网宽带技术的共同选择。基于 LTE 技术的宽带集群技术演进成为全球无线专网发展的共识。我国率先开展了基于 LTE 技术的 B-TrunC 系统标准化工作。目前，国内有 12 家设备厂商推出了 43 款 B-TrunC 产品，产品已在政务、公安、应急、交通、能源等行业广泛部署和应用，促进了宽带集群技术在国内和国际市场的开拓。随着行业用户需求的不断增长，为用户提供多种通信制式的无缝切换能力是未来通信的发展目标。这意味着窄带专网、B-TrunC 宽带专网、公网需要实现互联互通，进一步实现业务融合和统一调度。虽然 5G 标准包含了支持关键任务的通信能力，但 B-TrunC 专网具有独立网络、安全终端、网络／用户优先级需求程度高等特点，与 5G 等通信网络技术的融合发展是当前的趋势之一。

1.2.2 产品市场

1. 系统设备

从 2015 年第一款 B-TrunC 产品问世，到 2019 年行业信息化的大发展时期，芯片、终端、系统设备和一体化设备的种类及款数都呈现了较好的增量趋势。B-TrunC 框架下的系统设备包括核心网、基站等设备产品。目前，系统设备环节已形成多家供货局面。信威、鼎桥、华为、中兴高达、普天、鑫软图、电科七所、大唐、远东通信、海能达、武汉虹信、南京纽鼎等多家设备商可提供不同款型的系统设备。系统设备出厂数量如图 1-2 所示。

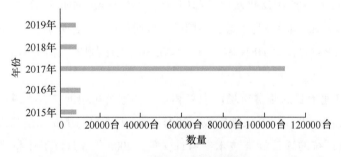

图1-2　系统设备出厂数量

2. 终端产品

成熟的芯片和终端是某种无线技术能够被广泛应用的重要基础。在 B-TrunC 联盟成员中，包括华为海思、中兴微电子、大唐联芯、合肥东芯等多家芯片厂商已经先后推出了支持 B-TrunC 技术的芯片，并得到了大规模的应用。

随着芯片问题的解决，终端的种类也在不断增加。鼎桥、华为、中兴高达、信威、普天、电科七所、大唐、海能达、远东通信、摩托、南京纽鼎等设备商已推出多款终端并投入市场。这些终端的类型包括手持台、车载台、数据终端、单兵背负式终端等，可以满足各种应用场景。以数量最多的手持台为例，其形态以大尺寸触摸屏为主，配置前后高清摄像头、大容量电池，防护等级均高于 IP54，很多型号可达到 IP67。有些终端兼容专网和公网频段，支持双网双待。另外，在公共安全、电力、铁路、城市轨道交通等专业性较强的行业，已有众多第三方厂商推出了经二次开发而成型的行业终端。终端产品出厂数量如图 1-3 所示。

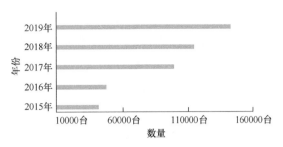

图1-3　终端产品出厂数量

3. 调度台

B-TrunC 联盟中，设备厂商宽带集群系统能提供调度台客户端并可实现宽带集群调度功能。调度台与核心网间 D 接口的开放利于系统集成商在各种终端上实现集群控制功能，以满足不同行业及场景的使用要求，提供调度、管理等功能。目前，信威、普天、电科七所、大唐、远东通信、海能达、武汉虹信等多家设备商有多款调度台设备。调度台出厂数量如图 1-4 所示。

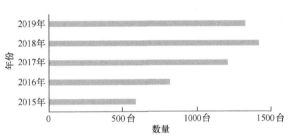

图1-4　调度台出厂数量

4. 一体化设备

应急场景下的通信需求具有时间和地点的不确定性、不可预测性、业务紧急性、网络构建快速性和过程短暂性等特点。一体化系统具有高灵活性、高安全性、易于运输、易于架设部署等特点，为各类紧急情况提供及时有效的通信保障，是综合应急保障体系的重要组成部分，更是抢险救灾的生命线。在事件发生时，能快速完成应急联动网络的组建，确保指挥调度有效、维护政务通信畅通，达到"反恐维稳""保障通信"的目的。目前，联盟已有信威、华为、鼎桥、中兴高达、大唐、普天、烽火、鑫软图、海能达等多家设备商推出一体化系统设备。一体化设备出厂数量如图 1-5 所示。

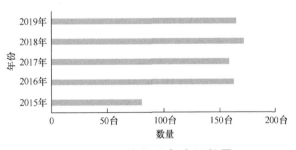

图1-5　一体化设备出厂数量

1.2.3　互联互通认证测试

随着 B-TrunC 标准的完成，2014 年至 2015 年，主要设备商的 B-TrunC 产品陆续完成研发。为了培育我国宽带集群市场，保证产品之间的互联互通，促进行业市场应用，宽带集群产业联盟开展对 B-TrunC 产品的认证工作。B-TrunC 产品认证针对产品的接口协议一致性、产品的功能和性能、不同设备商之间产品的互联互通开展测试。目前，B-TrunC 认证主要有 3 个阶段，分别为第一阶段产品认证、第二阶段产品认证和外场认证。B-TrunC 第一阶段通过产品认证的厂商有信威、鼎桥、华为、中兴高达、普天、鑫软图、电科七所、大唐、海能达、远东通信、摩托、武汉虹信、天津京信、南京纽鼎等。这些设备商推出了 B-TrunC 产品，设备种类有网络设备、手持终端设备、车载终端设备、客户终端设备（Customer Premise Equipment，CPE）和调度台设备。其中，已有 90 款 B-TrunC Rel.1 产品通过了联盟的单系统测试认证。信威、鼎桥、华为、中兴高达、普天、鑫软图、电科七所、大唐、海能达、远东通信、摩托、武汉虹信共计 12 家设备商的 49 款产品颁发了互联互通认证证书。目前，联盟已完成 4 轮互联互通产品认证测试，这标志着不同厂商生产的设备之间已实现互联互通，是 B-TrunC 产业发展的重要里程碑。2019 年 5 月，应市场发展需要，联盟启动了 B-TrunC 第二阶段产品认证测试，已有鼎桥和中兴高达两家设备商的核心网设备、基站设备、手持终端设备，共计 6 款设备通过认证。产品认证测试数量如图 1-6 所示。

图1-6 产品认证测试数量

1.2.4 行业市场

宽带集群通信产品广泛应用在行业建设中，全国都建设有 B-TrunC 网络。目前，全球共建设宽带集群网络 1205 张，我国商用网络达 687 张，占比约为 57%。纵览全球，已经有超过 100 个国家或地区部署了宽带集群的商用网络，主要应用在政府行业、交通、电力、能源油气等领域。其中，政府行业 233 个、交通 134 个、电力 31 个、能源油气 30 个。宽带集群通信产品在中国已广泛应用于垂直行业。其中，电力行业的网络数量最多，呈现地域分布广、网络数量多且用户量分散等特点。无线政务的网络规模最大，行业用户最多。随着基于长期演进的物联网技术（Long Term Evolution-Machine to Machine，LTE-M）标准的应用，轨道交通行业的发展速度最快，已在北京、青岛、上海、南京、郑州、天津、西安、合肥、重庆、南昌、杭州等 24 个城市，建有数十条线路。行业建网数量如图 1-7 所示。

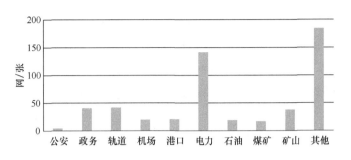

图1-7　行业建网数量

1. 公共安全

我国地市公共安全部门采用 LTE 无线专网建设其新一代宽带无线网络，进行公安宽窄融合试点，为公共安全领域 LTE 宽带集群业务应用提供更加贴近实战的场景。对于公共安全行业专网的建设，各地根据实际情况选择了多种建设方式，一般采取热点覆盖、宽窄结合的分阶段建设的模式，逐步完成主城区乃至全辖区的 LTE 宽带专网覆盖，最终建成窄带加 LTE 融合的公安无线专网。在公安警务宽带专网方面，目前，B-TrunC 解决方案应用在上海、武汉、西安、齐齐哈尔、丽水、吴江等城市，已经建设了数千个基站，网络数突破 100 张，正在使用的警务专网终端达到 5 万部，承载定制的业务应用超过上百种，在这些区域能够实现随时随地的警务执法和移动警务办公。公共安全应用组网如图 1-8 所示。

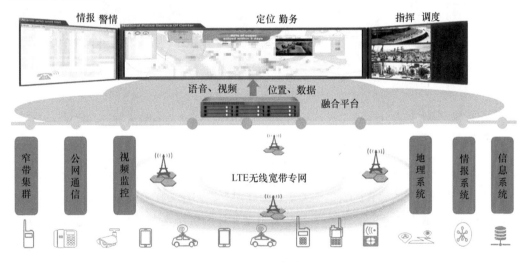

图1-8　公共安全应用组网

2. 无线政务

自 2012 年开始，我国陆续在北京、天津、南京、深圳、海南、湖北、山东、安徽、江西等地开展专网试验。我国政务试验网采取城市或行业申请，无线电管理局授权频率、使用地区和期限的方式开展。我国大中城市政务专网建设和应用将进一步扩大范围，全国多个省市地区已使用或计划使用基于 B-TrunC 标准的宽带多媒体数字集群通信系统构建无线政务专网。在政务宽带专网方面，我国已经建设了数千个基站，建网 50 余张，正在使用的政务专网终端已达到 14 万部，承载定制的业务应用近百种，可实现岗位管理和随时随地的执法办公。无线政务应用组网示例如图 1-9 所示。

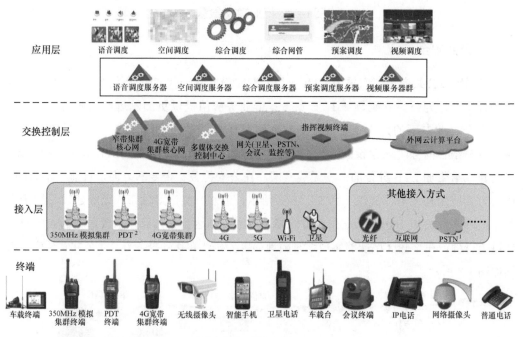

1.PSTN（Public Switched Telephone Network，公共交换电话网络）。
2.PDT（Police Digital Trunking，警用数字集群）。

图1-9　无线政务应用组网示例

3. 轨道交通

轨道交通的发展水平已经成为衡量一座城市综合实力的砝码。而轨道交通的建设和运行需要通信系统的支撑。作为轨道交通运行的底层支撑和综合保障，专网通信显得尤为重要。B-TrunC 系统具有高可靠的抗干扰能力、多业务服务质量（Quality of Service，QoS）保障机制以及高速移动下的稳定性，可实现一张网络同时承载基于通信的列车自动控制（Communication Based Train Control，CBTC）系统、集群调度业务、视频监控、乘客信息系统（Passenger Information System，PIS）和列车运行状态监测等综合信息，为简化车地无线传输系统提供了便利，同时降低了网络部署和维护成本。轨道交通组网示例如图 1-10 所示。

目前，B-TrunC 解决方案共为国内 24 个城市 60 多条线路打造车地无线专网通信系统，包括北京、广州、南京、苏州、郑州、石家庄、上海、贵阳等地的地铁线路，用户数过万。

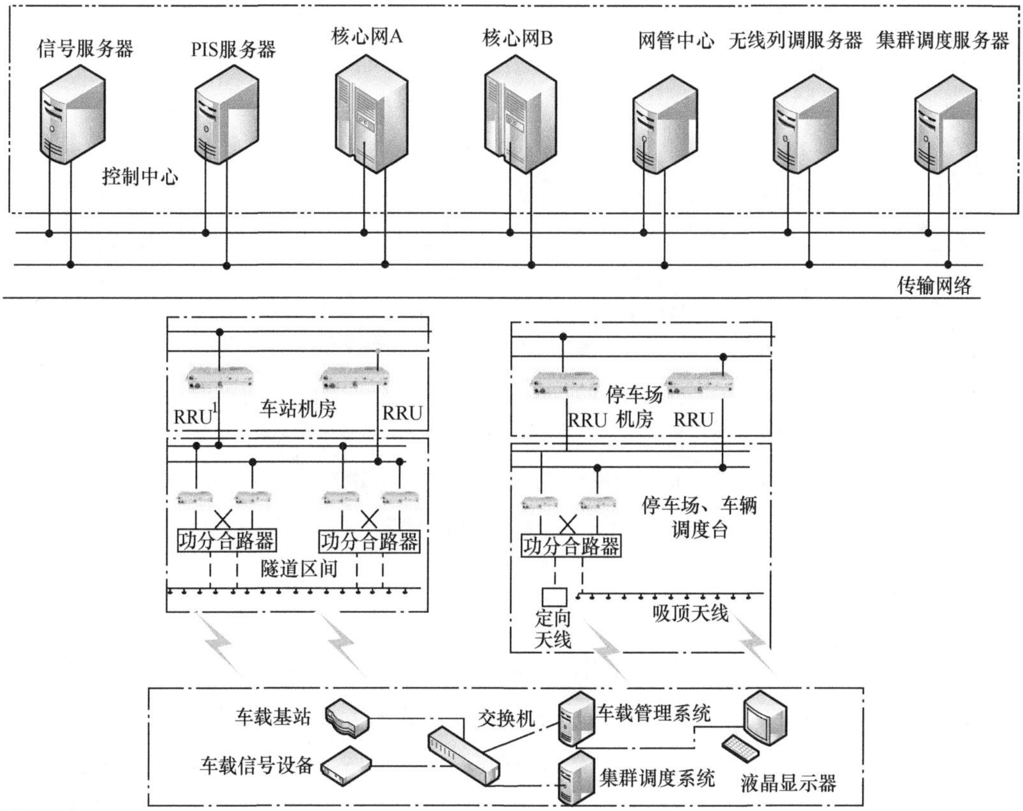

1. RRU（Radio Remote Unit，射频拉远单元）。

图1-10　轨道交通组网示例

4. 应急保障

应急无线专网建成后，依托其强大的无线宽带数据能力和融合的多媒体宽带集群调度功能，可以为快速准确地处置突发事件带来更多的便利。移动监控提供全新的现场信息获取手段，移动应急指挥中心满足了全城指挥调度的工作方式。移动监控和移动应急指挥中心作为移动的现场指挥所，负责现场指挥工作，并与固定应急指挥中心保持实时通信联络，传递语音、图像、视频和数据信息。对于突发事件人员处于移动中的情况，移动指挥中心还可以进行持续跟踪。在应急事件保障中，宽带专网能够实现各子系统的有机整合，各部门彼此联系、信息共享、相互协同。利用一体化系统进行无线视频采集与协同指挥作战，保证在其控制范围内的监控和指挥能力，结合配置视频调度、语音等模块可实现对临时作战群组的监控和提升指挥能力。当发生应急事件时，部署了调度系统和视频回传系统的应急通信车可快速到达现场，就地指挥现场应急，或将现场的视频信息通过卫星回传到指挥中心。回传可根据实际条件使用卫星、微波、公网等方式。应急保障组网示例如图 1-11 所示。

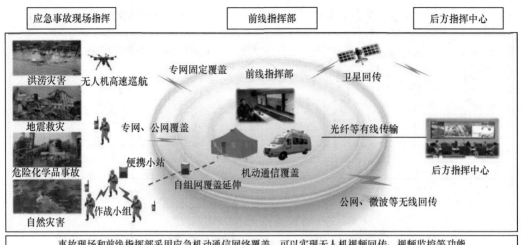

| 应急事故现场指挥 | 前线指挥部 | 后方指挥中心 |

洪涝灾害　无人机高速巡航　专网固定覆盖　前线指挥部　卫星回传

地震救灾　专网、公网覆盖　光纤等有线传输　后方指挥中心

便携小站

危险化学品事故　自组网覆盖延伸　机动通信覆盖

作战小组　公网、微波等无线回传

自然灾害

事故现场和前线指挥部采用应急机动通信网络覆盖，可以实现无人机视频回传、视频监控等功能
应急事故现场指挥采用便携式通信基站进行覆盖，进行现场作业通信
前线指挥部和后方指挥中心通过卫星、微波、公网等传输链路进行互联互通

图1-11　应急保障组网示例

5. 电力

近年来，国家电网在江苏、四川、甘肃、山西、重庆、山东、江西等地陆续使用 TD-LTE 系统开展 TD-LTE 与电力系统业务结合的规模化实验网建设并验收运行，南方电网在珠海、广州、深圳、佛山、贵阳等地分别建设了实验网，运行效果良好。终端种类涉及配网自动化终端、计量自动化业务点终端、视频监控终端等，为电力配用电业务提供安全可靠的通信服务，满足海量中低压电力业务节点的通信需求。目前，各地正在进一步扩容现有网络，覆盖更多的配电节点，接入更多更丰富的业务类型。云南电力、东莞电力及深圳电力部署 TD-LTE 电力应急通信车，实现以应急通信车为中心的区域内抢修人员与指挥人员的实时语音、集群和视频指挥调度，并可与上级指挥中心实现无缝融合通信。供配电组网示例如图 1-12 所示。

截至 2022 年，B-TrunC 电力解决方案已在南京、河北、甘肃、山西、重庆、山东等省市应用，共建设专网百余张，用户数达 4 万多户。

6. 油田

TD-LTE 宽带集群系统已在青海油田得到广泛应用，实现油井、天然气气井、水井井场及小型站点的生产数据自动化采集，实时监控油气田生产数据，可提高油气田生产管理的自动化水平，使油田生产的自动化程度得到进一步提高，对井场作业的安全性也有很大的提升。采用 TD-LTE 无线专网实现油田的智能化管理，能有效提高管理水平和生产效率，降低生产成本，保障生产过程安全，节约能源，保护环境。油田作业组网示例如图 1-13 所示。

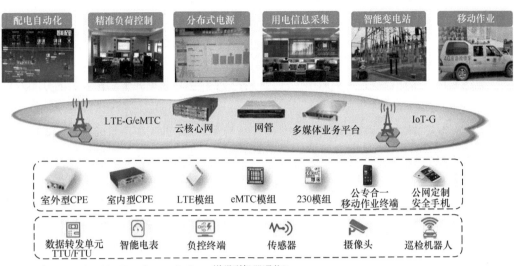

1. eMTC（enhanced Machine Type Communication，增强型机器通信）。

图1-12　供配电组网示例

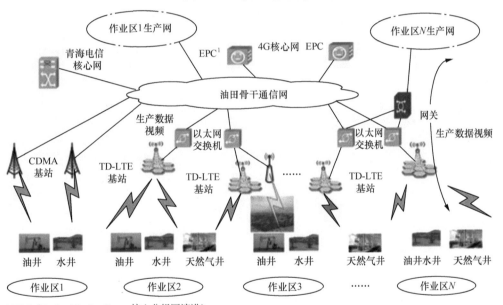

1. EPC（Evolved Packet Core，核心分组网演进）。

图1-13　油田作业组网示例

　　通过建设 B-TrunC 系统，覆盖生产现场的无线网络，并与企业有线网络互联互通，实现各类采集数据的可靠传输；通过数据回传和地理信息系统（Geographic Information System，GIS），在厂区地图中呈现各类传感器和终端的实时状态、数据，配合无线视频调度、集群对讲、智能巡检、人员安全管理等上层应用，使现场操作更加规范化、协同化、科学化和智能化，使人员的安全监控和管理更加主动、及时和准确，进一步加强企业操作作业和安全管控能力，提升企业精细化管理水平。目前，B-TrunC 已在青海油田、塔里木油田等地应用，共建设专网 20 多张，用户数近万户。

7. 煤矿

无线通信技术在煤矿井下的应用已成为煤炭开采时实时掌握井下工作人员的分布及设备作业情况，实时监测井下数据，提高抢险救灾，安全救护和及时搜救的必备系统。TD-LTE 的宽带集群解决方案在煤矿行业主要有三大应用场景：井工矿、露天矿、洗煤厂。对于井工矿场景，TD-LTE 无线专网实现了井下作业区、井上办公区和生活区的全覆盖，同时还可以与运营商网络、煤矿有线网络、其他通信系统实现互联互通；提供的业务包括语音对讲、语音点对点呼叫、车辆调度、远程专家故障诊断、视频回传、挖煤机工作传感器数据采集和控制等；通过专业集群生产调度，满足井下安全生产，防止因水、火、瓦斯、顶板等发生的事故，满足生产、人员、设备之间的运输、安装和调试配合，也满足地面的生产调度管理部门、辅助部门和井下作业及时协调。煤矿作业组网示例如图 1-14 所示。

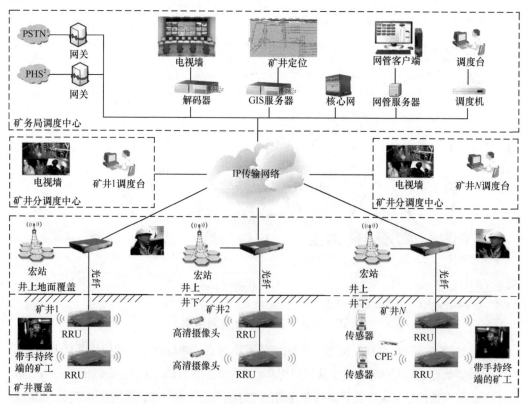

1. PSTN（Public Switched Telephone Network，公共电话交换网）。

2. PHS（Personal Handyphone System，个人手持式电话系统）。

3. CPE（Customer Premises Equipment，用户驻地设备）。

图1-14 煤矿作业组网示例

对于露天矿和洗煤厂室外作业场景，作业矿车的卡调系统通过 TD-LTE 专网承载，能显著提高生产效率，同时保证了矿车的作业安全；作业班组（例如，安防组、爆破组、车队等）通过集群调度能够高效协同作业；各种水位、排水、边坡监测传感器通过 LTE 网络接入后台管理系统，做到全方位的安全物联监测。

8. 机场

近年来，我国航空旅客的数量不断增长。与此同时，许多机场在安全保障、航班正常率等方面面临严重的挑战。解决这些问题无疑需要更强大的信息化支撑，宽带集群逐渐成为较好的选择。宽带集群解决方案通过一张网络为机场提供覆盖航班流、旅客流、行李流和应急救援的全流程调度及管理业务，可综合承载语音、高清视频、即时通信等多媒体调度功能，实现整个流程的数字化。机场作业组网示例如图 1-15 所示。

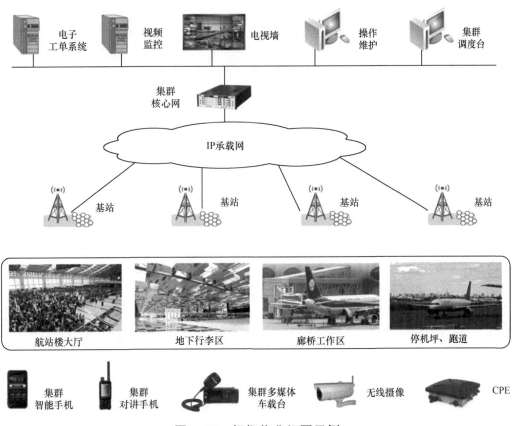

图1-15　机场作业组网示例

历经多年的拓展，宽带集群系统的解决方案已在机场实现规模化运用，基于空间的调度功能有效解决了机场的痛点和难点，重塑机场的工作流程，实现了机场服务水平质的飞跃。目前，全国已有广州白云、南宁吴圩、上海虹桥 / 浦东、重庆江北、三亚凤凰、南京禄口等多家机场部署了宽带集群系统的解决方案，总用户近万。

9. 港口

港口是资源配置的枢纽，在交通运输系统中起着举足轻重的作用。目前，中国的港口建设正向大型化、集约化、专业化、现代化方向发展。同时，港口业务竞争日益激烈，"码头—港口集团—港口"等资源需要不断整合。因此，提升效率是目前港口重要的关注点。港口作业组网示例如图1-16所示。

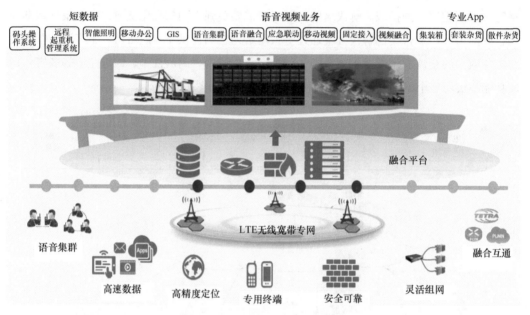

图1-16 港口作业组网示例

基于 B-TrunC 标准的 TD-LTE 宽带集群通信系统是适用于港口码头的无线通信解决方案，它具备高容量、大带宽、广覆盖三大特点，而这三大特点刚好是港口码头无线方案所需要的。TD-LTE 宽带无线专网解决方案，可以提供话音、数据、文字、图片、视频、定位等多种通信手段，即时获取现场作业数据、图像，进行实时录入、交互、存储，统一指挥调度，可以保障企业的安全生产、节能减排、风险防控，质量管理。B-TrunC 解决方案把重要的港口业务，例如，PTT 语音调度、基于 GIS 的精准调度和远程起重机管理系统（Remote Container Management System，RCMS）数据、无线实时视频监控，以及理货业务集成到一张网络中，为客户提供高可靠的专业集群性能、强大的数据传输能力和灵活的带宽分配能力。

10. 石化

石化物联网项目是面向石化企业生产现场的操作执行管理业务，项目按照采集层、传输层和应用层三层架构搭建炼化物联网系统，通过为石化企业现场的装置、罐区、设备和人员等现场管理对象部署各类传感器、手持终端、射频识别（Radio Frequency Identification，RFID）技术等数据采集感知设备，提高企业现场数据自动化采集率。宽带集群系统可以覆盖生产现场的无线网络，并与企业有线网络互联互通，实现各类采集数据的可靠传输；通过数据回传和 GIS，在厂区地图中呈现各类传感器和终端的实时状态、数据，配合无线视频调度、集群对讲、智能巡检、人员安全管理等上层应用，使现场操作更加规范化、协同化、科学化和智能化，使人员安全的监控和管理更加主动、及时和准确，进一步加强企业操作作业和安全管控能力，提升企业精细化管理水平。石化作业组网示例如图 1-17 所示。

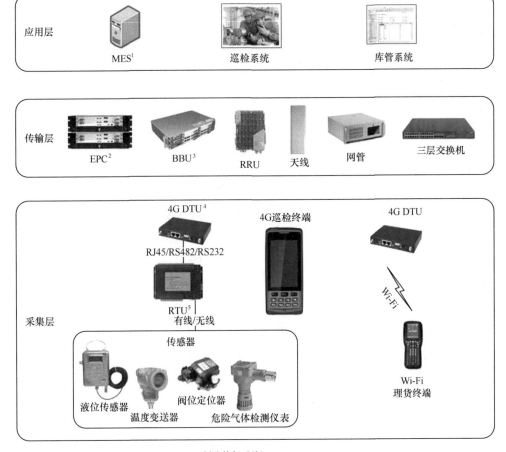

1. MES（Manufacturing Execution System，制造执行系统）。
2. EPC（Evolved Packet Core，核心分组网演进）。
3. BBU（Building Base band Unit，基带处理单元）。
4. DTU（Data Transfer Unit，数据转发单元）。
5. RTU（Remote Terminal Unit，远程终端单元）。

图1-17　石化作业组网示例

基于 B-TrunC 标准的 TD-LTE 宽带集群通信系统是炼化物联网系统网络的重要补充；炼化物联网作为面向生产操作层面的信息系统，主要为炼化企业生产现场的装置、罐区、设备、厂区、周界、物流和人员等现场管控对象部署各类传感器、智能分析设备、射频标签等数据采集感知设备，搭建企业有线和无线网络传输通道，进而实现对现场设备的实时采集与传输，为上层物联应用提供稳定、可靠的现场数据支持；通过现场检测管理、安全防范管理及资产可规划管理等应用，着力提升炼化企业的安全监控水平和智能管控水平。

●●1.3　宽带集群技术的特征及标准化进程

1.3.1　宽带集群技术的特征

宽带集群是集支持宽带数据传输和语音、数据、视频等多媒体集群调度应用业务于一体的专网无线技术，在业务、功能和性能上具有以下典型的技术特征。

1. 业务特征

（1）语音业务

宽带集群系统在语音业务方面要做到"一呼百应"，具有快速指挥调度能力，实现单呼、组呼、全呼、广播呼叫、紧急呼叫、优先级呼叫、调度台核查呼叫。另外，宽带集群系统还需要实现与公用电话交换网（Public Switched Telephone Network，PSTN）、蜂窝移动通信网，以及其他数字集群通信系统，例如，TETRA、警用数字集群（Police Digital Trunking，PDT）等的互联呼叫。

（2）数据业务

宽带集群系统不仅要承载尽力而为类数据业务，还要承载实时控制类数据业务，以实现数据调度功能。例如，在指挥调度过程中，用户可以通过手持终端接收、发送和查询业务的相关数据。因为实时控制类数据业务对时延和可靠性的要求很高，所以在进行系统设计时，需要提供强有力的服务质量保证。

（3）视频业务

行业人员在利用集群通信系统进行指挥调度的过程中，不仅要"听得到"，还要"看得到"，宽带集群系统要承载各种交互型视频业务，包括现场图像上传、视频通话、视频回传、视频监控等。因此，在进行宽带集群系统的设计时，要充分考虑视频编解码、视频传输与无线资源管理三者之间的协调。

2. 功能特征

（1）多业务融合

新时期，无线技术与应用互相促进，集群通信的需求从语音发展到数据，进而有"百闻不如一见"的视频要求，甚至有实现超越标清的高清视频要求。因此，宽带集群系统需要提供语音调度、数据调度、视频调度等多种业务协同的融合调度功能。数据业务和视频业务可以弥补语音业务在准确性、可记录性等方面的缺陷，从而提升全数字化、可视化、高度自动化、可记录及可追溯、事件驱动的指挥调度和协同作业能力。

（2）指挥调度

宽带集群系统需要配有专门、统一的指挥调度中心，根据现场人员反馈的情况，通过有线或无线调度台实现区域呼叫、通话限时、动态重组、滞后进入、遥毙/复活、呼叫能力限制、繁忙排队、监控、环境侦听、强拆、强插、录音/录像等多种操作。另外，指挥调度中心还可以为调度台设置管理级别，实现分级调度管理。

（3）多行业共网管理

宽带集群系统满足城市无线政务消防、医疗、交通、环保等多行业部门共用网络的要求，各行业部门通过虚拟专用网络（Virtual Private Network，VPN）或独立的核心网进行独立的用户签约和业务管理，共享无线接入网和频谱资源。多行业共网不仅可以提高无线基础设施和频谱资源的利用效率，还可以实现高效的协同工作，满足跨地域、跨部门的大规模现代指挥调度的需求。

3. 性能特征

（1）快速接入能力

宽带集群系统具有快速接入能力，要求组呼建立时间小于 300ms，话权抢占时间小于 200ms，以实现快速的指挥调度。

（2）更高的安全性和保密性

宽带集群系统是针对行业应用而设计的专用指挥调度通信系统，对网络和信息传输的安全性和保密性要求较高，尤其是公共安全等国家安全部门使用的集群网络，一定要防止遭受恶意攻击及信息被截获或篡改等。因此，宽带集群系统应该能够提供包括鉴权、空口加密及端到端加密在内的一整套完备的安全机制，来解决其面临的诸多安全威胁问题。

（3）更高的可靠性

宽带集群系统在网络可靠性方面有着更高的要求，要求具有较强的故障弱化、单站集群和抗毁能力，以提供应对各种突发事件的应急指挥通信能力。宽带数字集群终端还应该具有脱网直通的能力，以便在网络无法覆盖时，能够支持群组用户的脱网直通能力。

1.3.2 宽带集群的标准化进程

美国在 2012 年启动全国 700MHz 公共安全专网 FirstNet 建设，带动了亚太和中东地区的 LTE 公共安全或政府领域专网市场的飞速发展。我国积极开展 1.4GHz TD-LTE 政务网试验，在宽带集群技术发展之初，多种技术方案和产品并存，亟须统一标准，以降低成本促进规模发展。我国自有知识产权的宽带集群标准已经成为世界级标准，这是 ITU 首次采纳我国宽带集群标准。随着 1.4GHz 宽带数字集群专网和 1.8GHz 无线接入系统频率规划的发布，国内各设备商积极推出宽带集群产品和解决方案，宽带集群产业呈井喷式增长。宽带集群作为无线专网技术的重要发展方向，近年来，在重要行业和重大活动中得到了广泛的应用，为保障国家安全，服务地方经济社会发展，推广各行各业信息化应用，提升各行业管理水平，公共服务水平和居民生活质量，发挥了重要作用。

B-TrunC Rel.1 技术标准于 2013—2014 年完成并陆续发布，于 2015 年成为 ITU 推荐的支持点对多点语音和多媒体集群调度的公共安全与减灾应用的 LTE 宽带集群标准。B-TrunC Rel.1 在保证兼容 LTE 数据业务的基础上，增强了语音集群基本业务和补充业务，以及多媒体集群调度等宽带集群业务功能，具有带宽灵活、高频谱效率、低时延、高可靠性的特征，能够满足专业用户对语音集群、宽带数据、应急指挥调度等需求。目前，B-TrunC Rel.1 技术标准已经制定完成，包括总体技术要求、接口技术要求、设备技术要求和相关测试方法共 9 项内容。宽带集群标准的演进如图 1-18 所示。

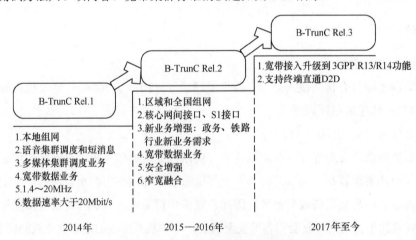

图1-18 宽带集群标准的演进

2021 年 4 月，工业和信息化部发布公告，批准公布《工业互联网平台应用管理接口要求》等 563 项行业标准，其中，包括 11 项 B-TrunC 系统第二阶段标准。这是 2021 年继 B-TrunC 第一阶段 5 项国家标准发布后，我国宽带集群领域取得的又一重要成果。目前，

B-TrunC 在第一阶段和第二阶段已发布 9 项国家标准，23 项行业标准。B-TrunC 第二阶段标准在第一阶段标准的基础上，进一步提升了大规模组网、网间切换和漫游、基站与核心网设备接口开放等能力，提升了对无线政务、公共安全、轨道交通和铁路等行业的宽带多媒体集群调度功能以及定位和多媒体消息等新业务的能力，并实现与窄带数字集群通信、PSTN、公众蜂窝移动通信网的融合互通，为宽带集群和应急通信规模化发展提供了坚实的标准依据。

目前，我国宽带集群产业联盟正在研究制定面向 5G 的宽带集群第三阶段标准，将向更加多样化的场景、更高的业务性能要求和全方位的安全保障方向演进，充分考虑公网和专网的融合发展，宽带和窄带的协同应用，为行业用户提供全面的服务，更好地实现行业宽带化、数字化和信息化的高质量发展目标。

●● 1.4 宽带集群产业的发展意义

1.4.1 支撑国家战略落地

突发公共事件给社会经济和人民生命安全造成了极大的威胁，尤其是地震、雨雪、冰冻等极端天气，这对提高应急能力提出了非常迫切的需求。我国以"一案三制"（应急预案，应急管理体制、机制、法制）为核心内容的应急体系，传统的专网通信已无法满足疫情防控可视化调度的要求，由窄带向宽带集群通信系统转型已成为迫切要求。近年来，面对错综复杂的公共安全形势，国家把维护公共安全摆在更加突出的位置，做出了一系列部署，建立以国家应急平台为核心的一体化应急能力，是对国家应急体系建设规划的具体实施。

应急平台建设是应急管理的一项基础性工作，是以公共安全科技为核心，以信息技术为支撑，以应急管理流程为主线，软硬件相结合的突发公共事件应急保障技术系统，是实施应急预案的工具，需要具备风险分析、信息报告、监测监控、预测预警、综合研判、辅助决策、综合协调与总结评估等功能。其中，建立完善有线与无线、固定与机动、公众通信网与政府专网相结合的应急通信保障体系，强化应急通信保障能力；建立和完善灾害预警信息社会发布体系，利用现代科技手段及时准确地发布灾害预警信息和社会稳定引导信息是国家应急平台体系建设中的重要组成部分。宽带集群技术能够提供无线多媒体集群调度功能，以支撑我国应急通信体系的建设。

1.4.2 加快建设数字经济

"十四五"规划中提到物联网的内容有："分级分类推进新型智慧城市建设，将物联网感知设施、通信系统等纳入公共基础设施统一规划建设，推进市政公用设施、建筑等物联网应用和智能化改造""推动物联网全面发展，打造支持固移融合、宽窄结合的物联接入能力"。从这些表述中，可以总结为基础设施、接入能力、应用场景 3 个方面的布局。即充分发挥互联网在社会资源配置中的优化和集成作用，将互联网的创新成果深度融于经济、社会各领域中，提升全社会的创新力和生产力，形成更广泛的以互联网为基础设施和实现工具的经济发展新形态。而宽带集群系统基于 4G 技术，在提供传统语音集群业务的同时，也可以满足行业用户的大流量宽带数据业务需求，具备向 eMTC 平滑演进的能力。B-TrunC 具有高速率、广覆盖、低时延、多并发、高稳定、快速移动等特性，并突破了语音的局限，以一张网络同时承载宽带专业集群、视频、数据等多种业务，可以满足政府、能源、交通、工业等领域的需求，支撑平安城市、数字交通、智慧能源、智慧工厂、智能电网等项目的开展。宽带集群通信充分发挥了 LTE 的相关技术特性，提供了窄带技术和公网通信无法实现的特殊应用场景的解决方案。

●● 1.5　本章小结

本章首先从"集群"的概念变化谈起，回顾集群通信的定义、发展历史的同时对我国宽带集群通信系统的发展现状、标准化进程、技术特征和产业发展的意义进行了详细的论述，表明我国发展宽带集群产业的迫切性和重要意义。其次对 ITU 推荐的 7 个数字集群通信系统体制进行分析，列举了国内外宽带无线多媒体集群的技术特性和典型应用场景，提出基于第二代、第三代发展而来的集群通信技术已经无法满足集群通信系统的宽带化、数字化和信息化需求，行业专网走向宽带化是发展方向。因此，我国率先开展了基于 LTE 的宽带集群系统的标准化工作。各宽带集群产业联盟成员积极推进 B-TrunC 标准制定、产品认证、互联互通测试，以满足越来越丰富的各种应用需求。经过近几年的发展，B-TrunC技术已取得举世瞩目的成绩，在典型应用行业中能够提供完整的端到端解决方案，为加快我国数字化经济建设、支撑国家战略落地提供务实的方案。

参考文献

[1] 李少谦，陈智，陈劼，等 . 宽带无线多媒体集群通信 [M]. 北京：国防工业出版社，2015.

[2] 宽带集群产业联盟 . 宽带集群通信（B-TrunC）产业白皮书 [Z]，2019：2-8.

[3] 宽带集群产业联盟 .LTE 宽带集群通信（B-TrunC）技术白皮书 [Z]，2016.9.

[4] 范维登，翁文国 . 国家公共安全和应急管理科技支撑体系建设的思考和建议 [N]. 中国应急管理，2008，4：22-25.

[5] 赵小飞 .2021 中国 AIoT 产业全景图谱报告 [R]. 物联网智库，2021.

宽带集群技术及组网架构

Chapter 2

第2章

导读

　　基于 TD-LTE 技术的宽带集群通信 B-TrunC 系统采用正交频分复用（Orthogonal Frequency Division Multiplexing ，OFDM）、多输入多输出（Multiple-Input Multiple-Output，MIMO）、小区组播等关键技术，优化宽带集群系统架构、业务功能、性能指标、端到端的信令流程、容灾备份的设计，提升了系统信道容量、频谱资源利用率、系统可靠性和网络安全性，满足了行业用户对宽带集群通信在业务、速率、容量、安全、可靠等多个方面的要求。同时，宽带集群通信 B-TrunC 系统能够提供包括多媒体集群调度、移动视频监控、现场视频图像采集等功能，支持本地组网、漫游组网、宽窄融合、公网和专网融合的组网架构，适用于机场、港口、油田等行业的本地网络应用，以及政务、公共安全、铁路等大规模组网应用。

●● 2.1 业务功能要求

2.1.1 宽带数据和集群业务并发

宽带集群系统支持宽带数据传输业务和集群业务，宽带集群终端能够支持宽带数据传输和集群业务的并发。

集群业务包括集群语音业务、集群多媒体业务、集群数据业务和集群补充业务4种类型。集群语音业务配置见表2-1，集群多媒体业务配置见表2-2，集群数据业务配置见表2-3，集群补充业务配置见表2-4。

表2-1 集群语音业务配置

集群语音业务	必选 / 可选
全双工语音单呼	必选
语音组呼	必选
半双工语音单呼（无应答）	可选

表2-2 集群多媒体业务配置

集群多媒体业务	子业务	必选 / 可选
可视单呼		必选
同源视频组呼		必选
视频推送给组		必选
视频转发给组		必选
视频上拉		必选
视频回传		必选
视频推送给单 UE[1]		必选
视频转发给单 UE		必选
不同源视频组呼	语音组呼叠加视频下推	必选
	语音组呼叠加视频转发	必选
	调度台发起的不同源视频组呼	可选
同源视频组呼与不同源视频组呼转换		可选

注：1. UE（User Equipment，用户终端）。

表2-3　集群数据业务配置

集群数据业务	必选 / 可选
实时短数据	必选
组播短消息	可选
全播短消息	可选
状态消息	可选
定位	可选

表2-4　集群补充业务配置

集群补充业务	必选 / 可选
紧急呼叫	必选
组播呼叫	必选
动态重组	必选
遥毙 / 遥晕 / 复活	必选
强插 / 强拆	必选
调度台订阅	必选
故障弱化	必选
全播呼叫	可选
集团短号	可选
调度区域选择	可选
预占优先呼叫	可选
环境监听	可选
环境监视	可选

2.1.2　集群语音业务功能

1. 全双工语音单呼

两个终端之间建立的全双工语音呼叫，具体包括终端与终端之间、终端与调度台之间的单呼。

2. 语音组呼

终端或调度台发起的对某一个特定组群的半双工语音呼叫。在一个小区内，该组成员

27

共享一个下行信道，可以听到话权拥有方的语音，上行信道由一个获得话权的组成员占用。语音组呼支持组呼建立和释放、话权管理、通话限时、讲话方识别等功能。

组呼建立和释放：组呼由终端或调度台建立，可由有权限的用户释放，也可由网络侧在组空闲、超时等情况下释放。

话权管理：组呼建立后，主叫获得首次话权，组内其他成员可以申请话权，由系统分配话权。

通话限时：用户可在一定时间内占用话权，如果超时，那么话权将由网络侧强制释放。

讲话方识别：组内用户可获得当前讲话方的身份信息。

3. 半双工语音单呼（无应答）

两个终端之间建立的半双工语音呼叫，包括终端与终端之间、终端与调度台之间的单呼。半双工组呼支持呼叫建立和释放、话权管理、通话限时、讲话方识别的功能。

呼叫建立和释放：呼叫由终端或调度台建立，可由用户和网络侧释放。

话权管理：呼叫建立后，主叫获得首次话权，用户申请话权并获得授权后才能讲话。

通话限时：用户可在一定时间内占用话权，如果超时，话权将由网络侧强制释放。

讲话方识别：组内用户可获得当前讲话方的身份信息。

2.1.3 多媒体业务功能

1. 可视单呼

两个终端之间建立的双向视频通话，具体包括终端与终端之间、终端与调度台之间。建立视频通话的双方，可听到对方语音，同时可看到对方视频。

2. 同源视频组呼

终端或调度台针对一个组发起的，具体包括语音和视频两种媒体流的组呼业务，语音和视频都来自话权方。在一个小区内，该组成员共享下行信道，上行信道由当前话权方占用。同源视频组呼支持组呼建立和释放、话权管理、通话限时、讲话方识别的功能。

组呼建立和释放：组呼由终端或调度台建立，可由有权限的用户释放，也可由网络侧在组空闲超时等情况下释放。

话权管理：组呼建立后，主叫获得首次话权，组内其他成员可以申请话权，由系统分配话权。

通话限时：用户可在一定时间内占用话权，如果超时，那么话权由系统强制释放。

讲话方识别：组内用户可获得当前讲话方（即话权方）的身份信息。

3. 视频推送给组

由调度台针对一个组发起的，仅包括视频流的组呼业务，视频源自调度台。在一个小区内，该组成员共享下行信道且只能接收。在视频推送过程中，调度台可变更视频流参数。

4. 视频转发给组

由调度台针对一个组发起的，仅包括视频的组呼业务，视频来自其他终端或视频源，转发的视频流不经过调度台，从核心网直接转发给组内用户。在一个小区内，该组成员共享下行信道且只能接收。

5. 视频上拉

调度台发起的单向视频会话，将指定终端的视频上传到调度台。

6. 视频回传

终端发起的单向视频会话，将该终端的视频上传到调度台。

7. 视频推送给单 UE

调度台发起的单向视频会话，将调度台的视频下发给指定的单个终端。

8. 视频转发给单 UE

调度台发起的单向视频会话，将指定终端的视频由集群核心网直接转发给另一个终端，转发的视频流不经过调度台。

9. 语音组呼叠加视频下推

已有的语音组呼进行过程中，调度台发起单向视频会话，将调度台的视频下发给同一个组的用户。语音组呼叠加视频下推后，同时存在语音和视频两个媒体流，两个媒体流独立控制。语音话权控制只针对语音媒体流进行，由组内成员申请话权系统分配，用户仅能获得语音的发送许可。视频源一直由调度台控制，调度台可变更视频流参数。

调度台可以同时结束语音组呼和视频下推，或者单独结束视频下推。

10. 语音组呼叠加视频转发

在进行已有的语音组呼过程中，调度台发起单向视频会话，将视频流经过核心网直接转发给同一个组的用户。语音组呼叠加视频转发后,同时,存在语音和视频两个媒体流,两个媒体流独立控制。语音话权控制只针对语音媒体流进行,由组内成员申请话权系统分配,用户仅能获得语音的发送许可。视频源由调度台控制,调度台可变更视频源和视频流参数。

调度台可以同时结束语音组呼和视频转发,或者单独结束视频转发。

11. 调度台发起的不同源视频组呼

由调度台发起,可以同时建立语音和视频两种媒体流的组呼业务。呼叫发起方发起一次呼叫请求,系统同时建立语音和视频两个媒体流,两个媒体流独立控制。语音话权控制只针对语音媒体流进行,由组内成员申请话权系统分配,用户仅能获得语音的发送许可。视频源由调度台控制,调度台可变更视频源和视频流参数。调度台释放不同源视频组呼时,同时结束语音和视频流。

12. 同源视频组呼和不同源视频组呼转换

对于同源视频组呼和不同源视频组呼之间的转换,在呼叫过程中,同源视频组呼可以由调度台控制将视频源和话权分离转换成不同源视频组呼,不同源视频组呼也可以由调度台控制将视频源和话权合并转换成同源视频组呼。

2.1.4 集群数据的业务功能

1. 实时短数据

一个终端或调度台向另一个终端或调度台发送短数据,要求接收端收到短数据后立即回复确认消息,时延在百毫秒量级。

2. 组播短消息

终端或调度台向某个组内的所有用户发送点对多点短消息,在短消息传送时不需要接收端确认。

3. 全播短消息

调度台向系统内的所有用户发送点对多点短消息,在短消息传送时不需要接收端确认。

4. 状态数据

终端之间或终端与调度台之间传递行业用户自定义的状态信息。状态数据可采用点到点或点到多点的方式传输。

5. 定位

终端之间或终端与调度台之间传递定位信息。定位可采用点到点或点到多点的式传输。

2.1.5　集群补充业务功能

1. 紧急呼叫

用户按紧急呼叫键发起紧急呼叫业务，用户不需要拨号，由终端自动拨出紧急呼叫号码。终端通过预配置或在集群注册过程中获得紧急呼叫号码，并将该号码与紧急呼叫键关联。紧急呼叫号码可以是单呼号或组号，终端通过紧急呼叫号码与存储的用户组列表匹配判断是否为组呼。

调度台发起的呼叫可以配置为紧急呼叫。

2. 组播呼叫

调度台向某个组（包括成员为系统内所有用户的组）内的所有用户发起的单向语音呼叫或视频呼叫，其他用户只能接听，不能讲话。

3. 动态重组

调度台在系统中新建和删除群组，以及对某个组增加和删除成员、修改组属性。

动态重组应通过空中接口对终端进行操作，接收到指令的终端应立即回复确认。网络侧收到终端的回复后，应将结果上报给调度台。

4. 遥毙 / 遥晕 / 复活

调度台通过空中接口对指定终端进行激活 / 去激活操作。

终端被遥晕后，应向网络回复确认消息。除了附着、注册、鉴权、复活 / 遥毙等服务，不可以申请或者接受任何网络的服务。

终端被遥晕后，只接受具备权限的调度台对其执行的复活操作，复活成功后终端恢复到正常的工作状态，并向网络回复确认消息。

终端被遥毙后，失去所有的操作功能，不能“复活”。

如果本次遥毙 / 遥晕 / 复活指令未送达（例如终端关机或不在服务区），应在终端注册时继续完成遥毙 / 遥晕 / 复活过程。

5. 强插 / 强拆

强插是指具有权限的调度台能插入一个正在进行的组呼中，并获得当前组呼的话权。调度台能从插入的组呼中退出，该组呼继续保持。

强拆是指具有权限的调度台强行释放某个组呼或单呼，释放信道。

6. 调度台订阅

调度台向集群核心网订阅用户信息、组信息和呼叫信息。集群核心网收到调度台订阅请求后，向调度台返回订阅请求的信息，当订阅的属性发生变化时，集群核心网主动向调度台推送相应的信息。

订阅的信息包括用户和组的对应关系、用户注册状态、用户呼叫状态、组呼叫状态以及系统在线通话状态等信息。

7. 故障弱化

当基站与核心网之间的通信中断时，或者当核心网发生故障时，基站应能够处理该基站覆盖范围内用户的注册和业务请求，支持单呼和组呼等业务。基站与核心网之间的通信链路恢复后，系统应自动恢复到正常的工作状态。

8. 全播呼叫

全播呼叫指调度台发起的单向语音呼叫，系统全体用户参与，但用户只能接听，不能讲话。

9. 集团短号

集团短号包括用户短号和组短号，均由网络侧在一个行业或部门的集团内部分配，用于该集团终端在拨号和信令中指示被叫用户。网络侧可通过集团短号识别用户和组。

用户短号和组短号可以通过行政告知方式获取。组短号可以通过组信息更新通知给用户。

10. 调度区域选择

调度区域是指用户 / 组签约可正常工作的调度区范围。当超出这些调度区范围时，该用户 / 组无法进行通信。

11. 预占优先呼叫

有权限的用户发起呼叫时，可选择本次呼叫为预占优先呼叫，该呼叫拥有高优先级，可通过强拆低级别呼叫的方式抢占资源。

12. 调度台监听

调度台对正在进行的单呼或组呼进行监听，或者对指定用户/组进行监听。当该用户/组参与呼叫时，核心网自动将呼叫内容发给调度台。

调度台在监听过程中不获得话权。在发起、进行和结束监听时，被监听的终端不进行任何显示或提示。

13. 环境监听

环境监听是由调度台发起的一种单向的语音单呼，调度台通过空中接口开启指定终端的麦克风和发射机，从而将该终端周围的声响发送到调度台进行监听。

在环境监听发起、进行和结束时，终端没有任何显示或提示。环境监听功能不影响终端的操作和业务。

14. 环境监视

环境监视是由调度台发起的一种单向的可视单呼，调度台通过空中接口开启指定终端的麦克风、摄像头和发射机，从而将该终端周围的声响和图像发送到调度台进行监视。

在环境监视发起、进行和结束时，终端不进行任何显示或提示。环境监视功能不阻碍终端的操作和业务。

●● 2.2 系统性能指标

宽带集群系统的性能和指标要求见表2-5。

表2-5 宽带集群系统的性能和指标要求

性能	指标要求
语音组呼的呼叫建立时间	不超过300ms
话权申请时间	不超过200ms
全双工集群单呼建立时间	不超过500ms
半双工集群单呼建立时间	不超过500ms
组呼容量	每小区7.5组语音/MHz
频谱效率	上行$2.5 \text{bit} \cdot \text{s}^{-1} \cdot \text{Hz}^{-1}$；下行$5 \text{bit} \cdot \text{s}^{-1} \cdot \text{Hz}^{-1}$

语音组呼的呼叫建立时间、集群单呼建立时间、话权申请时间定义如下。

1. 语音组呼的呼叫建立时间

主叫终端处于空闲态，被叫终端处于空闲态或连接态，从主叫用户按键开始计时（包含终端应用层处理时延），到主叫终端收到可通话提示可以讲话为止，此时，下行承载资源已经建立成功。

2. 全双工集群单呼建立时间

主叫、被叫终端处于空闲态，从主叫用户按键开始计时（包含终端应用层处理时延），到主叫用户收到回铃音为止，此时，主叫和被叫业务承载已经建立成功。

3. 半双工集群单呼建立时间

主叫终端处于空闲态，被叫终端处于空闲态或连接态，从主叫用户按键开始计时（包含终端应用层处理时延），到主叫终端收到可通话提示可以讲话为止，此时，下行承载资源已经建立成功。

4. 话权申请时间

在组呼建立条件下，从用户按键申请话权开始计时（包含终端应用层处理时延），到用户收到可通话提示可以讲话为止。

●●2.3 关键技术及信令流程

2.3.1 关键技术

1. 单小区组播技术

集群组呼业务要求组内用户能够听到、看到的媒体相同，且组内用户一般分布在多个小区内，空中接口适宜采用小区级的组播技术，即在有组用户所在的小区建立下行共享组播信道，最大化地提高频谱利用效率。宽带集群系统在 LTE 点对点传输的基础上进行了组呼的增强，支持高频谱效率的空中接口单小区点对多点的组播技术。

B-TrunC 终端接收组呼的基本流程如图 2-1 所示。终端首先在空口接收系统信息，获得必要的关于网络的基本配置；然后，通过监听集群寻呼信道（Trunking Paging Control CHannel，TPCCH），当终端所属的群组有组呼时，集群寻呼将以组呼号码的方式指示终端；之后，终端在该群组对应的集群控制信道（Trunking Control CHannel，TCCH）上接收关于组呼的详细配置，包括集群业务信道的详细配置参数、非接入层（Non-Access Stratum，NAS）

呼叫相关的配置参数等；获得这些配置参数后，终端就可以接收集群业务信道（Temporary Traffic CHannel，TTCH）了。

在无线接入层，宽带集群系统保持了与 LTE 标准相同的空口协议栈结构，在此基础上，增强的宽带集群功能主要针对物理层（Physical Layer，PHY）、媒体接入控制（Media Access Control，MAC）层、无线资源控制（Radio Resource Control，RRC）层进行修改或增强。

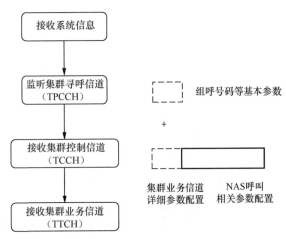

图2-1 B-TrunC终端接收组呼的基本流程

① 新增部分逻辑信道、传输信道及相应的物理层处理。

② MAC 层：新的逻辑信道、传输信道及其映射、MAC 协议数据单元（Protocol Data Unit，PDU）设计等。

③ RRC 层：集群引入的系统信息、配置参数的下发与上传。

2. MAC 层的集群增强

为了支持集群组呼业务，在下行链路引入新的逻辑信道和传输信道。B-TrunC 空中接口下行逻辑信道、传输信道与物理信道的映射关系如图 2-2 所示，图 2-2 中虚线是新增逻辑信道、传输信道的映射关系。

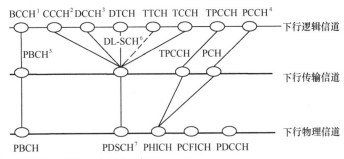

1. 广播控制信道（Broadcast Control CHannel，BCCH）。

2. 公共控制信道（Common Control CHannel，CCCH）。

3. 专用控制信道（Dedicated Control CHannel，DCCH）。

4. 物理下行控制信道（Physical Downlink Control CHannel，PCCH）。

5. 物理广播信道（Physical Broadcast CHannel，PBCH）。

6. 下行共享信道（Downlink Shared CHannel，DL-SCH）。

7. 物理下行共享信道（Physical Downlink Shared CHannel，PDSCH）。

图2-2 B-TrunC空中接口下行逻辑信道、传输信道与物理信道的映射关系

其中，新引入的逻辑信道包括 TCCH、TTCH 和 TPCCH。TCCH 是集群专用的点到多点下行信道，用于传输群组控制信息。TTCH 也是集群专用的点到多点下行信道，用于传输群组下行业务数据。TPCCH 是集群专用的点到多点下行公共信道，用于传输集群组呼和单呼的寻呼消息。

在逻辑信道到传输信道的映射上，TCCH、TTCH 逻辑信道映射到 LTE 的 DL-SCH 上；TPCCH 逻辑信道映射到 TPCH 传输信道上。而上行链路没有引入新的逻辑信道、传输信道，仍沿用 LTE 既有的逻辑信道、传输信道和信道映射关系。

宽带集群系统支持集群组呼的动态调度、半持续调度，在建立组呼时，由系统分配组呼组无线网络临时标识（Group Radio Network Temporary Identity，G-RNTI）和用于半持续调度的临时标识 G-RNTI，通过 G-RNTI 扰码循环冗余校验（Cyclic Redundancy Check，CRC）的物理下行控制信道（Physical Downlink Control CHannel，PDCCH）进行群组的动态调度。

3. 物理层的集群增强

物理层增强主要在于 TPCH 的接收、承载 TTCH 和 TCCH 的 DL-SCH 的接收，以及相应的物理层控制信道处理过程。

（1）TPCH 的接收

TPCH 采用新定义的集群寻呼无线网络临时标识（Trunking Paging Radio Network Temporary Identifier，TP-RNTI）进行 CRC 加扰，其编码方案和编码率与 PCH 相同。基站在发送 TPCH 时，在 PDCCH 的公共搜索空间进行调度，采用格式 1A 或格式 1C。终端接收以 TP-RNTI 进行 CRC 加扰的 DCI 1A/1C，按照与 P-RNTI 相同的方式解析下行控制信息 DCI 1A/1C 中的各字段。在多天线传输方案中，当基站为单天线配置时，TPCH 也采用单天线端口传输方式；当基站为多天线配置时，采用发射分集方式发送 TPCH 对应的 PDSCH。

（2）承载 TTCH 和 TCCH 的 DL-SCH 的接收

基站在发送承载 TTCH 和 TCCH 的 DL-SCH 时，在 PDCCH 上采用下行控制信息（Downlink Control Information，DCI）格式 1A 进行调度。对小区内的每一个组呼，基站分配一个空口临时标识 G-RNTI，在进行调度时，采用 G-RNTI 对 PDCCH 的 CRC 进行扰码以指示 PDCCH 上当前调度的是哪个组呼；在传输组呼对应的物理下行共享信道（Physical Downlink Shared CHannel，PDSCH）时，采用该组呼的 G-RNTI 进行 PDSCH 的扰码初始化。

在多天线传输方案中，与 TPCH 相似，即基站分别为单天线配置、多天线配置时，分别采用单天线端口、发射分集方式发送对应的 PDSCH。在组呼信道的调制与编码策略（Modulation and Coding Scheme，MCS）选择上，需要根据小区的覆盖范围大小等情况做出相对保守的选择，以保证组内各用户均能可靠接收组呼。

（3）PDCCH

宽带集群系统在标准上允许系统采用 PDCCH 公共搜索空间对组呼 TTCH、TCCH 进行调度，可通过半持续调度机制提高 PDCCH 容量。同时，考虑到终端芯片 PDCCH 盲检能力的提高，宽带集群系统在标准上也允许当一个群组内没有"低能力"终端时（群组内终端都能同时对公共搜索空间、UE 专用搜索空间、群组专用搜索空间进行盲检查，即均为"高能力"终端），可以采用群组专用搜索空间进行调度，以进一步提升 PDCCH 容量。

4. RRC 层的集群增强

宽带集群系统空口 RRC 协议层的增强对 LTE 有 RRC 流程的增强，并引入新的集群 RRC 流程，主要包括以下内容。

① 集群系统信息：增加新的系统消息类型（System Information Block Type，SIB），主要广播小区中 TPCCH 的配置参数等集群相关系统信息。

② 集群寻呼：引入新的集群寻呼（Trunking Paging，TP）过程，通知 UE 接收集群组呼和集群单呼业务。

③ 集群下行直传：引入集群下行直传（DownLink Trunking Information Transfer，DLTIT）过程，用于在空口透明传输核心网发送给终端的集群相关 NAS。

④ 组呼业务信道的配置：引入组呼配置（Group Call Config，GCC）过程，通知集群组呼下行承载的配置信息，用于建立集群组呼业务。

⑤ 组呼释放：用于通知终端释放组呼相关资源。

5. 低时延高可靠的专业级集群呼叫控制

B-TrunC 系统具有优良的集群呼叫性能，组呼建立时间不超过 300ms，话权申请时间不超过 200ms。对于基于 LTE 的通信系统，为了达到上述专业级的苛刻性能指标要求，传统的应用层一键通功能（PTT over Cellular，PoC）方式已经无法满足要求。B-TrunC 系统充分利用 LTE 的信令面功能，对 NAS 协议进行了集群扩展，提升了呼叫控制、话权管理、业务管理等功能，实现了快速可靠的呼叫控制。

（1）基于 NAS 的控制协议

B-TrunC 系统采用 NAS 协议进行呼叫控制，控制协议扁平，能够支持专业级低时延指标，实现对业务的快速响应。

为了实现集群业务控制，B-TrunC 系统定义了 NAS 的集群业务管理（Trunking Service Management，TSM）用于处理集群业务管理。TSM 与企业移动管理（Enterprise Mobility Management，EMM）并列，在移动管理的基础上提供注册注销、呼叫控制、话权控制、组信息更新、遥晕/遥毙等集群功能。为了精确控制，B-TrunC 还为集群业务过程定义了专用的集群传输标识（Trunking Procedure Transaction Identity，TPTI），通过与 call ID 配合使用，可以对每个集群呼叫 / 业务进行唯一的识别。

（2）快速呼叫建立

为了节省空中接口资源，B-TrunC 系统的设计理念要求 UE 在 RRC 空闲态下即可收听组呼。在原有的 NAS 协议中，RRC 空闲态的 UE 如果有上行信令要发送时，需要先执行服务请求（Service Request，SR）过程，恢复与网络的连接。为了保证 RRC 空闲态的 UE 发起组呼或者申请话权，并能满足专用级的低时延指标，B-TrunC 系统设计了集群服务请求（Trunking Service Request，TSR）过程，专门用于 RRC 空闲态的 UE 发送集群呼叫建立和话权申请的报文。

TSR 过程与 LTE 标准的 SR 过程相互独立。对于 RRC 空闲态的 UE，在组呼建立、半双工单呼建立、话权申请时，执行 TSR 过程而非 SR 过程，在 TSR 消息中直接携带集群的业务信令；在 TSR 过程中，网络侧除了恢复默认承载，还可以建立专用承载。TSR 的设计使连接恢复与呼叫建立并行进行，节省了原 SR 过程的时间耗费。

（3）完备的呼叫控制

在呼叫控制流程上，B-TrunC 采用了类似电路交换（Circuit Switch，CS）域呼叫的设计，单呼使用 CALL REQUEST（呼叫请求）、CALL PROCEEDING（呼叫进程）、ALERTING（振铃）、CALL CONNECT（呼叫连接）、CALL CONNECT ACK[1]（呼叫连接应答）交互，与 D 接口会话发起协议（Session Initiation Protocol，SIP）的 INVITE（请求）、100 TRYING（尝试应答）、180 RINGING（主叫振铃）、200 OK（呼叫建立成功）形成良好的对应。

（4）信令和数据安全

B-TrunC 系统沿用了原有 NAS 的完整性保护和加密机制，可以提供与第三代合作伙伴计划（3rd Generation Partnership Project，3GPP）相同的安全级别。B-TrunC 系统支持单呼、组呼的端到端加密。

在单呼建立、组呼建立的消息设计中，提供端到端加密指示、加密密钥等信元，可实现对单次呼叫的加密选择，同时将密钥协商融合在呼叫过程中，不引入额外的时延。另外，系统提供了密钥的更新机制，通过点对点传输，保证密钥的可靠传递。

B-TrunC 系统在 LTE 的附着流程之外，单独设计了集群注册过程，用户在完成集群注册过程之前，只能使用 LTE 数据传输功能，无法使用集群业务。这种设计在 LTE 网络之上增加了一层集群安全，同时也为后续的多用户登录等功能提供了演进空间。

（5）丰富的业务功能

B-TrunC 系统定义了 NAS 的 TSM 功能，可以提供丰富的集群调度业务功能。对于音视频交互类业务。目前，TSM 支持语音组呼、可视组呼、全双工语音单呼、可视单呼、半双工语音单呼，并提供话权申请、话权提示、话权排队、话权授权、话权释放等完备的话

---

1. 肯定应答（Acknowledgement，ACK）。

权管理功能。在此基础上，通过呼叫属性和呼叫类型的组合，系统还提供了对环境监听、环境监视、不同源的视频组呼、视频上拉、视频下拉、视频回传等业务的支持。

对于调度类业务，TSM 支持动态重组、遥晕 / 遥毙 / 复活等传统的集群调度功能。为了支持公安等行业的状态数据需求，系统设计了短数据业务（Short Data Service，SDS），在上行采用 NAS 信令 TRUNKING UPLINK TRANSPORT（集群上行链路传输），下行采用 NAS 信令 TRUNKING DOWNLINK TRANSPORT（集群下行链路传输）进行传输，支持点对点短数据 / 状态数据、组播集群短数据 / 状态数据等数据传输功能，并预留了后续演进的空间，支持新业务和新功能的扩展。

作为一种宽带的集群系统，B-TrunC 系统支持多种音视频媒体格式，在语音方面，默认使用 AMR 语音编码，支持 4.75 / 12.2kbit/s，20 ~ 80ms 的发包间隔，同时，支持字节对齐和节省带宽格式。同时，系统预留了对公安 PDT 系统 NVOC 语音编码的支持。视频方面，默认使用当前主流编码技术 H.264，支持 15 ~ 30 帧 / 秒的帧率，从 320×240、704×576 到 1024×768、1920×1080 多种分辨率，可适配各种尺寸的显示屏。

B-TrunC 系统提供了网络决策和终端决策两种媒体协商机制，当次呼叫的媒体格式既可以由终端根据自身能力进行决策，也可由网络根据呼叫双方的能力，或者组的媒体能力进行统一决策。

6. 面向行业应用开放的调度业务

调度台是宽带集群系统实现调度功能的核心网元，在进行呼叫控制的同时还可发起动态重组、遥晕 / 遥毙 / 复活、强插 / 强拆、订阅、环境监听 / 监视等集群系统特定业务，通过调度台与集群核心网之间的接口（D 接口）实现控制信令和业务数据的传输。

考虑到行业的集群调度业务的需求，以及可扩展性的要求，D 接口采用了基于文本、易于扩展、可灵活部署的 SIP，利用消息体中会话描述协议（Session Description Protocol，SDP）的 Offer/Answer 模型实现媒体协商，会话请求过程和媒体协商过程一起进行，以缩短呼叫建立时间。

SIP 具有良好的可扩展性，宽带集群系统易于支持专网行业新的调度业务扩展。D 接口采用消息头扩展和消息体扩展两种方法以支持各种集群业务。对于消息头扩展，针对 B-TrunC 应用，定义了 PTT 扩展头，利用 PTT 扩展头中不同的操作标识进行业务识别，实际设计中把和消息属性相关的参数，例如信令业务标识、呼叫相关属性、短数据相关属性、订阅的事件类型等信息，在消息头进行扩展。后续如果有新的业务需求，通过定义新的操作标识便可以迅速实现调度功能扩展。

7. 多维优先级保障机制

宽带集群系统应支持宽带数据、集群语音数据多媒体等业务，并且支持多行业或集团共网部署，对业务优先级的保障提出了更高的要求。

目前，B-TrunC 系统可支持呼叫优先级的抢占机制，高优先级的呼叫可以抢占低优先级呼叫，抢占机制可由用户选择是否启用。对于网络中的呼叫业务，其呼叫优先级由网络根据 4 个维度的输入参数，包括用户优先级、组优先级、集团优先级、业务优先级，通过优先级算法计算得到，在呼叫过程中下发终端。呼叫优先级大小为 8 比特，共有 256 级优先级。

网络运营方可灵活选择配置不同的优先级策略和算法，例如，集团优先、业务优先等，适配网络用户对优先级的各种要求。

2.3.2 控制面协议栈介绍

在 TD-LTE 宽带多媒体集群系统中，主要包括横向三层和纵向两面。横向三层即标准协议规定的层一（L1）、层二（L2）和层三（L3），纵向两面即控制面和用户面。TD-LTE 用户面主要对用户业务数据进行分类，然后选取不同的传输方式对其进行传输，保证传输的数据安全可靠。TD-LTE 控制面则用来控制用户面和信令传输。这里主要讨论控制面协议栈，通过分析控制面协议栈的结构和 S1 接口提供的功能，对其进行设计与实现。

TD-LTE 宽带多媒体集群系统控制面协议栈如图 2-3 所示，L1 由 PHY 组成，位于整个 TD-LTE 控制面协议栈最低的一层，是整个系统的基础，数据主要通过 PHY 进行可靠传输。PHY 主要对物理信道进行调制解调，负责信道映射、时频同步等。L2 数据链路层从上到下分为分组数据汇聚协议（Packet Data Convergence Protocol，PDCP）层、无线链路控制（Radio Link Control，RLC）层和 MAC 层。PDCP 层主要对 TD-LTE 协议栈数据进行头压缩和解压缩，同时进行加密，保护数据完整性。RLC 层主要对传输数据进行处理和转发，PLC 层主要分为 3 种模式：确认模式（Acknowledge Mode，AM）、非确认模式（Unacknowledge Mode，UM）和透明模式（Transparent Mode，TM）。MAC 层主要对数据包在介质上的传输进行定义。L1 是 RRC 层。它上面是 NAS，主要控制并管理接入层（Access Stratum，AS），同时负责 NAS 的消息传输。L1 主要进行 RRC 连接建立与释放，对 NAS 和 AS 层的系统信息进行广播，还包括 UE 相关的移动性管理等。统一的用户面协议栈如图 2-4 所示。

宽带集群基站和集群核心网之间是通过 S1 接口来进行通信的。S1 应用层协议（S1 Application Protocol，S1AP）是宽带集群基站和集群核心网之间的应用层通信传输协议，流控制传输协议（Stream Control Transmission Protocol，SCTP）是为了保证宽带集群基站和集群核心网之间的信令正确传输而使用的传输层协议。NAS 是属于终端和宽带集群基站之间的通信协议，主要支持移动管理功能和用户面的承载启动、修改和释放，其部分信令进行封装后通过 S1 透明传输。

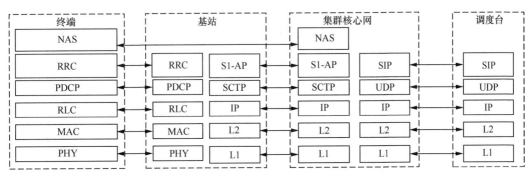

图2-3　TD-LTE宽带多媒体集群系统控制面协议栈

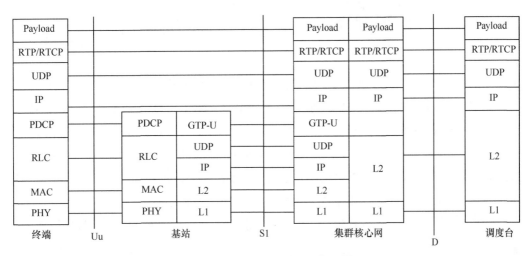

图2-4　统一的用户面协议栈

2.3.3　端到端信令流程

协议是信令流程的基石，而信令流程是协议的具体表现。信令流程可以从外部观察，利用信令流程可以从外界获得大量有价值的信息，甚至不需要与网络设备直接相连。信令流程可以判断设备是否正常运作，进而定位故障。

1.注册和注销过程

（1）终端发起的集群注册流程（成功）

在数字集群通信系统中，终端为了处理集群业务，除了需要进行网络注册，还需要完成集群注册，下面我们对网络注册和集群注册的流程进行简要的描述。终端发起的集群注册流程如图 2-5 所示。

终端发起的集群注册流程的具体说明如下。

步骤 1：在终端先进行演进的分组系统（Evolved Packet System，EPS）附着过程。

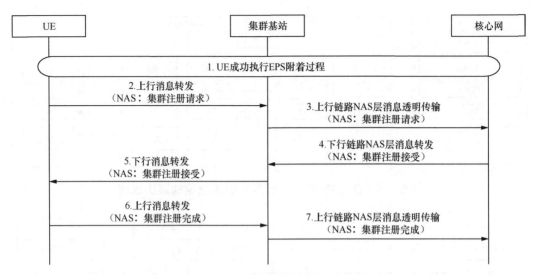

图2-5　终端发起的集群注册流程

步骤2～步骤3：UE向核心网发送集群注册请求消息，消息中携带集群注册类型（Trunking Register Type）、UE集群能力（UE Trunking Capability）、休眠状态（Stun Status）、音频解码能力（Audio Codec Capability）和视频解码能力（Video Codec Capability）等信息；UE在故障弱化模式下执行集群注册时，还需携带用户的二进制号码（Subscriber BCD Number），可选携带组ID列表（Group ID List）。

步骤4～步骤5：网络侧收到UE的集群注册请求消息后查找终端的集群签约信息，如果网络侧处理正常向UE回复集群注册接受消息，消息内容包括网络要求UE进行周期性注册，则应携带周期性注册时长（Trunking Update Period）；对UE初始注册过程，网络应携带用户的二进制号码。如果网络配置了用户名称时，应携带用户名称（User Name）。如果网络配置了用户的紧急呼叫号码时，在UE初始注册过程，以及紧急呼叫号码改变等情况下，应携带紧急号码（Emergency Num）。在初始注册时以及网络集群能力改变后，应携带网络集群能力信息（Network Trunking Capability）。

步骤6～步骤7：UE接收到集群注册接受消息，向网络侧回复集群注册完成消息，通知集群注册完成，消息中无内容。

（2）终端发起的集群注销流程

终端发起的集群注销流程如图2-6所示。

终端发起的集群注销流程的具体说明如下。

步骤1：如果UE处于IDLE态，则执行随机接入过程，建立RRC连接和EPS连接。处于RRC连接态的UE不需要执行此步骤。

步骤2：通过上行直传消息发送集群注销请求，其中，携带有注销原因值（标准注销）。

步骤3：基站通过上行直传消息将该NAS消息透明传输给核心网。

步骤 4～步骤 5：核心网接收终端的集群注销申请，通过步骤 4、步骤 5 给 UE 发送集群注销接受。

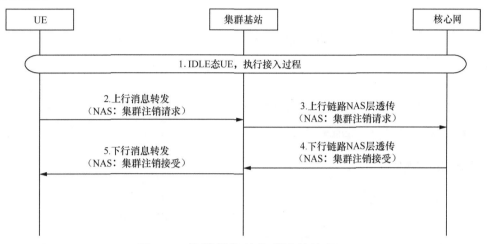

图2-6　终端发起的集群注销流程

（3）调度台发起的注册流程

调度台发起的注册流程如图 2-7 所示。

调度台发起的注册流程的具体说明如下。

步骤 1：调度台向核心网发送 SIP（注册申请）消息，发起注册过程，消息中携带集群业务标识 pttregister，并携带 Expires：3600 头域，可选携带数据查询指示 dataquery 字段，该字段指示本次数据请求的类型为"全局查询"或者"增量查询"。

步骤 2：核心网向调度台发送 SIP（401 鉴权）消息，要求进行鉴权，携带 WWW-Authenticate 头域，以标准 SIP 摘要的形式发起认证挑战。

步骤 3：调度台再次发送 SIP（注册申请）消息到核心网，向核心网申请业务注册，携带 Authorization 头域。

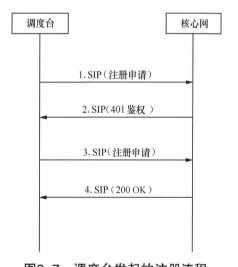

图2-7　调度台发起的注册流程

步骤 4：核心网向调度台发送 SIP（200 OK）消息，注册成功，携带 pttregister 标识，并可根据步骤 1 中 SIP（注册申请）消息的 dataquery 字段，携带调度台的组信息。

（4）调度台发起的注销流程

调度台发起的注销流程如图 2-8 所示。

调度台发起的注销流程的具体说明如下。

步骤 1：调度台发送 SIP（注册申请）消息到核心网，向核心网发起业务注销 Expires：0，携带集群业务标识 pttregister。

步骤 2：核心网向调度台发送 SIP（401 鉴权）消息，要求进行鉴权，携带 WWW-Authenticate 头域，以标准 SIP 摘要的形式发起认证挑战。

步骤 3：调度台再次发送 SIP（注册申请）消息到核心网，向核心网发起业务注销，携带 Authorization 头域。

步骤 4：核心网向调度台发送 SIP（200 OK）消息，注销成功，携带 pttregister 标识。

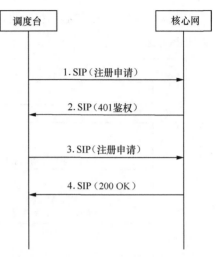

图2-8　调度台发起的注销流程

2. 承载管理

（1）专有承载激活

专有承载激活如图 2-9 所示。

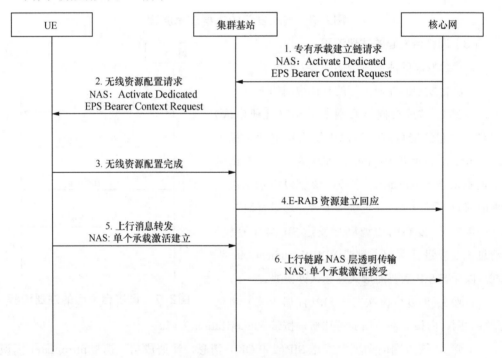

图2-9　专有承载激活

专有承载激活流程的具体说明如下。

步骤 1：核心网向 eNodeB[1] 发送专用承载建立请求 E-RAB Setup Request 消息（包括 EPS 承载 ID、EPS 承载 QoS，以及 S1-U 的 TEID），消息中携带一个或多个 NAS 消息 Activate

---

1. 演进型 Node B（Evolved Node B，eNodeB），也可简写为 eNB，是通信行业中基站的通俗用法。

Dedicated EPS Bearer Context Request。

步骤 2：eNodeB 将 EPS 承载 QoS 映射到无线承载 QoS，然后向 UE 发送 RRC Connection Reconfiguration 消息。

步骤 3：UE 向 eNodeB 发送 RRC Connection Reconfiguration Complete 消息，确认无线承载激活。

步骤 4：eNodeB 向 EPC 发送 E-RAB Setup Response 消息来确认承载激活。

步骤 5：针对激活的每个承载，UE 的 NAS 层建立一个 Activate Dedicated EPS Bearer Context Accept 消息，该消息包括 EPS 承载 ID，并用 UL Information Transfer 消息发送至 eNodeB。

步骤 6：eNodeB 收到步骤 5 的消息后，向核心网发送 Uplink NAS Transport 消息，消息携带 Activate Dedicated EPS Bearer Context Accept 消息。

对于激活的每个承载，步骤 5、步骤 6 均应执行一次。

（2）核心网发起的专有承载去激活

核心网发起的专有承载去激活如图 2-10 所示。

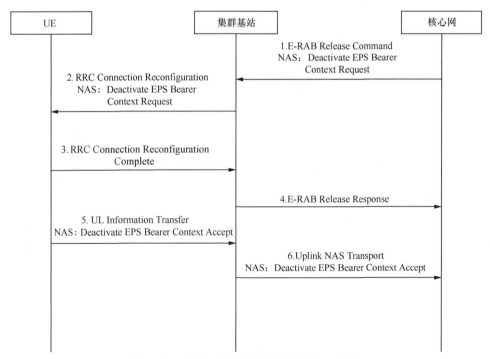

图2-10 核心网发起的专有承载去激活

核心网发起的专有承载去激活流程的相关说明如下。

步骤 1：核心网通过 S1AP 向 eNodeB 发送专用承载去激活请求 E-RAB Release Command 消息，同时，消息中携带 NAS 消息 Deactivate EPS Bearer Context Request。该消息包括去

激活的原因及 PTI 等参数。

步骤 2：eNodeB 向 UE 发送 RRC Connection Reconfiguration 消息，内容包括要删除的 EPS Radio Bearer Identity。同时，消息中携带 NAS 消息 Deactivate EPS Bearer Context Request。

步骤 3：UE 发送 RRC Connection Reconfiguration Complete 消息给 eNodeB 作为响应。

步骤 4：eNodeB 向核心网发送 E-RAB Release Response（EPS Bearer Identity）消息来确认承载去激活。

步骤 5：UE 的 NAS 层建立一个 Deactivate EPS Bearer Context Accept 消息，该消息包括 EPS 承载 ID。然后 UE 向 eNodeB 发送 UL Information Transfer 消息，该消息携带此 NAS 消息。

步骤 6：eNodeB 向核心网发送 Uplink NAS Transport 消息，消息携带 Deactivate EPS Bearer Context Accept 消息。

3. 语音单呼 / 可视单呼

（1）终端发起的单呼建立

终端发起的单呼建立如图 2-11 所示。

终端发起的单呼建立流程的具体说明如下。

步骤 1a：如果是处于 ECM-IDLE 态的 UE，需要先通过 SERVICE REQUEST 流程和网络恢复连接。

步骤 1：主叫 UE（MO UE）通过 NAS 消息 CALL REQUEST，通知网络需要建立全双工单呼，携带媒体格式，主要包括 Call Type、Call Attribute、Called Number、Audio Description（如果 Call Type 业务中包含音频媒体）、Video Description（如果 Call Type 业务中包含视频媒体）。

步骤 2a/2b：如果是和网络没有连接的被叫 UE（MT UE），则核心网通过 TrunkingPaging 通知 UE，相关的呼叫到达。

步骤 3：被叫 UE 通过 SERVICE REQUEST 流程和网络配合，恢复空口承载及信令连接。

步骤 4：核心网通过 CALL REQUEST 消息，通知被叫 UE 此次呼叫的相关信息，携带媒体格式，主要包括 Call ID、Caller Number、Call Type、Call Attribute、Call Priority、Audio Description（如果 Call Type 业务中包含音频媒体，则包含此格式）、Video Description（如果 Call Type 业务中包含视频媒体，则包含此格式）。

步骤 5：被叫 UE 通过 CALL CONFIRMED 消息，通知核心网已收到 CALL REQUEST 携带媒体格式，主要包括 Call ID、Audio Description（如果 Call Type 业务中包含音频媒体，则包含此格式）、Video Description（如果 Call Type 业务中包含视频媒体，则包含此格式）。

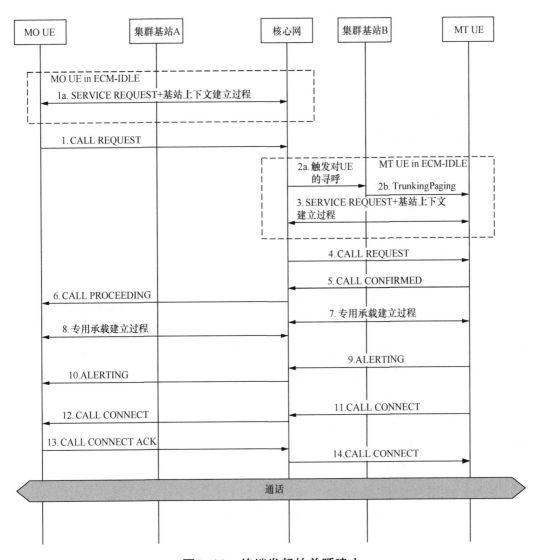

图2-11　终端发起的单呼建立

步骤 6：网络通过 CALL PROCEEDING，通知主叫媒体格式，主要包括 Call ID、Call Type、Call Attribute、Call Priority、Audio Description（如果 Call Type 业务中包含音频媒体，则包含此格式）、Video Description（如果 Call Type 业务中包含视频媒体，则包含此格式）。如果是网络决策，则 Call PROCEEDING 与被叫侧 Call REQUEST、Call CONFIRM 无时序关系；如果协商决定，则有时序关系。

步骤 7：网络和被叫 UE 配合，建立相应的专用承载。

步骤 8：网络和主叫 UE 配合，建立相应的专用承载。

步骤 9 ～步骤 10：被叫振铃，通过网络通知主叫 UE。

步骤 11：被叫摘机后，通过 CALL CONNECT 通知核心网。

步骤12：核心网通过 CALL CONNECT 通知主叫 UE，被叫已摘机，可以进行数据传输。

步骤13：主叫UE反馈CALL CONNECT ACK给核心网，相应CALL CONNECT已收到。

步骤14：核心网向被叫 UE 反馈主叫 UE 已收到 CALL CONNECT。

主叫和被叫开始通话。

（2）调度台发起的单呼建立

调度台发起的单呼建立如图 2-12 所示。

调度台发起的单呼建立流程的具体说明如下。

步骤1：调度台发送 SIP（INVITE）消息，发起单呼建立。

步骤2：核心网向调度台发送 SIP（100 TRYING）消息响应。

步骤3a/3b、步骤4：寻呼被叫终端，被叫终端建立 RRC 连接，仅用于被叫终端处于空闲态时，对于连接态被叫终端不需要。

步骤5：网络向被叫终端发起单呼建立 CALL REQUEST 消息。CALL REQUEST 消息携带媒体格式，主要包括 Call ID、Caller Number、Call Type、Call Attribute、Call Priority、Audio Description（如果 Call Type 业务中包含音频媒体，则包含此格式）、Video Description（如果 Call Type 业务中包含视频媒体，则包含此格式）。

步骤6：被叫终端发送 CALL CONFIRMED 消息响应，携带被叫媒体信息，主要包括 Call ID、Audio Description（如果 Call Type 业务中包含音频媒体，则包含此格式）、Video Description（如果 Call Type 业务中包含视频媒体，则包含此格式）。

步骤7：被叫终端建立专用承载。

步骤8：被叫终端发送 ALERTING 消息。

步骤9：核心网向调度台发送 SIP（180 RINGING）消息振铃，可选携带给主叫的媒体信息。

步骤10：被叫终端发送 CALL CONNECT 消息。

步骤11：核心网向调度台发送 SIP（200 OK）消息，如果 SIP（180 RINGING）没有携带给主叫的媒体信息，则在 SIP（200 OK）携带给主叫的媒体信息。如果是网络决策，则主叫和被叫无时序关系；如果协商决定，则有如图 2-12 所示的时序关系。

步骤12：网络向被叫终端发送 CALL CONNECT ACK 消息响应。

步骤13：调度台向核心网发送 SIP（ACK）消息。

（3）终端发起的单呼呼叫调度台

终端发起的单呼呼叫调度台如图 2-13 所示。

终端发起的单呼呼叫调度台流程的具体说明如下。

步骤1a：如果是处于 ECM-IDLE 态的 UE，需要先通过 SERVICE REQUEST 流程和网络恢复连接。

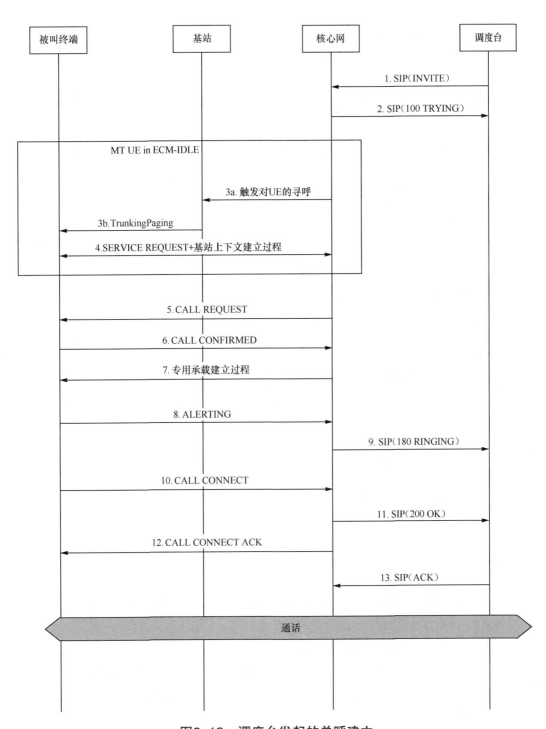

图2-12 调度台发起的单呼建立

步骤 1：主叫 UE（MO UE）通过 NAS 消息 CALL REQUEST，通知网络需要建立全双工单呼。携带媒体格式，主要包括 Call Type、Call Attribute、Called Number、Audio Description

（如果 Call Type 业务中包含音频媒体，则使用此格式）、Video Description（如果 Call Type 业务中包含视频媒体，则使用此格式）。

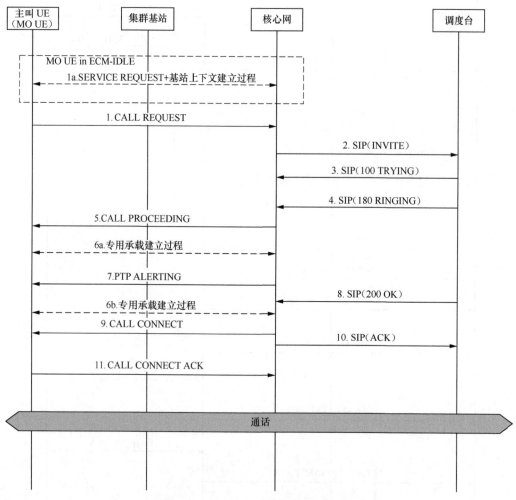

图2-13 终端发起的单呼呼叫调度台

步骤 2：核心网发送 SIP（INVITE）消息，通知调度台此次呼叫的相关信息。

步骤 3：调度台发送 SIP（100 TRYING）消息。

步骤 4：调度台摘机，发送 SIP（180 RINGING）消息。

步骤 5：网络侧确定 UE 的媒体信息，通过 CALL PROCEEDING 通知主叫 UE 此次呼叫的协商结果，主要包括 Call ID、Call Type、Call Attribute、Call Priority、Audio Description（如果 Call Type 业务中包含音频媒体，则使用此格式）、Video Description（如果 Call Type 业务中包含视频媒体，则使用此格式）。

步骤 6：如果网络决策媒体信息、网络和主叫 UE 配合，则建立相应的专用承载（6a）。

如果端到端协商决定，则核心网收到调度台发送的 SIP（200 OK）消息中携带的媒体信息后，建立相应的专用承载（6b）。

步骤 7：核心网向终端发送 PTP ALERTING 消息振铃。

步骤 8：调度台发送 SIP（200 OK）消息，携带媒体信息。如果是网络决策，则主被叫无时序关系；如果协商决定，则有如图 2-13 所示的时序关系。

步骤 9：核心网通过 CALL CONNECT 通知主叫 UE，被叫已摘机，进行数据传输。

步骤 10：核心网发送 SIP（ACK）消息。

步骤 11：主叫 UE 反馈 CALL CONNECT ACK 给核心网，相应 CALL CONNECT 已收到，主叫和被叫开始通话。

（4）UE 发起的单呼释放流程

UE 发起的单呼释放流程如图 2-14 所示。

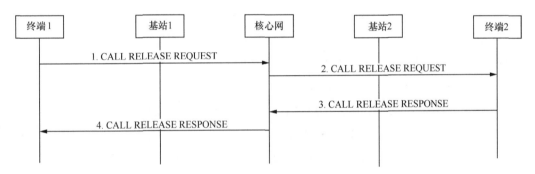

图2-14　UE发起的单呼释放流程

UE 发起的单呼释放流程的具体说明如下。

步骤 1：正在通话的 UE1（终端 1）按下挂断键发起呼叫释放过程，UE1 发送 CALL RELEASE REQUEST 消息给核心网。

步骤 2：核心网向 UE2（终端 2）发送 CALL RELEASE REQUEST 消息。

步骤 3：UE2 向核心网发送 CALL RELEASE RESPONSE 消息。

步骤 4：核心网向 UE1 发送 CALL RELEASE RESPONSE 消息。

（5）调度台发起的单呼释放

调度台发起的单呼释放如图 2-15 所示。

调度台发起的单呼释放流程的具体说明如下。

步骤 1：调度台发送 SIP（BYE）消息，发起单呼释放。

步骤 2：核心网向 UE（终端）发送 CALL RELEASE REQUEST 消息。

步骤 3：UE 向核心网发送 CALL RELEASE RESPONSE 消息。

步骤 4：核心网向调度台发送 SIP（200 OK）消息。

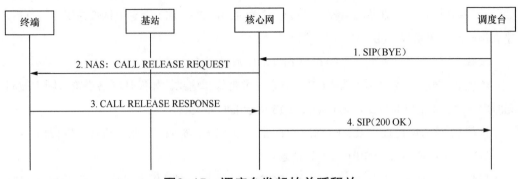

图2-15　调度台发起的单呼释放

4. 语音组呼 / 可视组呼

（1）用户发起的组呼建立流程

用户发起的组呼建立流程如图 2-16 所示。

需要说明的是，图 2-16 为 IDLE 态 UE 触发的组呼建立过程。如果组呼发起者为连接态 UE，则通过 NAS 直传消息携带 CALL REQUEST。

用户发起的组呼建立流程的具体说明如下。

步骤 1 ～ 步骤 5：发起组呼的 IDLE UE 执行 RRC 连接建立流程。UE 在连接建立完成消息中携带 NAS 消息 TRUNKING SERVICE REQUEST。其中，除了安全信息，还携带呼叫请求 CALL REQUEST（消息中携带呼叫类型、呼叫属性、被叫号码、媒体信息等），用以申请建立一个集群组呼业务。

步骤 6：基站通过 INITIAL UE MESSAGE 向核心网发送初始 UE 消息，携带 TRUNKING SERVICE REQUEST。

步骤 7：核心网和 UE 之间，通过鉴权安全流程来确定用户的合法性。

步骤 8：核心网发起触发 INITIAL CONTEXT SETUP REQUEST 给基站。其中，携带有核心网给 UE 建立的专用承载的服务质量（Quality of Service，QoS）和传输流模版（Traffic Flow Template，TFT），供发起者上行传输使用。

如果消息 8 中配置了 UE Radio Capability IE，则基站不会发送消息 9 UE Capability Enquiry 消息给 UE，即没有步骤 9 ～ 步骤 11 的过程；否则会触发步骤 9 ～ 步骤 11，UE 上报无线能力信息后，基站通过 UE CAPABILITY INFO INDICATION 上报 UE 的无线能力信息。

步骤 12 ～ 步骤 13：eNB 执行空口安全模式操作，激活对应空口的安全机制。

步骤 14：eNB 通过 RRC 重配，恢复 UE 的空口承载。同时，携带专用承载建立请求，建立为发起者初始话权使用的承载。

步骤 15 ～ 步骤 16：UE 反馈 RRC 层的配置结果给基站。基站通过 INITIAL CONTEXT SETUP RESPONSE 反馈给核心网。

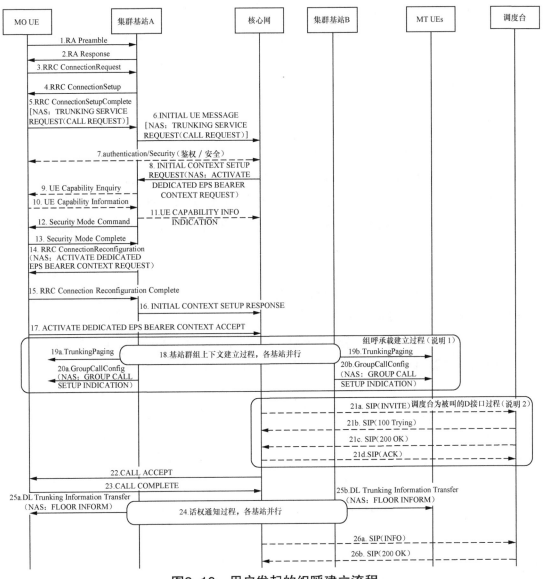

图2-16　用户发起的组呼建立流程

步骤 17：UE 通过上行直传，向核心网反馈 NAS 层专用承载建立的结果。

步骤 18：核心网向相关基站发起群组下行承载的建立。各基站可以并行此过程，也可以和发起者相关流程并行（步骤 8～步骤 17），以及与对调度台的通知并行（步骤 21）。

步骤 19：相关基站发送 TrunkingPaging 消息。其中，携带 trunkingGroupID、groupPriority、G-RNTI；可选携带静态资源列表、NAS 消息 GROUP CALL SETUP INDICATION（Call ID、Call Type、Media Type、Service Type、Call Attribute、Called Number、Media Description）。如果其中携带静态资源列表和 NAS 消息 GROUP CALL SETUP INDICATION，则终端收到 TrunkingPaging 后可以直接配置 TTCH，开始接收业务数据。

步骤 20：基站在 TCCH 上发送 GroupCallConfig，给出群组 TTCH 的接入层配置参数，其中，还包含 NAS 消息 GROUP CALL SETUP INDICATION（携带 Call ID、Call Type、Media Type、Service Type、Call Attribute、Called Number、Media Description）。

各监听 UE 收到步骤 19、步骤 20 的空口消息后，可以进行群组业务的接收。

说明 1：步骤 18～步骤 20 为组呼承载建立过程，该过程可以在步骤 6 后开始执行，取决于核心网的实现。

步骤 21：如果调度台为被叫，则核心网在收到主叫的 Call Request 消息之后通过 D 接口发起 SIP 的 INVITE 流程，通知调度台接入该组呼，具体包括以下过程。

步骤 21a：核心网向调度台发送 SIP（INVITE）消息，通知调度台进行组呼建立流程，携带业务标识 pttcall，呼叫类型 CallType，呼叫优先级属性标识 PrioAttribute、端到端加密（End to End Encrypted，E2EE）指示、单双工指示 duplex。

步骤 21b：被叫调度台向核心网回复 SIP（100 Trying）消息。

步骤 21c：被叫调度台接受当前呼叫，向核心网发送 SIP（200 OK）消息，确认被叫调度台接听当前呼叫，携带业务标识 pttcall。

步骤 21d：核心网向被叫调度台发送 SIP（ACK）消息，确认当前组呼建立成功。

说明 2：步骤 21 为呼叫调度台的过程，该过程可以在步骤 6 后开始执行，取决于核心网的实现。

步骤 22：在至少一个基站下行承载成功建立后，核心网通过 CALL ACCEPT 通知发起者，相应资源已准备完毕，可以进行上行传输，消息携带呼叫 ID、呼叫类型、呼叫属性、呼叫优先级、话权信息、媒体信息等，如果本次呼叫为端到端加密呼叫，则还应携带加密密钥。

步骤 23：UE 通过 CALL COMPLETE 通知核心网，CALL ACCEPT 已被 UE 获得。

步骤 24～步骤 25：核心网通过 FLOOR INFORM 流程向监听 UE 通知群组的当前话权状态。

步骤 26a/26b：如果调度台为组呼被叫，核心网向调度台发送 SIP（INFO）消息，将话权信息通知给 DC，携带话权通知类型标识 pttinfo，话权忙闲指示 AlertType，如果当前话权被占用，则话权忙闲指标中将携带话权用户的号码；调度台向核心网发送 SIP（200 OK）消息，响应核心网的话权通知。

（2）调度台发起的组呼建立流程

调度台发起的组呼建立流程如图 2-17 所示。

调度台发起的组呼建立流程的具体说明如下。

调度台发起的组呼需要在调度台与核心网之间的 D 接口增加组呼建立和组呼建议响应消息，涉及 SIP 信令 1、2、7、8，具体说明如下。

步骤 1：调度台发送 SIP（INVITE）消息到核心网，请求建立组呼业务，携带业务标识

pttcall，呼叫类型 CallType，呼叫优先级属性标识 PrioAttribute、E2EE 指示、单双工指示 duplex。

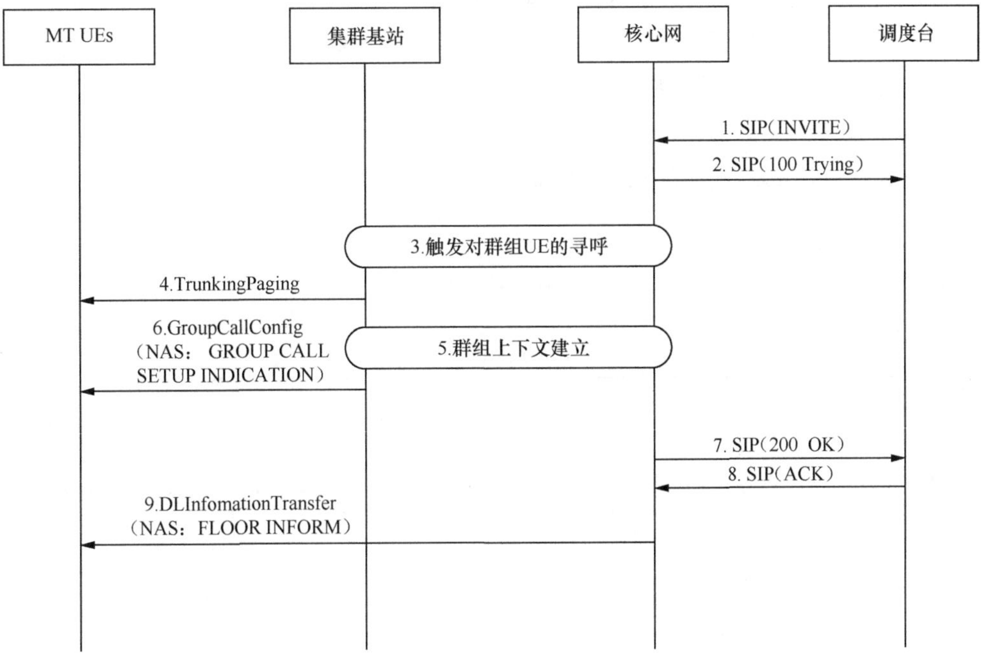

图2-17 调度台发起的组呼建立流程

步骤2：核心网向主叫调度台回复 SIP（100 Trying）消息，通知主叫的请求正在被处理。

步骤7：核心网向主叫调度台发送 SIP（200 OK）消息，通知组呼建立成功并授予调度台话权，携带 pttaccept 扩展头域，可选携带在线呼叫识别 OnlineCallID。

步骤8：调度台向核心网发送 SIP（ACK）消息，确认当前组呼建立成功。

核心网收到调度台发送的 SIP（ACK）时启动组呼时长定时器，该定时器用于控制一个组呼的呼叫时长（从组呼建立成功时启动，到组呼释放时停止）。如果组呼时长定时器超过预设的组呼呼叫时长限制，则核心网可以主动释放该组呼。

下行组呼建立的相关流程的具体说明如下。

步骤3：核心网向基站发送群组寻呼命令。

步骤4：集群基站在空口广播群组寻呼消息。其中，携带 TrunkingGroupID、groupPriority、G-RNTI，可选携带静态资源列表、NAS 消息 GROUP CALL SETUP INDICATION（Call ID、Call Type、Media Type、Service Type、Call Attribute、Called Number、Media Description）。如果其中携带静态资源列表和 NAS 消息 GROUP CALL SETUP INDICATION，则终端收到 Trunking Paging 后可以直接配置 TTCH，开始接收业务数据。

步骤5：核心网发起群组上下文建立过程消息，通知基站建立集群组呼业务承载。

步骤6：基站在 TCCH 上发送 GroupCallConfig，给出群组 TTCH 的接入层配置参数，还包含 NAS 消息 GROUP CALL SETUP INDICATION（携带 Call ID、Call Type、Media Type、Service Type、Call Attribute、Called Number、Media Description）。

步骤 9：核心网通过 NAS 消息发送话权状态指示信息给听用户。

（3）终端发起的组呼释放流程

UE 有权释放组呼，其发起组呼释放过程如下。

终端发起的组呼释放流程如图 2-18 所示。

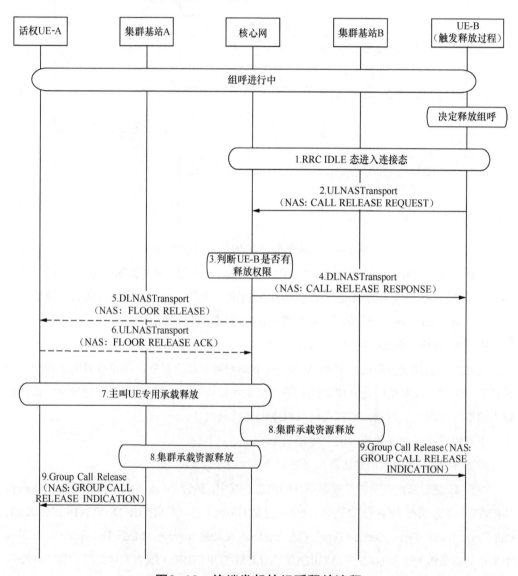

图2-18　终端发起的组呼释放流程

终端发起的组呼释放流程的具体说明如下。

步骤 1：如果 UE-B 处于 RRC IDLE 态，需要先执行 RRC 连接建立过程进入连接态。

步骤 2：UE-B 给核心网发送上行 NAS 消息组呼释放请求 CALL RELEASE REQUEST，其中，携带释放原因。

步骤 3：核心网对用户信息进行验证，确认 UE-B 有组呼释放权限，并确定执行组呼释放。

步骤 4：核心网发送 NAS 消息 CALL RELEASE RESPONSE，回复 UE-B 组呼释放响应。

步骤 5：（可选）如果此时 UE-A 拥有话权，核心网发送下行直传消息 FLOOR RELEASE 给 UE-A，执行话权释放过程。

步骤 6：（可选）如果收到步骤 5，UE-A 通过上行直传消息回复 FLOOR RELEASE ACK。

步骤 7：UE-A 与网络执行专用承载释放过程。

步骤 8：核心网和集群基站的承载资源释放。

步骤 9：基站发送 Group Call Release 消息，其中，携带 NAS 消息 GROUP CALL RELEASE INDICATION。

需要注意的是，网络发起的组呼释放过程从步骤 8 开始，包括步骤 8～步骤 9；如果当前组呼有用户拥有话权，则还包括步骤 5～步骤 7。

如果网络侧以话权空闲态为条件触发组呼释放，则网络侧需要在某个用户释放话权后，置起话权空闲定时器，如果在话权空闲定时器运行时期，有用户获得话权，则该定时器置零。一旦话权空闲定时器达到门限，网络侧就会触发组呼释放过程。

（4）调度台发起的呼叫释放流程

调度台发起的呼叫释放流程如图 2-19 所示。

调度台发起的呼叫释放流程的具体说明如下。

步骤 1：如果调度台决定释放某个组，调度台向核心网发送 SIP（BYE）消息，申请释放组呼业务，携带呼叫释放指示标识 pttrelease、释放原因 cause。

步骤 2：核心网对调度台的释放请求进行验证，确认调度台有组呼释放权限，并确定执行组呼释放。

步骤 3：核心网向调度台发送 SIP（200 OK）消息，确认当前组呼释放成功。

步骤 4：如果此时 UE-A 拥有话权（可选的），核心网发送下行直传消息 FLOOR RELEASE 给 UE-A，执行话权释放过程。

步骤 5：如果收到步骤 4，UE-A 通过上行直传消息回复 FLOOR RELEASE ACK。

步骤 6：UE-A 与网络执行专用承载释放过程。

步骤 7：核心网和集群基站的承载资源释放。

步骤 8：基站发送 Group Call Release 消息，其中，携带 NAS 消息 GROUP CALL RELEASE INDICATION，携带组呼释放原因。

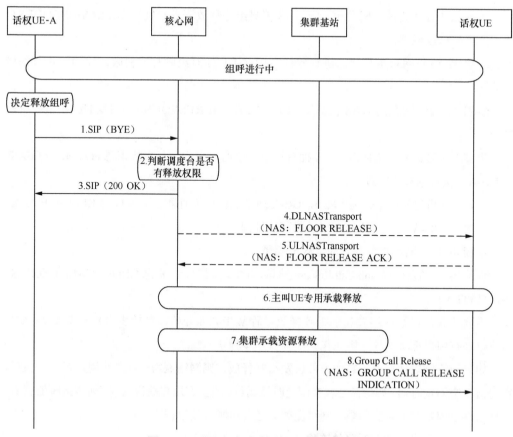

图2-19　调度台发起的呼叫释放流程

5. 话权申请

（1）IDLE 状态终端发起的话权申请流程

IDLE 状态终端发起的话权申请流程如图 2-20 所示。

IDLE 状态终端发起的话权申请流程的具体说明如下。

步骤 1～步骤 5：处于 IDLE 状态的 UE 使用 TRUNKING SERVICE REQUEST 过程发起话权请求，通过 RRC 连接建立过程恢复与网络侧信令连接，在 RRC ConnectionSetupComplete 消息中携带 TSR 消息，包含 FLOOR REQUEST（携带 CALL ID、媒体描述信息等）。

步骤 6：集群基站 A 通过 INITIAL UE MESSAGE 将 NAS 消息发送至核心网。

步骤 7：（可选）UE 与核心网的鉴权过程。

步骤 8：核心网触发 UE 建立上下文，并在上下文建立过程中建立用于传输集群业务的专用承载。

步骤 9～步骤 11：（可选）UE 能力查询过程和 UE 能力传输过程。

步骤 12～步骤 13：空口初始安全激活过程。

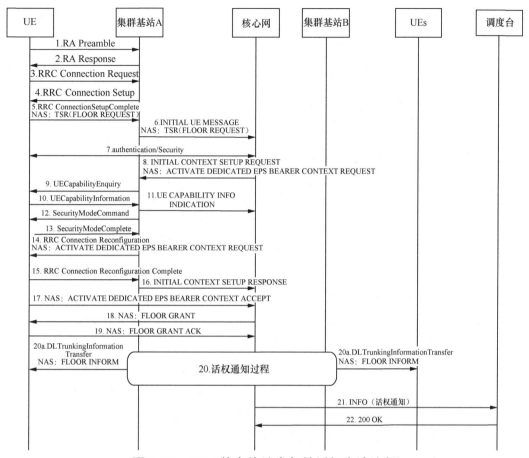

图2-20　IDLE状态终端发起的话权申请流程

步骤14～步骤15：RRC Connection Reconfiguration 过程，用于空口承载建立和测量参数配置等。

步骤16：集群基站 A 向核心网发送初始上下文建立响应消息。

步骤17：UE 使用上行直传消息 ACTIVATE DEDICATED EPS BEARER CONTEXT ACCEPT 告知核心网专用承载激活完成。

步骤18～步骤19：核心网使用下行直传消息 FLOOR GRANT 向 UE 授权话权；UE 使用上行直传消息 FLOOR GRANT ACK 告知核心网收到话权授权。

步骤20～步骤20a：核心网将当前话权占用信息通过集群下行消息传输消息发送给 UE 所在群组的其他 UE。

步骤21～步骤22：核心网将当前话权占用信息通过 SIP 信令通知调度台。

需要说明的是，是否在步骤8建立专用承载为可选，由网络侧根据具体配置来决定。

（2）CONNECTED 态终端发起话权申请流程

CONNECTED 态终端发起话权申请流程如图2-21所示。

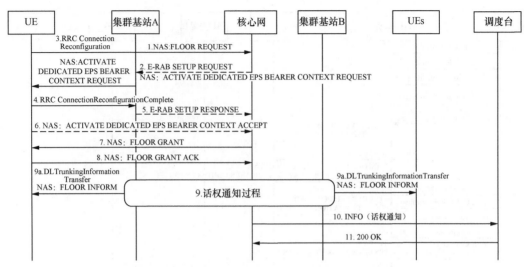

图2-21　CONNECTED态终端发起话权申请流程

CONNECTED 态终端发起话权申请流程的具体说明如下。

步骤 1：处于 CONNECTED 态的终端 UE 使用上行直传消息发起话权请求，NAS 消息 FLOOR REQUEST（携带 CALL ID、媒体描述信息等）。

步骤 2～步骤 6：（可选）专用承载建立过程，用于建立话权所需承载。

步骤 7～步骤 8：核心网使用下行直传消息 FLOOR GRANT 向 UE 授权话权；UE 使用上行直传消息 FLOOR GRANT ACK 告知核心网收到话权授权。

步骤 9～步骤 9a：核心网将当前话权占用信息通过集群下行消息传输消息发送给 UE 所在群组的其他 UE。

步骤 10～步骤 11：核心网将当前话权占用信息通过 SIP 信令通知调度台。

（3）调度台发起的话权申请流程

调度台发起的话权申请流程如图 2-22 所示。

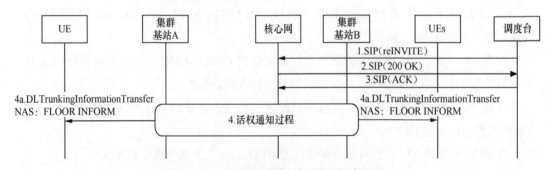

图2-22　调度台发起的话权申请流程

调度台发起的话权申请流程的具体说明如下。

步骤 1：在组呼通话中，调度台判断出目标群组的话权处于空闲态。调度台发送 SIP

（reINVITE）消息到核心网，请求话权（携带 CALL ID、媒体描述信息等）。

步骤 2：核心网通过 SIP（200 OK）消息通知调度台话权授予。

步骤 3：调度台接收到话权授权后，通过 SIP 发送 SIP（ACK）消息到集群核心网。

步骤 4～步骤 4a：核心网将话权占用信息通过集群下行消息传输消息通知群组内其他成员。

（4）核心网发起的话权释放流程

核心网发起的话权释放流程如图 2-23 所示。

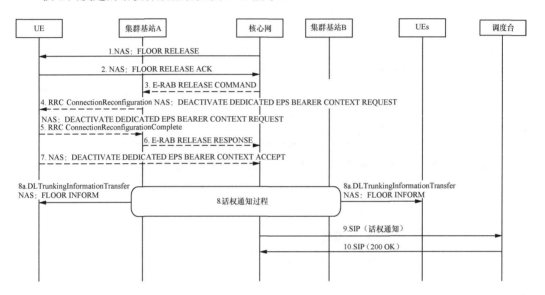

图2-23 核心网发起的话权释放流程

核心网发起的话权释放流程的具体说明如下。

步骤 1：核心网通过下行直传消息发送 NAS 消息 FLOOR RELEASE 到话权 UE。

步骤 2：UE 收到消息后，发送上行直传消息 FLOOR RELEASE ACK 到核心网。

步骤 3～步骤 7：（可选）核心网触发专用承载释放过程。

步骤 8～步骤 8a：核心网通过集群下行消息传输消息将话权状态发送给群组内其他终端。

步骤 9～步骤 10：核心网将话权状态信息通过 SIP（话权通知）方式通知调度台，调度台回复 SIP（200 OK）到集群核心网。

（5）终端发起的话权释放流程

终端发起的话权释放流程如图 2-24 所示。

终端发起的话权释放流程的具体说明如下。

步骤 1：UE 通过上行直传消息发送 NAS 消息 FLOOR RELEASE 到核心网。

步骤 2：核心网收到消息后发送下行直传消息 FLOOR RELESE ACK 消息到 UE。

步骤 3～步骤 7：（可选）核心网触发专用承载释放过程。

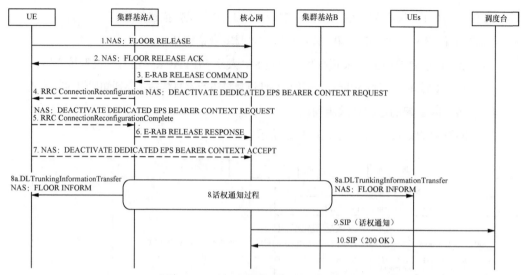

图2-24 终端发起的话权释放流程

步骤8～步骤8a：核心网通过集群下行消息传输消息将话权状态发送到群组内其他终端。

步骤9～步骤10：核心网将话权状态信息通过SIP（话权通知）方式通知调度台，调度台回复SIP（200 OK）到核心网。

（6）调度台发起的话权释放流程

调度台发起的话权释放流程如图2-25所示。

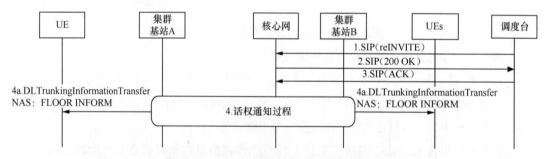

图2-25 调度台发起的话权释放流程

调度台发起的话权释放流程的具体说明如下。

步骤1：调度台通过SIP发送SIP（reINVITE）消息给核心网。

步骤2：核心网发送SIP（200 OK）消息给调度台，指示话权释放成功。

步骤3：调度台返回SIP（ACK）确认消息给核心网。

步骤4～步骤4a：核心网通过集群下行消息传输消息将话权状态发送给群组内其他终端。

（7）终端发起的话权抢占流程（话权获得）

终端发起的话权抢占流程如图2-26所示。

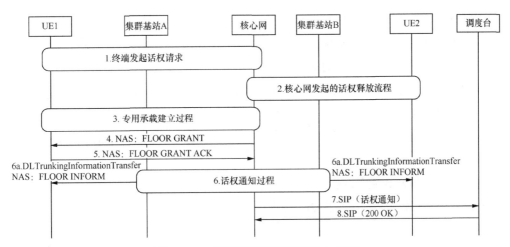

图2-26　终端发起的话权抢占流程

终端发起的话权抢占流程的具体说明如下。

在组呼进行过程中，UE2 占有话权。

步骤 1：UE1 发起话权请求，向核心网发送 FLOOR REQUEST 消息（携带 CALL ID、媒体描述信息等）。

步骤 2：核心网向 UE2 发起话权释放流程，释放 UE2 的话权。

步骤 3：（可选）核心网为 UE1 建立专用承载。

步骤 4～步骤 5：核心网通过下行直传消息向 UE1 发送 FLOOR GRANT 消息；UE1 收到消息后发送上行直传消息 FLOOR GRANT ACK 到核心网。

步骤 6～步骤 6a：核心网通过集群下行直传消息将话权占用信息通知群组的其他成员。

步骤 7～步骤 8：核心网将话权占用信息通过 SIP（话权通知）通知调度台；调度台回复 SIP（200 OK）消息给核心网。

（8）调度台发起的话权抢占流程（话权获得）

调度台发起的话权抢占流程如图 2-27 所示。

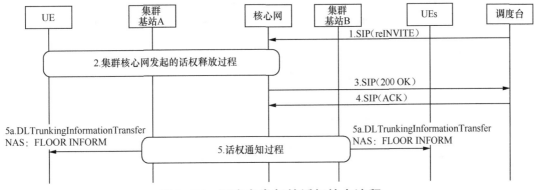

图2-27　调度台发起的话权抢占流程

调度台发起的话权抢占流程的具体说明如下。

步骤1：调度台发送SIP（reINVITE）消息给核心网申请话权。

步骤2：核心网发起对UE1的话权释放过程。

步骤3～步骤4：核心网通过SIP（200 OK）消息发送话权授权消息给调度台；调度台收到话权授权后发送SIP（ACK）响应消息给核心网。

步骤5～步骤5a：核心网将当前群组的话权信息通过集群下行直传消息告知群组内的其他终端。

（9）终端发起的话权抢占流程（话权排队）

终端发起的话权抢占流程如图2-28所示。

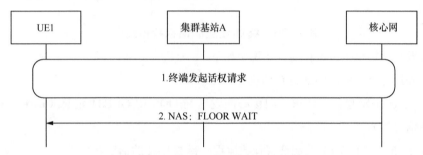

图2-28 终端发起的话权抢占流程

终端发起的话权抢占流程的具体说明如下。

在组呼进行过程中，UE2占有话权。

步骤1：UE1发起话权请求，向核心网发送FLOOR REQUEST消息（携带CALL ID、媒体描述信息等）。

步骤2：核心网向UE1发送FLOOR WAIT消息，通知UE1进行话权排队。

（10）调度台发起的话权抢占流程

调度台发起的话权抢占流程如图2-29所示。

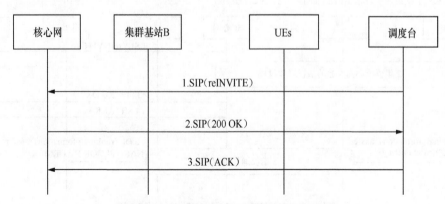

图2-29 调度台发起的话权抢占流程

调度台发起的话权抢占流程的具体说明如下。

在组呼进行过程中，组内话权占用。

步骤 1：调度台发送 SIP（reINVITE）消息到核心网，请求话权。

步骤 2：核心网向调度台发送 SIP（200 OK）消息，通知调度台进行话权排队。

步骤 3：调度台向核心网发送 SIP（ACK）消息进行确认。

6. 移动性

（1）RRC 连接态（包括话权用户和非话权用户）终端的切换优化

RRC 连接态（包括话权用户和非话权用户）终端的切换优化如图 2-30 所示。

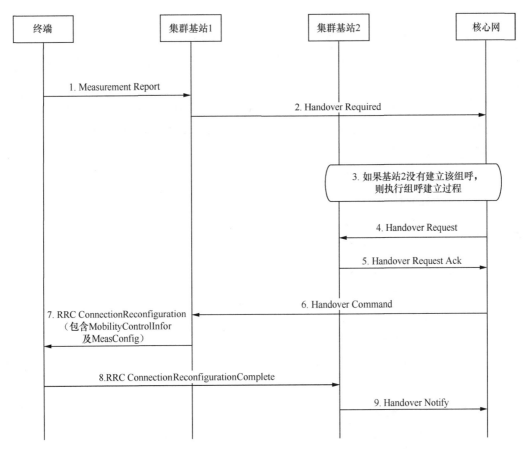

图2-30　RRC连接态（包括话权用户和非话权用户）终端的切换优化

RRC 连接态（包括话权用户和非话权用户）终端的切换优化流程的具体说明如下。

步骤 1：当连接态终端测量信号满足条件时，在 DCCH 上发送 Measurement Report 消息通知源 eNB，并携带邻区测量信息和正在参与的组 ID。

步骤 2：基站 1 收到 Measurement Report 消息后，判断如果是不同 eNB 间的小区间切换，则通过 Handover Required 消息通知核心网发起切换流程，并携带组 ID 和目标 TA 等信息。

步骤 3：如果目标基站 2 没有对应的组呼业务，则核心网触发基站 2 建立该组呼业务。

步骤 4：核心网向目标小区所在的基站 2 发送 Handover Request 消息。

步骤 5：目标基站 2 收到核心网的 Handover Request（携带 GROUP ID，如果为主讲用户，则还需携带主讲标志）消息后，准备好相应的资源，向核心网发送响应消息 Handover Request Ack（在给源小区的 RRC CONTAINER 里面的 RRC 配置里携带群组相关信息，例如 G-RNTI 等）。

步骤 6：核心网收到消息后向源小区发送 Handover Command 消息，指示开始进行切换。

步骤 7：源基站 1 通过 Handover Command 消息获取切换命令的相关信息，并通过 RRC ConnectionReconfiguration 消息通知 UE 发起切换，消息中携带群组相关信息，例如 G-RNTI 等。

步骤 8：UE 在新小区回复 RRC ConnectionReconfigurationComplete 消息给目标小区。

步骤 9：目标基站 2 发送 Handover Notify 消息给核心网，告知用户切换成功。

（2）组呼扩建过程

组呼扩建流程如图 2-31 所示。

组呼扩建流程的具体说明如下。

步骤 1：IDLE 终端满足小区重选条件，执行小区重选。

步骤 2～步骤 4：IDLE 终端建立 RRC 连接，在完成消息中携带 NAS 消息 TRACKING AREA UPDATE REQUEST，携带组号。其中，active flag= false 不需要建立用户上下文。

步骤 5：基站通过 INITIAL UE MESSAGE 消息转发 TRACKING AREA UPDATE REQUEST 消息到核心网，消息中携带当前 TAI。

步骤 6：如果新小区没有此群组业务，则核心网通知基站建立群组业务和资源；如果新小区已经存在此群组业务，则核心网通知基站发送 Trunkingpaging 消息和 Groupcallconfig 消息。

步骤 7：基站发送 Trunkingpaging 消息。

步骤 8：基站发送 Groupcallconfig 消息。

步骤 9：核心网通过直传消息携带 NAS 消息 TRACKING AREA UPDATE ACCEPT。

步骤 10：基站通过直传消息携带 NAS 消息 TRACKING AREA UPDATE COMPLETE。

需要说明的是，对于连接态的集群终端，切换后在目标小区也可以发起组呼扩建过程，步骤 4 的组呼扩建 NAS 消息通过上行直传方式携带，后续流程相同。

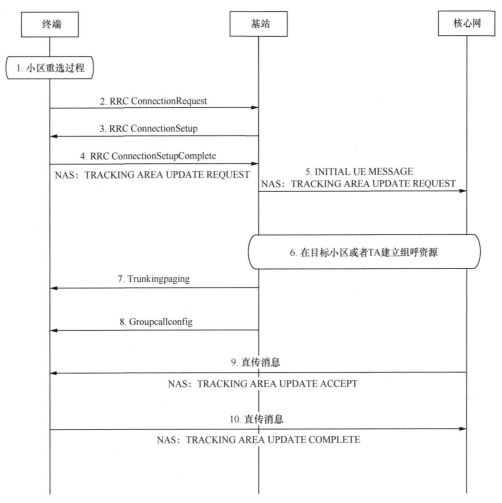

图2-31　组呼扩建流程

7. 点到点实时短数据

点到点实时短数据如图 2-32 所示。

点到点实时短数据流程的具体说明如下。

步骤 1～步骤 2：UE 向核心网发送 TRUNKING UPLINK TRANSPORT 消息，消息的 Message Container Type 指示为"短数据和状态数据"，Message Container 中携带 SDS 消息 SHORT-MSG、Calling party、Called party。其中 Mode=00H（PTP）。

步骤 3～步骤 4：核心网向接收 UE 发送 TRUNKING DOWNLINK TRANSPORT 消息，消息的 Message Container Type 指示为"短数据和状态数据"，Message Container 中携带 SDS 消息 SHORT-MSG、Calling party、Called party。其中，Mode=00H（PTP）。

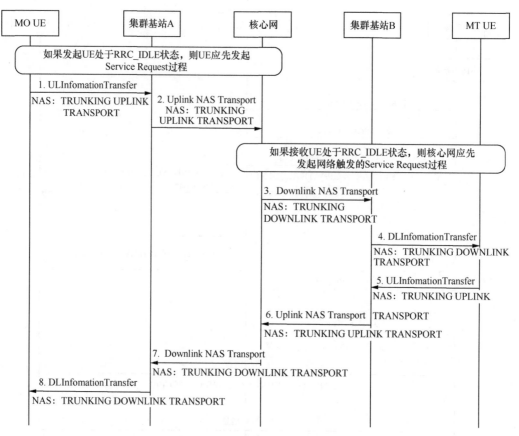

图2-32　点到点实时短数据

步骤5～步骤6：接收 UE 向核心网发送 TRUNKING UPLINK TRANSPORT 消息，消息的 Message Container Type 指示为"短数据和状态数据"，Message Container 中携带 SDS 消息 SHORT-MSG-ACK。

步骤7～步骤8：核心网向短数据的发送 UE 发送 TRUNKING DOWNLINK TRANSPORT 消息，消息的 Message Container Type 指示为"短数据和状态数据"，Message Container 中携带 SDS 消息 SHORT-MSG-ACK。

8. 组播短数据

（1）TCCH 携带短数据

TCCH 携带短数据如图 2-33 所示。

TCCH 携带短数据流程的具体说明如下。

步骤1～步骤2：UE 向核心网发送 TRUNKING UPLINK TRANSPORT 消息，消息的 Message Container Type 指示为"短数据和状态数据"，Message Container 中携带 SDS 消息 SHORT-MSG、Calling party、Called party。其中，Mode=01H（PTM）。

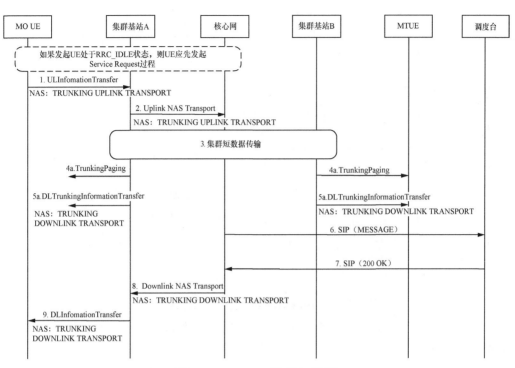

图2-33 TCCH携带短数据

步骤3：核心网向相关基站发起群组下行承载的建立。此过程可以各基站并行，也可以与对调度台的通知并行（步骤6）。

步骤4~步骤5：核心网向接收UE发送TRUNKING DOWNLINK TRANSPORT消息，消息的Message Container Type指示为"短数据和状态数据"，Message Container中携带SDS消息SHORT-MSG、Calling party、Called party。其中，Mode=01H（PTM）。

步骤6~步骤7：如果接收方包括调度台，则核心网对应调度台发送SIP（MESSAGE）消息，消息包含E2EE指示和发送模式msgmode。其中，msgmode取值为"2"（组播模式）。

步骤8~步骤9：核心网向短数据的发送UE发送TRUNKING DOWNLINK TRANSPORT消息，消息的Message Container Type指示为"短数据和状态数据"，Message Container中携带SDS消息SHORT-MSG-ACK。

需要注意的是，步骤8可在步骤3后执行。

（2）TrunkingPaging 消息携带短数据

TrunkingPaging 消息携带短数据如图2-34所示。

TrunkingPaging 消息携带短数据流程的具体说明如下。

步骤1~步骤2：UE向核心网发送TRUNKING UPLINK TRANSPORT消息，消息的Message Container Type指示为"短数据"，Message Container中携带集群组播短数据请求。

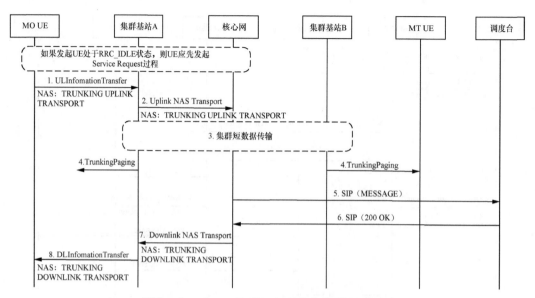

图2-34　TrunkingPaging消息携带短数据

步骤3：核心网向相关基站发起群组短数据传输。此过程可以在各基站并行，也可以与对调度台的通知并行（步骤5）。

步骤4：集群基站将短数据的 NAS PDU 封装在 TrunkingPaging 消息中发送给组内 UE。

步骤5～步骤6：如果接收方包括调度台，则核心网对调度台发送 SIP（MESSAGE）消息，消息包含端到端加密 E2EE 指示和发送模式 msgmode。其中，msgmode 取值为"2"（组播模式）。

步骤7～步骤8：核心网向短数据的发送 UE 发送 TRUNKING DOWNLINK TRANSPORT 消息，消息的 Message Container Type 指示为"短数据"，Message Container 中对短数据的接收响应。

需要注意的是，如果 UE 接收到的 TrunkingPaging 消息中短消息指示和 NAS PDU 同时存在，则其不必建立 TCCH。

9. 故障弱化

（1）故障弱化启用

故障弱化启用流程如图 2-35 所示。

故障弱化启用流程的具体说明如下。

步骤1：进入故障弱化模式的 eNB 应结束正在进行的业务，发送 TrunkingPaging 消息指示集群系统广播改变，此时集群寻呼信道的配置应与故障弱化前保持一致。

步骤2：基站广播 SystemInformationBlockTypeTrunking 消息，在消息中指示进入故障弱化模式。

步骤3：UE 接收到故障弱化启用指示后，应结束正在进行的业务并删除上下文，重新进行附着和集群注册。

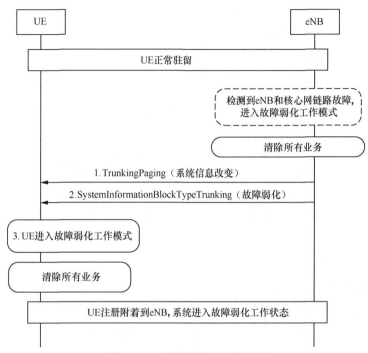

图2-35　故障弱化启用流程

（2）故障弱化恢复

故障弱化恢复如图 2-36 所示。

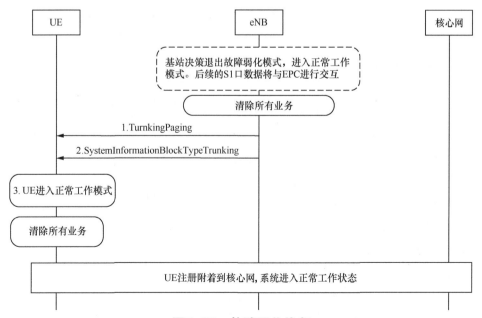

图2-36　故障弱化恢复

故障弱化恢复流程的具体说明如下。

步骤1：退出故障弱化模式的 eNB 应结束正在进行的业务，发送 TrunkingPaging 消息指示集群系统广播改变。

步骤2：基站广播 SystemInformationBlockTypeTrunking 消息，在消息中指示退出故障弱化模式，进入正常工作模式。

步骤3：UE 收到退出故障弱化指示后，应结束正在进行的业务，注册附着到核心网。

（3）故障弱化下的注册

故障弱化下的注册如图 2-37 所示。

故障弱化下的注册流程的具体说明如下。

步骤1～步骤4：UE 发起 RRC 连接建立过程。

步骤5：UE 向 eNodeB 发送 RRC Connection Setup Complete 消息，消息中附带 M-NAS 消息 Attach Request，请求附着，初始安全激活过程携带空算法。

步骤6：eNodeB 为 UE 建立初始上下文。

步骤7～步骤11：eNodeB 为 UE 建立缺省承载，并通过 RRC Connection Reconfigration 向 UE 发送 Attach Accept 消息，

图2-37　故障弱化下的注册

如果 eNB 给 UE 分配了新的 M-GUTI，那么 M-GUTI 被包含在此消息中。

步骤12：UE 向 eNodeB 发送 RRC Connection Reconfigration Complete 消息。

步骤 13：UE 通过 UL Information Transfer 向 eNB 发送 Attach Complete 消息。

步骤 14：UE 通过 UL Information Transfer 向 eNB 发送 Trunk Register Request 消息进行集群注册。

步骤 15：eNB 接受注册后，向 UE 回复 Trunk Register Accept 消息。

（4）故障弱化下的 TAU（移动性引起的）

故障弱化下的 TAU（移动性引起的）如图 2-38 所示。

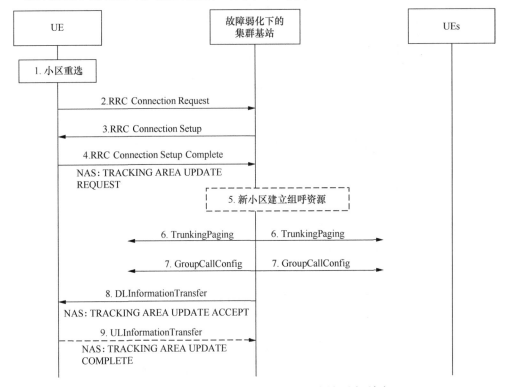

图2-38　故障弱化下的TAU（移动性引起的）

故障弱化下的 TAU（移动性引起的）流程的具体说明如下。

步骤 1：IDLE 终端满足小区重选条件，执行小区重选。

步骤 2～步骤 4：IDLE 终端建立 RRC 连接，在完成消息中携带 NAS 消息 TRACKING AREA UPDATE REQUEST，携带组号。其中，active flag = false 不需要建立用户上下文。

步骤 5：如果新小区没有此群组业务，则基站在新小区建立群组业务和资源。

步骤 6：基站发送 TrunkingPaging 消息。

步骤 7：基站发送 GroupCallConfig 消息。

步骤 8：基站通过直传消息向 UE 发送 NAS 消息 TRACKING AREA UPDATE ACCEPT。

步骤 9：如果步骤 8 中，基站分配了 GUTI，则 UE 通过直传消息反馈 NAS 消息 TRACKING AREA UPDATE COMPLETE。

（5）故障弱化下的 TAU(周期性）

故障弱化下，集群基站应支持 TAU 功能，可选支持周期性 TAU 功能。当集群基站不要求 UE 做周期性 TAU 时，应在 TRACKING AREA UPDATE ACCEPT 消息中，将 T3412 的值设为 0。

故障弱化下的 TAU（周期性）如图 2-39 所示。

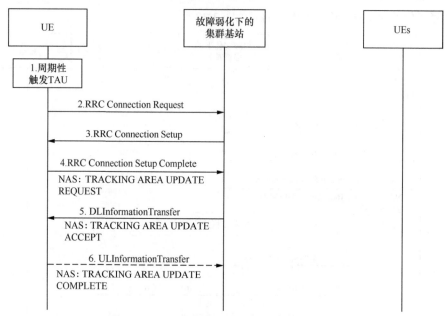

图2-39　故障弱化下的TAU（周期性）

故障弱化下的 TAU（周期性）流程的具体说明如下。

步骤 1：终端根据基站配置的周期性 TAU 定时器判断触发周期性 TAU 过程。

步骤 2～步骤 4：IDLE 终端建立 RRC 连接，在完成消息中携带 NAS 消息 TRACKING AREA UPDATE REQUEST，携带组号。其中，active flag = false 不需要建立用户上下文。

步骤 5：基站通过直传消息向 UE 发送 NAS 消息 TRACKING AREA UPDATE ACCEPT。

步骤 6：如果在步骤 5 中，基站分配了 GUTI，则 UE 通过直传消息反馈 NAS 消息 TRACKING AREA UPDATE COMPLETE。

（6）故障弱化下的组呼

故障弱化下的组呼如图 2-40 所示。

故障弱化下的组呼流程的具体说明如下。

步骤 1～步骤 5：发起组呼的 IDLE UE 执行 RRC 连接建立流程。UE 在连接建立完成消息中携带 NAS 消息 TRUNKING SERVICE REQUEST。其中，除了安全信息，其还携带呼叫请求 CALL REQUEST（消息中携带呼叫类型、呼叫属性、被叫号码、媒体信息等），用以申请建立一个集群组呼业务。其中，被叫号码为所呼叫组的 GID。

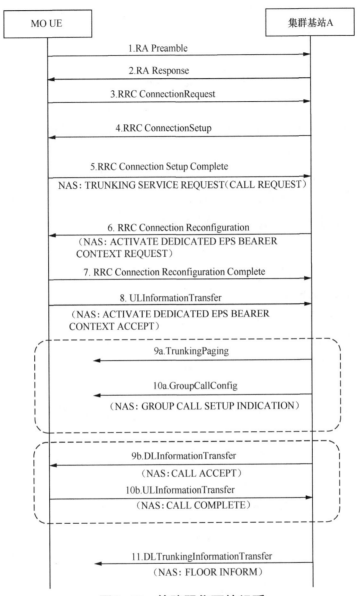

图2-40 故障弱化下的组呼

步骤 6: eNB 通过 RRC 重配, 恢复 UE 的空口承载, 同时, 携带专用承载建立请求 ACTIVATE DEDICATED EPS BEARER CONTEXT REQUEST, 建立话权承载。

步骤 7: UE 反馈 RRC 层的配置结果给基站。

步骤 8: UE通过上行直传发送 ACTIVATE DEDICATED EPS BEARER CONTEXT ACCEPT 消息, 反馈 NAS 层专用承载建立的结果。

步骤 9a: 基站发送 TrunkingPaging 消息。其中, 携带 TrunkingGroupID、groupPriority、 G-RNTI; 可选携带静态资源列表、NAS 消息 GROUP CALL SETUP INDICATION（Call ID,

Call Type、Media Type、Service Type、Call Attribute、Called Number、Media Description）。如果其中携带静态资源列表和 NAS 消息 GROUP CALL SETUP INDICATION，则终端收到 TrunkingPaging 后可以直接配置 TTCH，开始接收业务数据。

步骤 10a：基站在 TCCH 上发送 GroupCallConfig，给出群组 TTCH 的接入层配置参数，包含 NAS 消息 GROUP CALL SETUP INDICATION（携带 Call ID、Call Type、Media Type、Service Type、Call Attribute、Called Number、Media Description）。

各监听 UE 收到步骤 9a、步骤 10a 消息后，可以进行群组业务的接收。

步骤 9b：基站通过 CALL ACCEPT 通知发起者，相应资源已准备完毕，可以进行上行传输，消息携带呼叫 ID、呼叫类型、呼叫属性、呼叫优先级、话权信息、媒体信息等，如果本次呼叫为端到端加密呼叫，则还应携带加密密钥。

步骤 10b：UE 通过 CALL COMPLETE 通知 eNB，CALL ACCEPT 已被 UE 获得。

步骤 11：基站通过 FLOOR INFORM 流程，向监听 UE 通知群组的当前话权状态。

（7）故障弱化下的单呼

故障弱化下的单呼如图 2-41 所示。

故障弱化下的单呼流程的具体说明如下。

步骤 1a：如果是处于 ECM-IDLE 态的 UE，则需要先通过 SERVICE REQUEST 流程和网络恢复连接。

步骤 1：主叫 UE 通过 NAS 消息 CALL REQUEST，通知集群基站建立全双工单呼，携带媒体格式，主要包括 Call Type、Call Attribute、Called Number、Audio Description（如果 Call Type 业务中包含音频媒体，则包含此格式）、Video Description（如果 Call Type 业务中包含视频媒体，则包含此格式）。

步骤 2：如果 IDLE 态的被叫 UE（MT UE），则集群基站通过 TrunkingPaging 通知 UE，相关的呼叫到达。

步骤 3：被叫 UE 通过 SERVICE REQUEST 流程和集群基站配合，恢复空口承载及信令连接。

步骤 4：集群基站通过 CALL REQUEST 消息，通知被叫 UE 此次呼叫的相关信息，携带媒体格式，主要包括 Call ID、Caller Number、Call Type、Call Attribute、Call Priority、Audio Description（如果 Call Type 业务中包含音频媒体，则包含此格式）、Video Description（如果 Call Type 业务中包含视频媒体，则包含此格式）。

步骤 5：被叫 UE 通过 CALL CONFIRMED 消息，通知集群基站 UE 已收到 CALL REQUEST 携带媒体格式，主要包括 Call ID、Audio Description（如果 Call Type 业务中包含音频媒体，则包含此格式）、Video Description（如果 Call Type 业务中包含视频媒体，则包含此格式）。

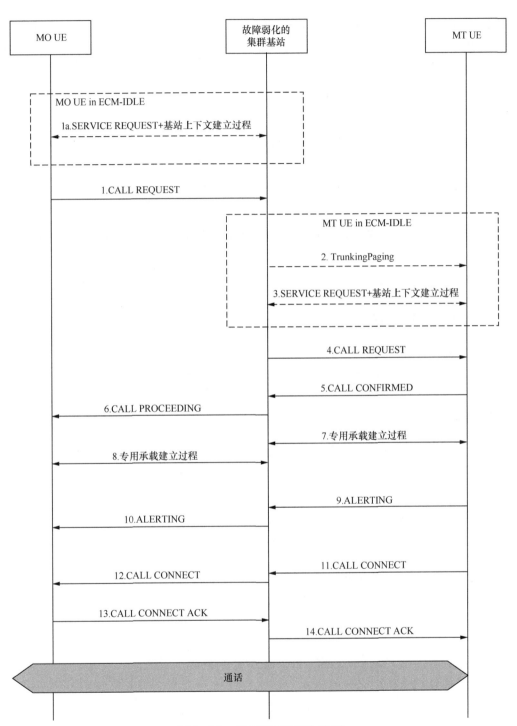

图2-41 故障弱化下的单呼

步骤 6：集群基站通过 CALL PROCEEDING 通知主叫媒体格式，主要包括 Call ID、Call Type、Call Attribute、Audio Description（如果 Call Type 业务中包含音频媒体，则包含此

格式）、Video Description（如果 Call Type 业务中包含视频媒体，则包含此格式）。如果是集群基站决策，Call Proceeding 与被叫侧 Call Request、Call Confirmed 无时序关系；如果是协商决定，则有时序关系。

步骤 7：集群基站和被叫 UE 配合，建立相应的专用承载。

步骤 8：集群基站和主叫 UE 配合，建立相应的专用承载。

步骤 9～步骤 10：被叫振铃，通过集群基站通知主叫 UE。

步骤 11：被叫摘机后，通过 CALL CONNECT 通知集群基站。

步骤 12：集群基站通过 CALL CONNECT 通知主叫 UE，被叫已摘机，可以进行数据传输。

步骤 13：主叫 UE 反馈 CALL CONNECT ACK 给集群基站，相应的 CALL CONNECT 已收到。

步骤 14：集群基站向被叫 UE 反馈 CALL CONNECT ACK，主叫和被叫开始通话。

10. 遥毙／遥晕／复活

遥毙／遥晕／复活如图 2-42 所示。

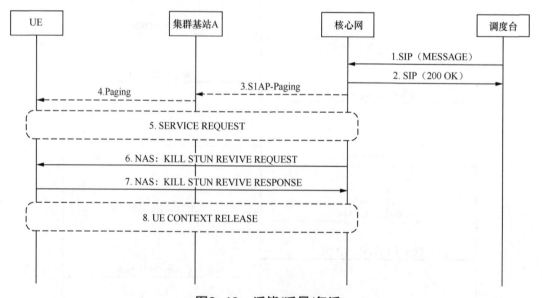

图2-42　遥毙/遥晕/复活

遥毙／遥晕／复活的过程描述如下。

步骤 1～步骤 2：调度台向核心网发送 SIP（MESSAGE）消息，其中，包含 UE 的遥毙／遥晕／复活操作命令，核心网向调度台发送 SIP（200 OK）。

步骤 3～步骤 5：（可选）如果终端处于 ECM-IDLE 状态，则核心网发送 Paging 消息，终端收到寻呼消息后通过 SERVICE REQUEST 接入网络。

步骤 6：核心网通过 NAS 下行直传消息将遥晕 / 遥毙 / 复活命令发送给终端。

步骤 7：终端通过 NAS 上行直传消息将遥晕 / 遥毙 / 复活响应消息发送给核心网。

步骤 8：（可选）核心网发起 UE 上下文释放过程，对于寻呼失败的 UE，网络侧需要保存操作，待 UE 重新注册到网络时再执行。

需要注意的是，已遥晕的终端再次收到遥晕命令后直接向网络回复遥晕成功响应；已复活的终端再次收到复活命令后直接向网络回复复活成功响应。

11. 视频调度业务

（1）视频推送给组

视频推送给组如图 2-43 所示。

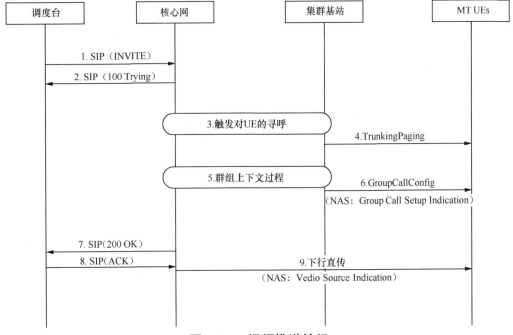

图2-43　视频推送给组

视频推送给组流程的具体说明如下。

步骤 1 ～步骤 2：调度台发 SIP（INVITE）消息，携带呼叫类型 Call Type、优先级属性 PrioAttribute、端到端加密 E2EE 指示、双工指示 duplex 等信息。其中，Call Type 取值为"12"（视频推送），SDP 媒体中的媒体方向为 a=sendonly。

步骤 3 ～步骤 6：过程与同源视频组呼过程相同。Group Call Setup Indication 消息中 Call Type 为 0DH（视频下推）。

步骤 7 ～步骤 8：核心网回复 SIP（200OK），其中，包含核心网为本次会话分配的 OnlineCallID。

步骤 9：核心网向视频接收组的 UE 发送 Vedio Source Indication 消息，消息携带 Call

ID 和 Video Source ID。其中，Video Source ID 为调度台号码。

（2）视频转发给组

调度台发起视频转发如图 2-44 所示。

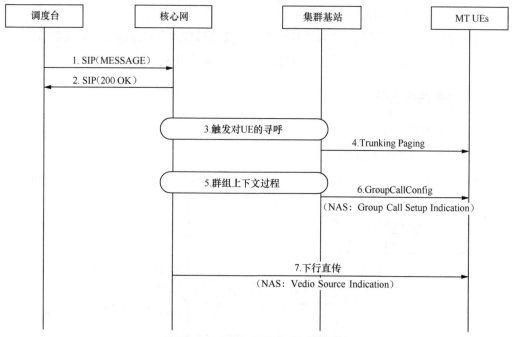

图2-44　调度台发起视频转发

调度台发起视频转发流程的具体说明如下。

步骤 1～步骤 2：调度台发送 SIP（MESSAGE）消息，携带视频转发业务标识 pttVideoForward、转发媒体流唯一标识 VideoID 和媒体源类型 VideoIDType，以及视频接收组的组号 UDN，通知核心网将 VideoID 标识的视频转发给指定组。

步骤 3～步骤 6：过程与同源视频组呼过程相同。Group Call Setup Indication 消息中 Call Type 为 0DH（视频下推）。

步骤 7：核心网向视频接收组的 UE 发送 Vedio Source Indication 消息，消息携带 Call ID 和 Video Source ID。其中，Video Source ID 为媒体源号码。

12. 不同源视频组呼

（1）语音组呼叠加视频下推

语音组呼叠加视频下推如图 2-45 所示。

语音组呼叠加视频下推流程的具体说明如下。

步骤 1：调度台给核心网发送 SIP（re-INVITE）消息，请求推送视频，携带群组号码、视频调度系统媒体面信息。

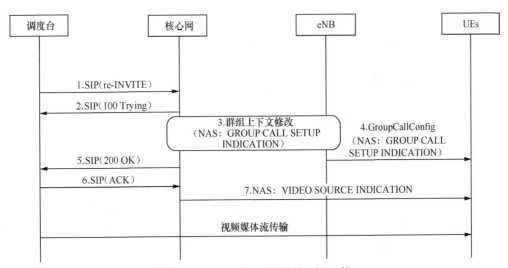

图2-45 语音组呼叠加视频下推

步骤 2：核心网根据群组号码和业务类型进行判断，如果群组号码与当前通话的语音组呼的组号码相同，且调度台请求的是视频下推，则执行语音组呼和视频下推的组呼业务。核心网向调度台回复 SIP（100 Trying），通知调度台视频推送请求正在被处理。

步骤 3：核心网通知 eNB 群组上下文修改，为视频下推建立新的组承载，更新 NAS 消息 GROUP CALL SETUP INDICATION，消息中的 Group Resource List 包含一个 Group Resource，同时携带语音和视频的媒体信息。其中，Call Type 由 03H（语音组呼）改为 0CH（不同源视频组呼）。

步骤 4：空口发送 GroupCallConfig，更新空口配置，携带更新的 NAS 消息 GROUP CALL SETUP INDICATION。

（2）语音组呼叠加视频转发

语音组呼叠加视频转发如图 2-46 所示。

语音组呼叠加视频转发流程的具体说明如下。

步骤 1：调度台向核心网发送 SIP（MESSAGE）消息，请求转发视频。消息中携带视频转发业务标识、转发组的组号、转发媒体流唯一标识 VideoID 和媒体源类型 VideoIDType，通知核心网将 VideoID 标识的视频转发给指定组。

步骤 2：核心网根据群组号码和业务类型进行判断，执行语音组呼和视频下推的组合业务，核心网向调度台回复 SIP（200 OK），响应调度台的视频转发请求。

步骤 3：核心网通知 eNB 群组上下文修改，为转发视频建立新的组承载，更新 NAS 消息 GROUP CALL SETUP INDICATION，消息中的 Group Resource List 包含一个 Group Resource，同时携带语音和视频的媒体信息，Call Type 由 03H（语音组呼）改为 0CH（不同源视频组呼）。

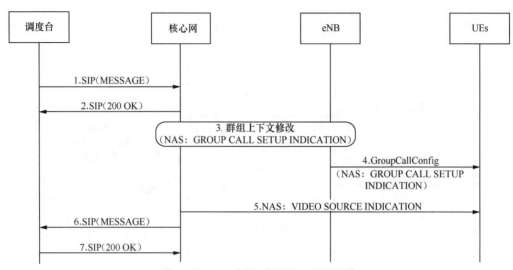

图2-46 语音组呼叠加视频转发

步骤4：eNB 发送 GroupCallConfig，更新空口配置，携带更新的 NAS 消息 GROUP CALL SETUP INDICATION。

步骤5：核心网会给所有 UE 发送 NAS 消息 VIDEO SOURCE INDICATION，指示视频源信息。

步骤6：核心网会给调度台发送 SIP（MESSAGE），进行转发结果上报，携带视频源标示、组号码、转发结果等。

步骤7：调度台回复 SIP（200 OK）通知核心网收到消息。

（3）视频下推 / 转发叠加 UE 发起的语音组呼

视频下推 / 转发叠加 UE 发起的语音组呼如图 2-47 所示。

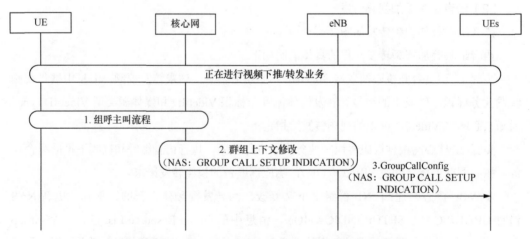

图2-47 视频下推/转发叠加UE发起的语音组呼

视频下推 / 转发叠加 UE 发起的语音组呼流程的具体说明如下。

该群组当前正在进行视频下推或视频转发业务。

步骤 1：终端针对该群组发起一个语音组呼，核心网根据群组号码和业务类型进行判断，如果群组号码与当前通话的视频下推/转发的组号码相同，且调度台/UE请求的是语音组呼，则执行语音组呼和视频下推的组呼业务。

步骤 2：核心网通知 eNB 群组上下文修改，请求为语音组呼建立新的组承载。更新 NAS 消息 GROUP CALL SETUP INDICATION，消息中的 Group Resource List 包含一个 Group Resource，同时携带已有的视频业务和新增的语音组呼业务的媒体信息，其中，Call Type 由 0DH（视频下推）改为 0CH（不同源视频组呼）。

步骤 3：eNB 发送更新的 GroupCallConfig，更新空口配置，携带更新的 NAS 消息 GROUP CALL SETUP INDICATION。

（4）视频下推叠加调度台发起的语音组呼

视频下推叠加调度台发起的语音组呼如图 2-48 所示。

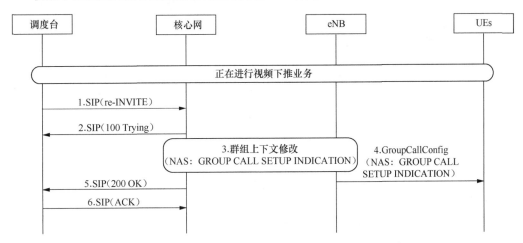

图2-48　视频下推叠加调度台发起的语音组呼

视频下推叠加调度台发起的语音组呼流程的具体说明如下。

当前调度台正在向该群组进行视频下推业务。

步骤 1：调度台给核心网发送 SIP（re-INVITE）消息，请求建立组呼业务，携带业务标识 pttcall、呼叫类型 Call Type、呼叫优先级属性标识 PrioAttribute、E2EE 指示、单双工指示 duplex。

步骤 2：核心网向主叫调度台回复 SIP（100 Trying）消息，通知主叫调度台的请求正在被处理。

步骤 3：核心网通知 eNB 群组上下文修改，请求为语音组呼建立新的组承载，更新 NAS 消息 GROUP CALL SETUP INDICATION，消息中的 Group Resource List 包含一个 Group Resource，同时携带已有的视频业务和新增的语音组呼业务的媒体信息。其中，Call

Type 由 0DH（视频下推）改为 0CH（不同源视频组呼）。

步骤 4：eNB 发送更新的 GroupCallConfig，更新空口配置，携带更新的 NAS 消息 GROUP CALL SETUP INDICATION。

步骤 5：核心网向主叫调度台发送 SIP（200 OK）消息，通知语音组呼建立成功并授予调度台话权，携带 pttaccept 扩展头域，可选携带在线呼叫识别 OnlineCallID。

步骤 6：调度台向核心网发送 SIP（ACK）消息，确认当前组呼建立成功。

（5）视频转发叠加调度台发起的语音组呼

视频转发叠加调度台发起的语音组呼如图 2-49 所示。

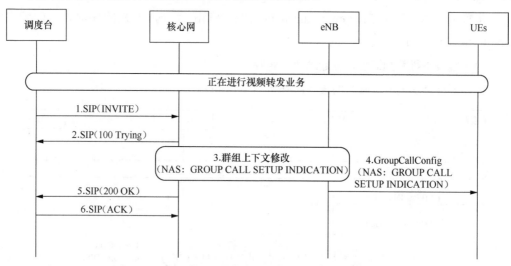

图2-49　视频转发叠加调度台发起的语音组呼

视频转发叠加调度台发起的语音组呼流程的具体说明如下。

该群组正在进行视频转发业务。

步骤 1：调度台给核心网发送 SIP（INVITE）消息，请求建立组呼业务，携带业务标识 pttcall、呼叫类型 Call Type、呼叫优先级属性标识 PrioAttribute、E2EE 指示、单双工指示 duplex。

步骤 2：核心网向主叫调度台回复 SIP（100 Trying）消息，通知主叫调度台的请求正在被处理。

步骤 3：核心网通知 eNB 群组上下文修改，请求为语音组呼建立新的组承载，更新 NAS 消息 GROUP CALL SETUP INDICATION，消息中的 Group Resource List 包含一个 Group Resource，同时携带已有的视频业务和新增的语音组呼业务的媒体信息。其中，Call Type 由 0DH（视频下推）改为 0CH（不同源视频组呼）。

步骤 4：eNB 发送更新的 GroupCallConfig，更新空口配置，携带更新的 NAS 消息 GROUP CALL SETUP INDICATION。

步骤 5：核心网向主叫调度台发送 SIP（200 OK）消息，通知语音组呼建立成功并授予调度台话权，携带 pttaccept 扩展头域，可选携带在线呼叫识别 OnlineCallID。

步骤 6：调度台向核心网发送 SIP（ACK）消息，确认当前组呼建立成功。

13. 强插、强拆

（1）强插

强插如图 2-50 所示。

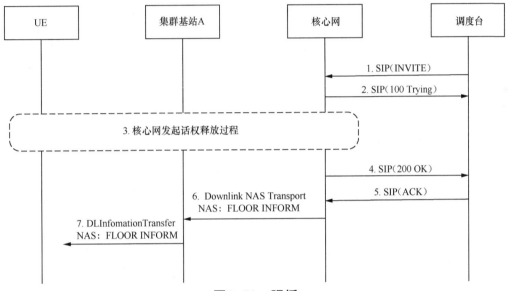

图2-50 强插

强插流程的具体说明如下。

步骤 1～步骤 3：调度台向核心网发送 SIP（INVITE）消息，消息包括强插标识、群组通话识别码。

步骤 4～步骤 5：核心网向调度台发送话权授权消息，用 SIP（200 OK）消息将话权授权给发送方。如果接收到 SIP（INVITE）消息后，核心网发现当前有用户拥有话权，则应先发起话权释放过程，释放当前用户的话权。

步骤 6～步骤 7：核心网发起话权通知过程，通知其他用户当前话权的归属情况。

（2）强拆

强拆如图 2-51 所示。

强拆流程的具体说明如下。

步骤 1：发送方（调度台）向核心网发送 SIP（MESSAGE）消息，消息包括强拆标识、群组通话识别码。

步骤 2：核心网向发送方发送 SIP（200 OK）消息，确认强拆成功。

步骤 3：核心网发起组呼释放流程，释放当前群组通话。

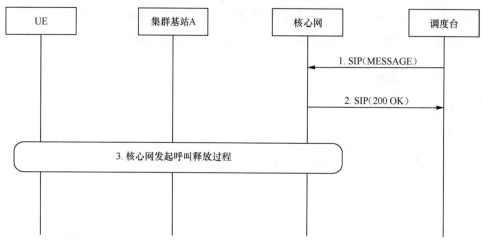

图2-51　强拆

14. 动态重组和组管理

动态重组是新增组，组管理是增加和删除成员。动态重组和组管理如图 2-52 所示。

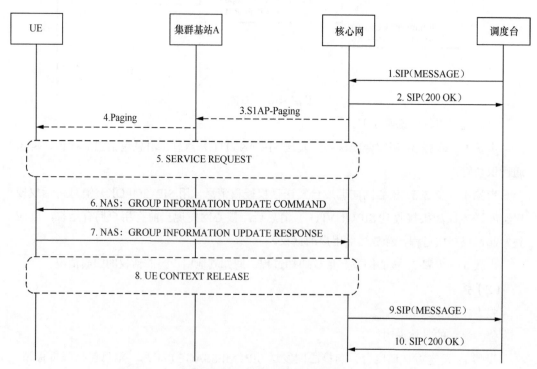

图2-52　动态重组和组管理

动态重组和组管理流程的具体说明如下。

步骤 1～步骤 2：调度台向核心网发送 SIP（MESSAGE）消息。其中，包含 UE 的动态重组（增加 / 删除组成员）信息，核心网向调度台发送 SIP（200 OK）消息响应。

步骤 3～步骤 5：（可选）如果终端处于 ECM-IDLE 状态，则核心网发送 Paging 消息，终端收到寻呼消息后通过 SERVICE REQUEST 过程接入网络。

步骤 6：核心网通过 NAS 下行直传消息将组信息更新命令发送给终端。

步骤 7：终端通过 NAS 上行直传消息将组信息更新响应消息发送给核心网。

步骤 8：（可选）核心网发起 UE 上下文释放过程。

步骤 9～步骤 10：重组结果上报，该上报由步骤 7 触发。

15. 信息获得

调度台能获得用户信息、组信息和系统呼叫信息。

（1）信息获得请求

信息获得请求如图 2-53 所示。

信息获得请求流程的具体说明如下。

步骤 1：调度台向核心网发送 SIP（SUBSCRIBE）消息，请求获得指定用户或组信息及状态信息，包括用户注册状态和用户 / 组的呼叫状态，以及系统的在线呼叫状态（例如，主叫、被叫、起呼时间、呼叫类型等）。

步骤 2：核心网向调度台发送 SIP（200 OK）消息，接受请求。

步骤 3：核心网向调度台发送 SIP（NOTIFY）消息，将调度台请求的信息发送给调度台。

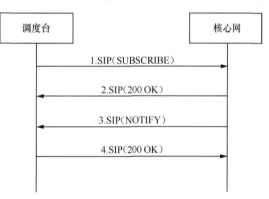

图2-53 信息获得请求

步骤 4：调度台向核心网发送 SIP（200 OK）消息进行确认。

（2）信息推送

信息推送如图 2-54 所示。

信息推送流程的具体说明如下。

步骤 1：当调度台所请求获得信息的用户或者组信息发生变化，或者所请求的呼叫信息发生变化时，核心网向调度台发送 SIP（NOTIFY）消息。

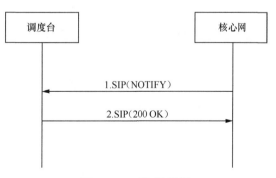

图2-54 信息推送

步骤 2：调度台向核心网发送 SIP（200 OK）消息进行确认。

（3）信息获得取消

信息获得取消如图 2-55 所示。

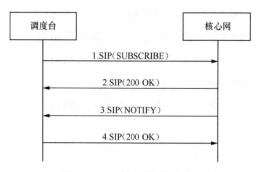

图2-55　信息获得取消

信息获得取消流程的具体说明如下。

步骤 1：调度台向核心网发送 SIP（SUBSCRIBE）消息，取消对用户或组信息及状态信息的请求，此时 Event 头域和初始的请求相同，Expires 头域设置为 0。

步骤 2：核心网向调度台发送 SIP（200 OK）消息，接受取消。

步骤 3：核心网向调度台发送 SIP（NOTIFY）消息，指示订阅终止，可选的 NOTIFY 消息将此前所请求的信息最后一次发送给调度台。

步骤 4：调度台向核心网发送 SIP（200 OK）消息进行确认。

16. 端到端加密

（1）UE 发起的语音单呼 / 可视单呼

UE 发起的语音单呼 / 可视单呼如图 2-56 所示。

UE 发起的语音单呼 / 可视单呼流程的具体说明如下。

步骤 1a：如果是处于 ECM-IDLE 态的 UE，需要先通过 SERVICE REQUEST 流程和网络恢复连接。

步骤 1：主叫 UE 通过 NAS 消息 CALL REQUEST 通知网络建立全双工单呼，携带媒体格式，主要包括 Call Type、Call Attribute、Called Number、Audio Description（如果 Call Type 业务中包含音频媒体，则包含此格式）、Video Description（如果 Call Type 业务中包含视频媒体，则包含此格式）。其中，Call Attribute IE 中的端到端加密指示置为"1"，请求对本次呼叫进行端到端加密。

步骤 2：核心网判断本次呼叫允许加密，向加密服务器申请本次单呼的工作密钥，加密服务器形成工作密钥，分别用主叫、被叫的主密钥加密，发送给核心网。

步骤 3：如果是和网络没有连接的被叫 UE，则核心网通过 TrunkingPaging 通知 UE，相关的呼叫到达。

步骤4：被叫UE通过SERVICE REQUEST流程和网络配合，恢复空口承载及信令连接。

步骤5：核心网通过 CALL REQUEST 消息通知被叫 UE 此次呼叫的相关信息，携带媒体格式，主要包括 Call ID、Caller Number、Call Type、Call Attribute、Call Priority、Audio Description（如果 Call Type 业务中包含音频媒体，则包含此格式）、Video Description（如果 Call Type 业务中包含视频媒体，则包含此格式）。其中，Call Attribute IE 中的端到端加密指示置为"1"，E2E key IE 中携带的核心网为被叫 UE 分配的工作密钥。

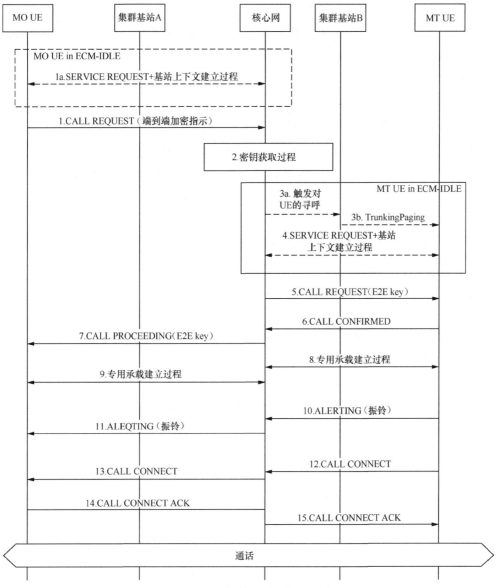

图2-56　UE发起的语音单呼/可视单呼

步骤 6：被叫 UE 通过 CALL CONFIRMED 消息，通知核心网本 UE 已收到 CALL REQUEST 携带的媒体格式，包括 Call ID、Audio Description（如果 Call Type 业务中包含音频媒体，则包含此格式）、Video Description（如果 Call Type 业务中包含视频媒体，则包含此格式）。

步骤 7：网络通过 CALL PROCEEDING 通知主叫媒体格式，主要包括 Call ID、Call Type、Call Attribute、Priority、Audio Description（如果 Call Type 业务中包含音频媒体，则包含此格式）、Video Description（如果 Call Type 业务中包含视频媒体，则包含此格式）。UE 发起的语音单呼 / 可视单呼如果是网络决策，则 CALL PROCEEDING 与被叫侧 CALL REQUEST、CALL CONFIRM 无时序关系；UE 发起的语音单呼 / 可视单呼如果是协商决定，则有时序关系。其中，Call Attribute IE 中的端到端加密指示置为"1"，E2E key IE 中携带的核心网为主叫 UE 分配的工作密钥。

步骤 8：网络和被叫 UE 配合，建立相应的专用承载。

步骤 9：网络和主叫 UE 配合，建立相应的专用承载。

步骤 10 ～步骤 11：被叫振铃，通过网络通知主叫 UE。

步骤 12：被叫摘机后，通过 CALL CONNECT 通知核心网。

步骤 13：核心网通过 CALL CONNECT 通知主叫 UE，被叫已摘机，可以进行数据传输。

步骤 14：主叫 UE 反馈 CALL CONNECT ACK 信息到核心网，相应 CALL CONNECT 已收到。

步骤 15：核心网向被叫 UE 反馈主叫 UE 已收到 CALL CONNECT。

（2）调度台发起语音单呼 / 可视单呼

调度台发起语音单呼 / 可视单呼如图 2-57 所示。

调度台发起语音单呼 / 可视单呼流程的具体说明如下。

步骤 1：调度台发送 SIP（INVITE）消息，发起单呼建立，消息中的 E2EE 置为"1"，通知核心网本次呼叫为加密呼叫。

步骤 2：核心网向调度台发送 SIP（100 TRYING）消息响应。

步骤 3 ～步骤 4：寻呼被叫终端，被叫终端建立 RRC 连接，仅用于被叫终端处于空闲态。

步骤 5：网络向被叫终端发起单呼建立 CALL REQUEST 消息。CALL REQUEST 消息携带媒体格式，主要包括 Call ID、Caller Number、Call Type、Call Attribute、Call Priority、Audio Description（如果 Call Type 业务中包含音频媒体，则包含此格式）、Video Description（如果 Call Type 业务中包含视频媒体，则包含此格式）、E2E key。其中，Call Attribute 中的端到端加密指示置为"1"，E2E key 中携带核心网为被叫 UE 分配的工作密钥。

步骤 6：被叫终端发送 CALL CONFIRMED 消息响应，携带被叫媒体信息，主要包括 Call ID、Audio Description（如果 Call Type 业务中包含音频媒体，则包含此格式）、Video Description（如果 Call Type 业务中包含视频媒体，则包含此格式）。

步骤 7：被叫终端建立专用承载。

步骤 8：被叫终端发送 ALERTING 消息。

步骤 9：核心网向调度台发送 SIP（180 RINGING）消息振铃，可选携带给主叫的媒体信息。

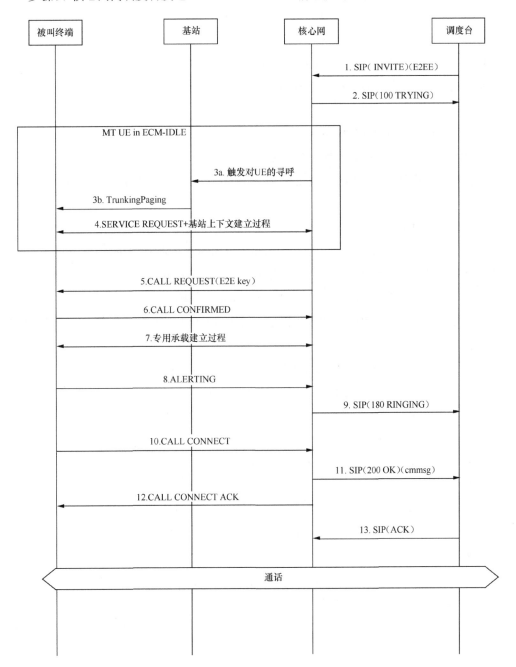

图2-57 调度台发起语音单呼/可视单呼

步骤 10：被叫终端发送 CALL CONNECT 消息。

步骤 11：核心网向调度台发送 SIP（200 OK）消息，如果 180 RINGING 没有携带给主叫的媒体信息，那么在 SIP（200 OK）携带给主叫的媒体信息。如果网络决策，则主被叫无时序关系；如果协商决定，则有时序关系。SIP（200 OK）消息体的 cmmsg 携带的核心网为调度台分配的工作密钥。

步骤 12：网络向被叫终端发送 CALL CONNECT ACK 消息响应。

步骤 13：调度台向核心网发送 SIP（ACK）消息。

（3）终端发起单呼呼叫调度台

终端发起单呼呼叫调度台如图 2-58 所示。

终端发起单呼呼叫调度台流程的具体说明如下。

步骤 1a：如果处于 ECM-IDLE 态的 UE，则需要先通过 SERVICE REQUEST 流程和网络恢复连接。

步骤 1：主叫 UE 通过 NAS 消息 CALL REQUEST，通知网络需要建立全双工单呼，携带媒体格式，主要包括 Call Type、Call Attribute、Called Number、Audio Description（如果 Call Type 业务中包含音频媒体，则包含此格式）、Video Description（如果 Call Type 业务中包含视频媒体，则包含此格式）。其中，Call Attribute 中的端到端加密指示置为"1"。

步骤 2：核心网发送 SIP（INVITE）消息，通知调度台此次呼叫的相关信息，消息体的 cmmsg 携带的核心网为调度台分配的工作密钥。

步骤 3：调度台发送 SIP（100 TRYING）消息。

步骤 4：调度台摘机，发送 SIP（180 RINGING）消息。

步骤 5：网络侧确定 UE 的媒体信息，通过 CALL PROCEEDING，通知主叫 UE 此次呼叫的协商结果，主要包括 Call ID、Call Type、Call Attribute、Priority、Audio Description（如果 Call Type 业务中包含音频媒体，则包含此格式）、Video Description（如果 Call Type 业务中包含视频媒体，则包含此格式）。

步骤 6：网络和主叫 UE 配合，建立相应的专用承载。其中，Call Attribute 中的端到端加密指示置为"1"，E2E key 中携带的核心网为主叫 UE 分配的工作密钥。

步骤 7：核心网向终端发送 ALERTING 消息振铃。

步骤 8：调度台发送 SIP（200 OK）消息，携带媒体信息。如果网络决策，则主被叫无时序关系；如果协商决定，则有时序关系。

步骤 9：核心网通过 CALL CONNECT 通知主叫 UE，被叫已摘机，可以进行数据传输。

步骤 10：核心网发送 SIP（ACK）消息。

步骤 11：主叫 UE 反馈 CALL CONNECT ACK 信息到核心网，相应 CALL CONNECT 已收到，主叫和被叫开始通话。

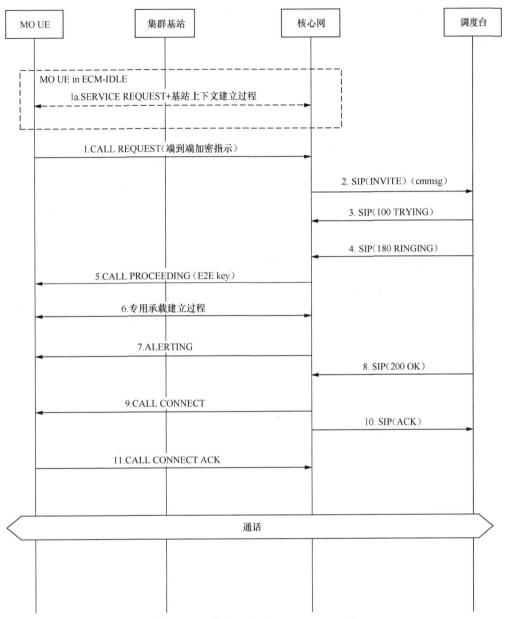

图2-58 终端发起单呼呼叫调度台

（4）用户发起语音组呼、可视组呼

用户发起语音组呼、可视组呼如图 2-59 所示。

图 2-59 为 IDLE 态 UE 触发的组呼建立过程，如果组呼发起者为连接态 UE，则通过 NAS 直传消息携带 CALL REQUEST。

用户发起语音组呼、可视组呼流程的具体说明如下。

步骤 1～步骤 5：发起组呼的 IDLE UE 执行 RRC 连接建立流程。UE 在连接建立完成消息中携带 NAS 消息 TRUNKING SERVICE REQUEST。其中，除了安全信息，携带呼叫请求 CALL REQUEST（消息中携带呼叫类型、呼叫属性、被叫号码、媒体信息等），用以申请建立一个集群组呼业务。其中，呼叫属性 Call Attribute 中的端到端加密指示置为"1"，E2E key 中携带本次呼叫的会话密钥。

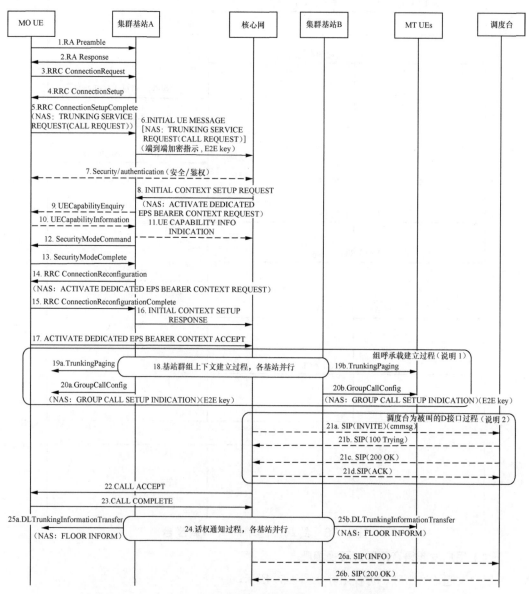

图2-59　用户发起语音组呼、可视组呼

步骤6：基站通过 INITIAL UE MESSAGE 向核心网发送初始 UE 消息，携带 TRUNKING SERVICE REQUEST。

步骤7：核心网和 UE 之间，通过安全／鉴权流程来确定用户的合法性。

步骤 8：核心网发起触发 INITIAL CONTEXT SETUP REQUEST 消息到基站，其中，携带核心网对 UE 建立的专用承载消息，供发起者上行传输使用。

如果步骤 8 中配置了 UE Radio Capability，则基站不会发送 UECapability Enquiry 消息到 UE，即没有步骤 9～步骤 11；否则会触发步骤 9～步骤 11：UE 上报无线能力信息后，基站通过 UE CAPABILITY INFO INDICATION 上报 UE 的无线能力信息。

步骤 12～步骤 13：eNB 执行空口安全模式操作，激活对应空口的安全机制。

步骤 14：eNB 通过 RRC 重配，恢复 UE 的空口承载，同时，携带专用承载建立请求，建立为发起者初始话权使用的承载。

步骤 15～步骤 16：UE 反馈 RRC 层的配置结果给基站，基站通过 INITIAL CONTEXT SETUP RESPONSE 反馈给核心网。

步骤 17：UE 通过上行直传，向核心网反馈 NAS 层专用承载建立的结果。

步骤 18：核心网向相关基站发起群组下行承载的建立。各基站可以并行此过程，也可以和发起者相关流程并行（步骤 8～步骤 17），以及与对调度台的通知并行（步骤 21）。

步骤 19：相关基站发送 TrunkingPaging 消息，其中，携带 trunkingGroupID、group Priority、G-RNTI，可选携带静态资源列表、NAS 消息 GROUP CALL SETUP INDICATION 如果携带静态资源列表和 NAS 消息 GROUP CALL SETUP INDICATION，则终端收到 TrunkingPaging 后可以直接配置 TTCH，开始接收业务数据。

步骤 20：基站在 TCCH 上发送 GroupCallConfig，给出群组 TTCH 的接入层配置参数，还包含 NAS 消息 GROUP CALL SETUP INDICATION（携带 Call ID、Call Type、Media Type、Service Type、Call Attribute、Called Number、Media Description、E2E kye。其中，E2E key 中携带本次呼叫的会话密钥）。

各监听 UE 收到步骤 19、步骤 20 的空口消息后，可以进行群组业务的接收。

需要说明的是，步骤 18～步骤 20 为组呼承载建立过程，该过程可以在步骤 6 后开始执行，取决于核心网的实现。

步骤 21：如果调度台为被叫，则核心网在收到主叫的 CALL REQUEST 消息之后，通过 D 接口发起 SIP（INVITE）流程，通知调度台接入该组呼，具体包括以下流程。

步骤 21a：核心网向调度台发送 SIP（INVITE）消息，通知调度台进行组呼建立流程，携带业务标识 pttcall，呼叫类型 calltype，呼叫优先级属性标识 PrioAttribute、端到端加密 E2EE 指示、单双工指示 duplex，消息体的 cmmsg 中携带本次呼叫的会话密钥。

步骤 21b：被叫调度台向核心网回复 SIP（100 Trying）消息。

步骤 21c：被叫调度台接受当前呼叫，向核心网发送 SIP（200 OK）消息，确认被叫调度台接听当前呼叫，携带 pttcall。

步骤 21d：核心网向被叫调度台发送 SIP（ACK）消息，确认当前组呼建立成功。

说明 2：步骤 21 为呼叫调度台的过程，该过程可以在步骤 6 后开始执行，取决于核心网的实现。

步骤 22：核心网通过 CALL ACCEPT 通知发起者，相应资源已准备完毕，可以进行上行传输，消息携带呼叫 ID、呼叫类型、呼叫属性、呼叫优先级、话权信息、媒体信息等，如果本次呼叫为端到端加密呼叫，则应携带加密密钥。

步骤 23：UE 通过 CALL COMPLETE 通知核心网，CALL ACCEPT 已被 UE 获得。

步骤 24 ~ 步骤 25：核心网通过 FLOOR INFORM 流程，向监听 UE 通知群组的当前话权状态。

步骤 26a/ 步骤 26b：如果调度台为组呼被叫，则核心网向调度台发送 SIP（INFO）消息，将话权信息通知到调度台，携带话权通知类型标识 pttinfo，话权忙闲指示 AlertType。如果当前话权占用，则携带话权用户的号码；调度台向核心网发送 SIP（200 OK）消息，响应核心网的话权通知。

（5）调度台发起的组呼建立流程

调度台发起的组呼建立流程如图 2-60 所示。

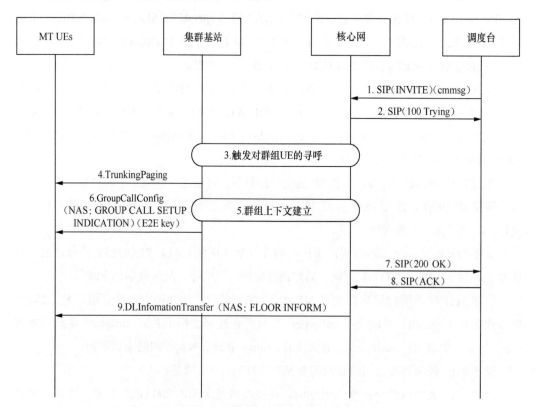

图2-60　调度台发起的组呼建立流程

调度台发起的组呼建立流程的具体说明如下。

调度台发起的组呼需要在调度台与核心网之间的 D 接口增加组呼建立和组呼建议响应消息，涉及 SIP 信令，具体说明如下。

步骤 1：调度台发送 SIP（INVITE）消息到核心网，请求建立组呼业务，携带业务标识 pttcall，呼叫类型 Call Type，呼叫优先级属性标识 PrioAttribute、E2EE 指示、单双工指示 duplex，消息体的 cmmsg 中携带本次呼叫的会话密钥。

步骤 2：核心网向主叫调度台回复 SIP（100 Trying）消息，通知主叫的请求正在被处理。

步骤 7：核心网向主叫调度台发送 SIP（200 OK）消息，通知组呼建立成功并授予调度台话权，携带 pttaccept 扩展头域，可选携带在线呼叫识别 OnlineCallID。

步骤 8：调度台向核心网发送 SIP（ACK）消息，确认当前组呼建立成功。

当核心网收到调度台发送的 SIP（ACK）时，启动组呼时长定时器，该定时器用于控制一个组呼的呼叫时长（从组呼建立成功时启动，到组呼释放时停止），如果组呼时长定时器超过预设的组呼呼叫时长限制，则核心网可以主动释放该组呼。

下行组呼建立相关流程如下。

步骤 3：核心网向基站发送群组寻呼命令。

步骤 4：集群基站在空口广播群组寻呼消息。其中，携带 trunkingGroupID、groupPriority、G-RNTI，可选携带静态资源列表、NAS 消息 GROUP CALL SETUP INDICATION（携带 Call ID、Call Type、Media Type、Service Type、Call Attribute、Called Number、Media Description、E2E key。其中，E2E key 中携带本次呼叫的会话密钥）。终端如果携带静态资源列表和 NAS 消息 GROUP CALL SETUP INDICATION，则收到 TrunkingPaging 后可以直接配置 TTCH，开始接收业务数据。

步骤 5：核心网发起群组上下文建立过程消息，通知基站建立集群组呼业务承载。

步骤 6：基站在 TCCH 上发送 GroupCallConfig，给出群组 TTCH 的接入层配置参数，还包含 NAS 消息 GROUP CALL SETUP INDICATION（携带 Call ID、Call Type、Media Type、Service Type、Call Attribute、Called Number、Media Description）。

步骤 9：核心网通过 NAS 消息发送话权状态指示信息给听用户。

（6）组工作密钥更新

组工作密钥更新如图 2-61 所示。

组工作密钥更新流程的具体说明如下。

步骤 1a：UE 如果处于 IDLE 状态，则核心网发起 SERVICE REQUEST 过程。

步骤 1：核心网向组内的每个 UE 发送 TRUNKING DOWNLINK TRANSPORT 消息，message container type 取值为"03H（端到端加密密钥）"，消息中包含该组的工作密钥。为了保证安全，该密钥使用对应 UE 的主密钥进行加密。

步骤 2：UE 收到新的组工作密钥后，向核心网返回 TRUNKING UPLINK TRANSPORT

消息，message container type 取值为"03H（端到端加密密钥）"，消息中包含响应内容。

步骤 3：核心网向组内的调度台发送 SIP（MESSAGE）（cmmsg）消息，消息中包含该组的工作密钥。为了保证安全，该密钥使用调度台的主密钥进行加密。

步骤 4：调度台向核心网返回 SIP（200 OK）消息，消息中包含响应内容。

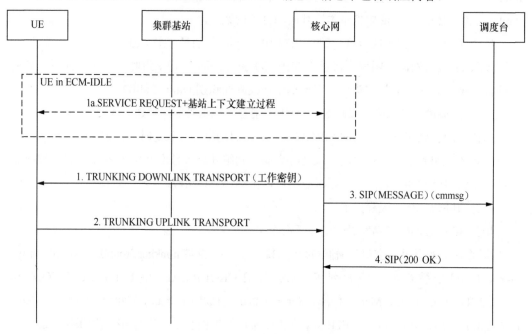

图2-61　组工作密钥更新

17. 其他功能实现

（1）紧急呼叫

紧急呼叫是一种具有最高优先级的呼叫业务，系统应保证呼叫能够正常进行，所有用户均有权利发起紧急呼叫。目的方号码可以设置为一个组或一个特殊的紧急号码，签约时在网络侧设置确定。紧急呼叫可以重用现有的组呼建立 / 单呼建立流程，在空口 RRC 连接建立过程的 RRC Connection Request 中，配置 Establishment Cause 为"emergency"，以便 RAN 侧提供优先的资源保障。

在 NAS 的 CALL REQUEST 中标识紧急呼叫类型，以便核心网提供优先的资源保障。

同时，紧急呼叫的被叫用户可以通过 paging 中的业务优先级识别紧急呼叫。在现有组呼建立流程后，核心网需要向调度台传输告警信息。

（2）缩位拨号

缩位拨号是一种被服务用户能够使用预先定义的缩位地址（短号码）取代完整地址的功能。业务用户能够定义短号码，并且通过短号码对用户发起呼叫。当用户呼叫时，用户不需要拨打完整号码，只须拨打预先定义的短号码，由终端应用层补齐其他号码后在接口上发送长号码。随后的过程与现有的组呼建立 / 单呼建立流程相同，不影响现有的空口和 NAS 信令。

（3）通话限时

在组呼过程中，通话限时的功能是对组内普通成员持续占用上行信道限制一定时间。系统管理员应能修改限制时间。该过程可以重用由网络层发起的话权释放流程。当用户占用话权超时后，集群核心网触发话权释放过程，强制释放该超时用户的话权。

（4）授权呼叫

调度员授权呼叫即调度台核查呼叫，如果系统内的主叫用户没有权限发起某类呼叫，则呼叫自动转至授权的调度台，由调度台根据情况决定是否转接至相应的被叫方或拒绝。调度员授权呼叫业务只针对少数特殊用户开放。

（5）调度区域选择

终端用户可以在正常工作的调度区范围签约，如果超出这些调度区范围，则无法通信。该功能为核心网的功能要求，不需要引入额外的信令过程和新的 IE。

••2.4 系统组网架构及应用

2.4.1 本地组网

1. 组网架构

B-TrunC 系统的本地组网架构如图 2-62 所示。该架构扁平简单，由基于 LTE 的数据终端、宽带集群终端、宽带集群基站、宽带集群核心网和调度台组成。其中，宽带集群终端为支持宽带数据和集群的终端。

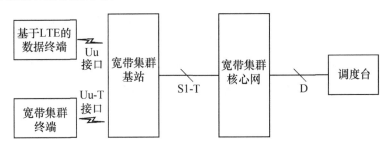

图2-62　B-TrunC系统的本地组网架构

（1）基于 LTE 的数据终端

基于 LTE 的数据终端支持基于 IP 的分组数据传输业务，不支持集群业务和功能。

基于 LTE 的数据终端应能通过 Uu 接口连接到宽带集群基站，实现分组域的基本数据业务。

（2）宽带集群终端

宽带集群终端应能通过 Uu-T 接口连接到宽带集群基站，实现分组域的基本业务和集群业务。宽带集群终端除了支持基于 IP 的分组数据传输业务，还应支持宽带集群业务等。

（3）宽带集群基站

宽带集群基站应能通过 Uu-T 接口，支持数据终端和宽带集群终端接入，还应支持宽带集群功能，主要包括集群业务相关的 RRC 信令、集群系统消息在空中接口的调度和发送、集群寻呼消息的调度和发送、集群业务相关信道的映射控制、集群业务无线承载建立和控制、集群业务用户面数据转发、集群业务相关的点对点方式传输等功能。

（4）宽带集群核心网

宽带集群核心网的主要功能是提供宽带集群业务，包含增强的移动管理实体（enhanced Mobility Management Entity，eMME）、综合网关（x-Gate Way，xGW）、增强的归属用户服务器（enhanced Home Subscriber Server，eHSS）、集群控制功能体（Trunking Control Function，TCF）、集群媒体功能体（Trunking Media Function，TMF）5 个逻辑实体。这些逻辑实体根据实际部署集成设置，形成物理网元设备。

① eMME

eMME 负责移动性和承载管理。

eMME 的基本功能包括接入控制、移动性管理功能、会话管理、网元选择功能、设备安全、协助 IP 地址分配功能、无线侧网元间标识管理。

eMME 的增强集群功能包括集群 NAS 信令及其安全、xGW 的选择、集群承载管理、集群业务的移动性管理、接入控制和会话管理。

② eHSS

eHSS 负责宽带集群系统签约数据管理和鉴权。

eHSS 的基本功能包括用户数据的管理、用户位置信息的管理、用户安全信息管理、移动性管理、支持接入限制功能、处理 MME 发来的通知请求、IP 地址分配、位置注册等。

eHSS 的增强集群功能包括集群用户签约信息、集群用户业务签约信息、组群签约信息、集群用户安全信息（鉴权、授权、完整性保护和加密的安全信息）、集群用户位置信息、支持用户注册、集群用户状态和业务状态信息。

③ xGW

xGW 支持集群业务承载管理、集群数据路由和转发。

xGW 的基本功能包括 IP 地址分配、会话管理、路由选择和数据转发、QoS 控制、安全要求、许可控制、支持多 PDN 连接、接入外部数据网等。

xGW 的增强集群功能主要包括集群承载建立 / 修改 / 删除、集群数据路由和转发、集群计费信息收集。

④ TCF

TCF 负责集群业务的调度管理，主要功能包括语音 / 视频 / 数据在内的多媒体集群业务调度、集群业务的鉴权 / 授权 / 注册 / 注销、集群呼叫的建立和释放、话权管理、组群信息订阅及更新。

⑤ TMF

TMF 负责集群业务的数据传输，主要功能包括集群用户面管理、集群业务数据的路由和转发、集群业务数据的复制和分发、集群业务媒体编解码转换等。

（5）调度台

调度台是集群系统中的特有终端，为调度员或特殊权限的操作人员提供集群业务的调度功能、管理功能。调度台的主要功能如下。

- 调度功能包括单呼、组呼、强插 / 强拆、动态重组等。
- 管理功能包括信息获取、遥晕 / 遥毙 / 复活等。
- 其他功能包括界面显示、拨号等。

2. 接口标准

一阶段标准化的无线宽带集群系统一共定义了 3 个接口，分别是终端和基站之间的空中接口、基站和核心网之间的 S1-T 接口，以及核心网与调度台之间的 D 接口。在定义的 3 个接口中，标准化开放两个接口，即空中接口和 D 接口。终端与不同设备商的基站之间能通过标准的空中接口技术实现互通；同样的道理，调度台与不同设备商的核心网之间能通过标准的 D 接口实现互通。在无线宽带集群系统中，空中接口连接终端和基站，D 接口连接核心网和调度台。

宽带集群终端有多种形态，例如，手持终端、车载终端，以及提供数据连接的 CPE 终端。宽带集群终端通过 Uu-T 接口连接到无线宽带集群网络，实现分组域基本业务和集群业务。宽带集群终端除了支持基于 IP 的分组数据传输业务，还支持宽带集群业务和功能，主要包括集群业务功能、集群业务所需要的逻辑信道和传输信道、集群相关的系统信息和寻呼信息等，这些功能主要通过 Uu-T 接口实现。

宽带集群基站不仅支持标准的空中接口技术，还支持集群接口技术。宽带集群基站通过 Uu-T 接口支持宽带集群终端接入。其中，Uu-T 接口的主要功能包括集群业务相关的 RRC 信令、集群系统信息在空中接口的调度和发送、集群寻呼信息的调度与发送、集群业务相关信道的映射控制、集群业务无线承载的建立和控制、集群业务用户面数据转发、集群业务相关的点对点方式传输等。

宽带集群核心网通过 S1-T 接口（集群 S1 接口）连接到宽带集群基站，提供宽带集群业务，在不开放宽带集群核心网与宽带集群基站之间的 S1-T 接口的情况下，宽带集群核心网与宽带集群基站一起组成宽带集群通信网络。宽带集群核心网由多个实体组成，实现集群签约用户数据管理、集群业务信息管理、移动性管理、承载和路由管理，以及安全管理的功能。

2.4.2　漫游组网

1. 漫游组网架构

B-TrunC 系统漫游组网架构采取归属地控制，业务的签约信息由归属地 eHSS 通过 S6a 传送到漫游地 eMME，集群用户和业务的签约信息通过 TC1 接口由归属地的 eHSS 传送给拜访地 TCF，集群核心网的 xGW 间通过 S8 接口传输用户面数据和隧道管理信息。

漫游组网架构分为全网统一 eHSS 和分布式 eHSS 两种。其中，全网统一 eHSS 的漫游组网架构主要用于铁路等行业，全网统一用户签约管理。B-TrunC 漫游组网架构（全国统一 eHSS）如图 2-63 所示。B-TrunC 漫游组网架构（分布式 eHSS）如图 2-64 所示。

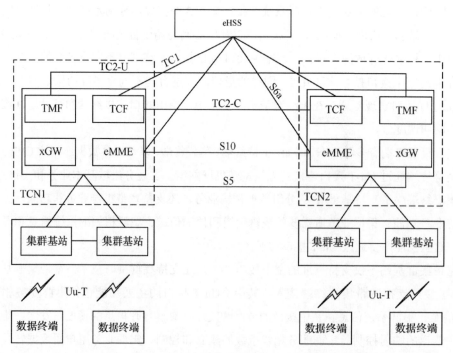

图2-63　B-TrunC漫游组网架构（全国统一eHSS）

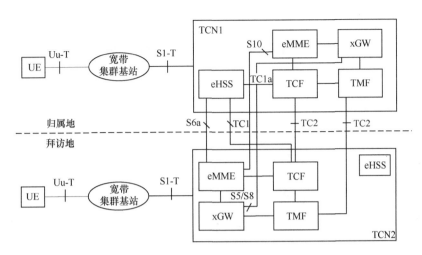

图2-64　B-TrunC漫游组网架构（分布式eHSS）

2. 接口标准

为了实现漫游组网，二阶段标准化的宽带集群系统新增了核心网设备间的 5 个接口（分别为 TC1、TC2、S6a、S5/S8、S10），同时，开放了一阶段定义的 S1-T 接口，一共开放了 6 个接口。各个设备之间的接口及其实现的功能的具体说明如下。

TC1 接口连接 TCF 与 eHSS，采用 Diameter 协议[1]，完成用户鉴权、用户注册、用户注销、用户位置更新、用户和业务数据管理，以及重启通知。

TC2 接口连接两个 TCF，控制面采用 SIP，用户面采用实时传输协议（Real-time Transport Protocol，RTP），完成用户注册注销、组信息管理、单呼、组呼、话权管理、视频调度、实时短数据、强插强拆、遥晕 / 遥毙 / 复活，以及切换等业务过程。

S6a 接口是 eHSS 与核心网中 eMME 设备之间的接口，采用 Diameter 协议，用于传输与用户相关的数据和鉴权信息。

S5/S8 接口是核心网中 xGW 设备之间的接口，采用通用分组无线服务隧道协议（General packet radio service Tunneling Protocol，GTP），提供 xGW 间的用户面隧道和隧道管理功能。

S10 接口是核心网中 eMME 设备之间的接口，采用 GTP-C 协议，用于传递重定位信息和 eMME 之间的信息，在 LTE S10 接口的基础上增加集群相关的功能，即补充对集群注册的信源指示，在移动性管理过程中，如果集群终端已经注册，则源核心网应通过 S10 接口的特定标志位向目标核心网进行指示。

S1-T 接口是宽带集群基站与核心网 eMME 设备之间的接口，在 S1 接口基础上增加集群相关的功能，提供宽带集群的信令连接和数据连接。接口协议见表 2-6。

---

1. Diameter 协议不是一个单一的协议，而是一个协议簇，它包括基本协议和各种由基本协议扩展而来的应用协议。

表2-6　接口协议

接口	应用协议	传输协议	连接网元
S6a	Diameter	SCTP	eMME<->eHSS
S10	GTP-C	UDP	eMME<-> eMME
S5	GTP	UDP	xGW<->xGW
S8	GTP	UDP	xGW<->xGW
TC1	Diameter	SCTP	TCF<->eHSS
TC2-C	SIP	UDP	TCF<->TCF
TC2-U	RTP	UDP	TMF<->TMF

2.4.3　融合组网

1. 融合通信系统架构

在实际组网中，融合通信系统架构是最常用也是最复杂的组网方式，政府或企业为了提升突发事件的综合管理水平和应急处理能力，建立应急通信保障体系，及时动员和组织各种通信资源，迅速、高效、有序地开展通信保障应急工作，实现各级指挥中心与应急现场远程指挥，需要将现网中的模拟集群系统、窄带数字集群系统、宽带集群系统、公众移动通信系统、移动卫星通信系统、应急视频会议系统、音频系统、监控联网系统等原本各自分散独立的子系统有机融合为一个多元化的通信系统，实现固定与机动、空中与地面、有线与无线的融合，实现用户无缝连接，从而构建一套广域、行业间可相互隔离、多类型终端接入的多媒体融合通信应急协同指挥系统。

该系统提供语音、视频、空间、预案、综合等多种方式的调度，可以根据用户在地图上的位置，对该用户同时启动语音和视频的调度，也可以在 GIS 上显示摄像头信息，并调出该摄像头的图片信息，是一个融合了多种接入方式、多种传输手段、多种业务的统一通信、控制系统。融合通信系统架构如图 2-65 所示。融合通信系统架构主要有终端层、接入层、交换控制层、应用层构成。

（1）终端层

终端层包含车载终端、智能手机、卫星电话等，分别适用于不同的场景，为用户提供集群业务或者数据业务。

（2）接入层

接入层提供多种接入方式，系统支持警用数字集群（Police Digital Trunking，PDT）接入和 4G 宽带集群接入的统一交换控制，同时支持 350MHz 模拟集群的接入，实现与 PDT

数字集群、4G 宽带集群业务互通。系统支持 4G/5G 终端通过公网接入集群网络，支持终端通过 Wi-Fi、卫星、光纤、微波连接或者公共交换电话网（Public Switched Telephone Network，PSTN）等有线连接接入集群网络。

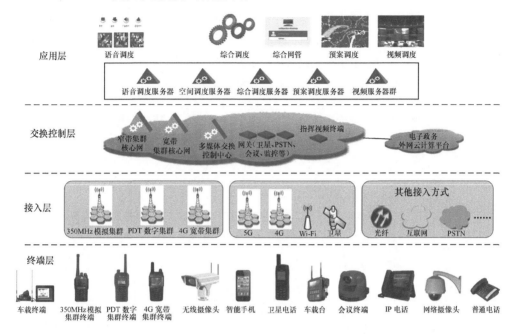

图2-65　融合通信系统架构

（3）交换控制层

交换控制层主要完成语音业务、视频业务的交换控制，主要包含窄带集群核心网、宽带集群核心网、多媒体交换控制中心等。其中，宽带集群核心网负责集群专网终端的业务控制，多媒体交换控制中心负责其他接入方式终端的语音业务接入，网关则主要负责不同网络制式的接入。宽带集群核心网和多媒体交换控制中心都与应用层存在接口，由应用层进行统一控制，并且向应用层上报用户状态和业务状态信息。

（4）应用层

应用层是在电子政务外网云计算平台上新建立"应急专用域"，主要存储融合通信管理系统的相关数据，并实现数据共享交换功能，包括语音调度、综合调度、综合网管、预案调度和视频调度，同时可以提供二次开发的接口，以便未来扩展新业务。面向用户服务的系统架构如图 2-66 所示。

2. 宽窄互通接口

宽窄互通接口如图 2-67 所示。

面向行业专网的宽带集群系统历经多年的发展，产业不断壮大，受到行业用户的信任和青睐。宽带集群系统呈现技术不断发展、业务不断增多、接口不断开放、与更多网络逐渐融合的发展趋势。目前，宽带集群通信系统的开放接口已经达到 8 个，开放接口的宽窄互通系统的标准化工作已经完成。

宽带集群系统因为提供宽带数据传输、语音，以及视频等多媒体集群调度，得到了越来越广泛的应用和关注。而窄带集群系统已经在多个行业部署，从保护现有窄带网络投资等角度考虑，窄带集群系统和宽带集群系统将在一定的时间内共存、融合、互补。新建的宽带集群系统与已有窄带集群系统的互通是支持用户得到更好体验的重要基础。

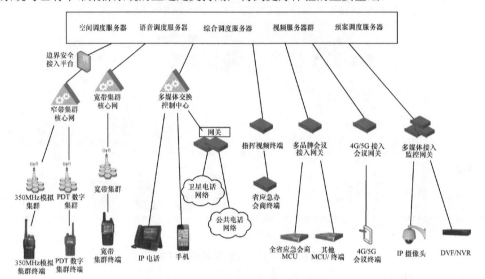

图2-66　面向用户服务的系统架构

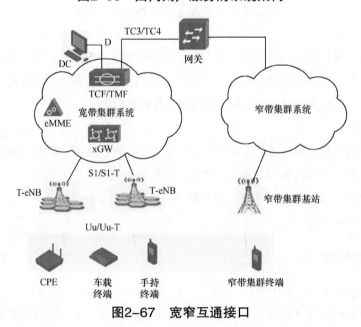

图2-67　宽窄互通接口

宽带集群系统与窄带集群系统通过网关互联互通，网关与宽带集群通信系统之间开放的接口为 TC3 或者 TC4。如果宽带集群系统与窄带集群系统采用唯一的呼叫控制方，即集中式控制方式，那么网间开放的接口采用 TC3；如果宽带集群系统和窄带集群系统采用不同的呼叫控制方，即分布式控制方式，网间开放的接口采用 TC4。网关负责两侧系统的协议转换、媒体路由、媒体格式转换等。

目前，该架构已支持单呼、短数据、紧急呼叫等业务，还可以支持宽窄用户混合编组的语音组呼、组播短数据等业务。

对于已经建设的宽带集群系统和窄带集群系统，可以通过宽窄融合的方式实现互通，对于新建网络，可以采用融合统一的集群核心网，支持宽带技术和窄带技术的接入，实现宽带用户和窄带用户的统一管理，以及业务的融合控制。

受投资规模、用户数的影响，宽带集群通信网络的覆盖可能存在盲区，与公网的融合可以在专网覆盖不足的地区使用公网提供一般的行业服务，在一定程度上解决网络覆盖和业务可达性问题。公网和专用融合通过融合业务服务平台，实现公网核心网和专网核心网的互联。目前，宽窄融合、公网和专用融合的技术正在研究中。在充分考虑公网和专网融合发展、宽带和窄带融合应用的基础上，宽带集群系统将结合 5G、大数据、人工智能和边缘计算等新技术，共同为行业用户提供全面服务，更好地实现行业信息化发展的目标。

2.4.4 融合通信业务应用

融合通信管理系统主要由基于语音的调度子系统、基于视频的调度子系统、基于空间的调度子系统、基于预案的调度子系统和综合调度子系统、综合网管子系统组成，完成综合语音、视频、空间、预案等融合调度业务的交换控制和存储，并对系统进行统一的运维管理。融合通信管理系统如图 2-68 所示。

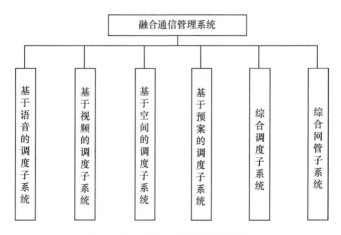

图2-68 融合通信管理系统

1. 基于语音的调度子系统

基于语音的调度子系统主要支持组呼、广播、强插、强拆、动态重组等传统调度业务。基于语音的调度子系统如图 2-69 所示。

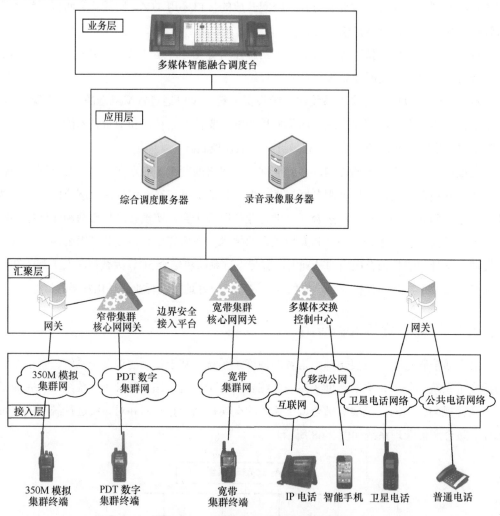

图2-69　基于语音的调度子系统

基于语音的调度子系统主要由综合调度服务器、录音录像服务器、多媒体交换控制中心、网关，以及相应的应用软件模块组成。由于融合通信管理系统是应急指挥中心电子应急专网上的实时指挥系统，是系统重要的组成部分，所以在设计时往往要求系统的核心设备具有备份功能。语音调度服务和预案调度服务对计算机的性能要求较低，可将相应的语音调度软件和预案调度软件部署到综合调度服务器中，由综合调度服务器实现语音调度和预案调度的功能，同时，综合调度服务器实现"双机热备"功能。

多媒体交换控制中心负责各类公网用户的接入处理。录音录像服务器主要完成系统中的媒体存储和录音录像功能。

综合调度服务器通过协议与视频会议服务器和视频监控服务器等对接，实现包括各种语音用户终端、会议视频和监控视频等多媒体融合协调，实现全网用户统一编组、统一监控、统一管理等功能。视频会议服务器可以实现各类视频会议终端与移动智能终端的视频会商互通等功能，与其他应用服务器配合可实现其他各种功能。融合通信管理系统具备的功能是通过多媒体调度台来进行操控的，包括调度台发起语音调度、视频调度和空间调度等，完成融合调度业务的控制功能和媒体处理。

（1）系统架构

基于语音的调度子系统根据功能可划分为支撑部分、业务处理、业务控制和操作维护 4 个部分。

① 支撑部分

支撑部分包括协议处理、号码分析、资源管理、录音录像处理等功能。

a. 协议处理

协议处理的对象主要包括标准 SIP、RTP 等。其中，SIP 协议栈实现 SIP 的基本功能，同时实现与内部模块的适配逻辑处理。RTP 协议栈能够适配到内部模块，使系统能够支持 RTP 处理。

b. 号码分析

号码分析模块提供通用号码分析功能，包括基本的被叫号码分析、呼叫源分析、主叫号码分析、各种号码变换及其组合，以及业务识别等。号码分析的大多数工作是对被叫号码的分析，只有少数情况下需要对这些分析因素的组合进行分析，因此，被叫号码是呼叫的核心属性。

c. 资源管理

资源管理包括管理 VoIP 资源、会场资源、DTMF 资源、视频资源等各类业务资源。其主要功能如下。

申请：当业务模块需要申请系统资源时，向资源模块发起申请，由资源模块进行分配。

释放：业务模块完成业务后，向资源模块发起释放指示，让资源模块释放资源，实现资源回收。

修改：当业务模块需要修改时，向资源模块发起请求，由资源模块进行修改。

查询：当业务模块或管理模块需要查询资源情况时，向资源模块发起查询请求，资源模块返回查询响应，配有详细的资源信息。

d. 录音录像处理

提供全网的录音录像功能，能够对接入平台的语音和视频进行存储，并提供录音录像查询服务，在调度台上实现录音录像查询和播放功能。

由于语音、视频数据主要为非结构化数据，需要占用大量的存储空间，所以录音录像服务器主要存储一些重要数据或者临时数据，并作为管理终端实现查询、播放功能，其他数据则汇集到各云计算平台进行集中存储和调用。

② 业务处理

业务处理部分主要由统一语音通信调度管理、统一通信装备接口服务、联动指挥调度管理 3 个模块组成。

a. 统一语音通信调度管理

统一语音通信调度管理分为呼叫控制模块和媒体处理模块两种。其中，呼叫控制模块实现软交换系统的基本呼叫控制和业务交换的核心呼叫控制功能，对基本呼叫过程的建立、维护和释放提供控制功能，实现呼叫接续、连接控制等基本呼叫控制功能，同时，提供业务触发、事件监视与上报、与业务控制功能之间进行业务逻辑控制交互的功能，也为各种补充业务与增值业务逻辑的实现打下了基础。

媒体处理模块的功能是管理媒体连接。媒体连接的管理可实现呼叫控制模块的半呼叫模型转换与适配等功能。媒体处理可实现媒体流的传输、抖动缓冲、混音处理等功能。

b. 统一通信装备接口服务

统一通信装备接口服务实现模拟集群终端、数字集群终端、宽带集群终端、公网移动终端、卫星终端、IP 电话、普通电话等不同制式的终端统一语音接入格式管理。为全网录音录像、单呼、组呼、可视单呼（视频终端）、可视组呼（视频终端）、视频广播（视频终端）、话权管理、电话互联业务、限时通话、动态重组、调度台强插/强拆等业务功能提供统一输出接口服务。

另外，统一通信装备接口服务能够提供用于不同设备之间的编解码转换。对于系统内部来说，统一语音通信调度管理中的媒体处理模块在发现需要转换媒体格式时，会直接调用此模块的接口函数来完成媒体格式的处理。该模块只负责封装各种装备的媒体接口，并不参与实际的调度控制。该模块支持主流的协议包括 AMR、G711A、G711U、G729 等，支持主流的视频编码格式包括 MPEG4、H.264 及 H.265 等，支持多种分辨率视频包括 QCIF、CIF、4CIF、D1、720P、1080P 等。同时，对于一些设备私有的媒体格式，该模块支持软件开发工具二次开发。

c. 联动指挥调度管理

为了实现方便快捷的应急指挥控制管理，视频会议系统、音频系统、移动卫星通信系统、视频监控系统的智能融合调度可满足指挥中心突发事件的应急指挥与协同调度管理需求，完成各种协同作战类业务，对于用户需要进行二次开发的业务主要也在该模块中完成，它是系统的业务中心。音频协议可支持自适应多速率编码（Adaptive Multi-Rate，AMR）、G.711A、G.711U、G.729、GSM 等，视频支持 MPEG4、H.264 及 H.265 等编码格式。

③ 业务控制

业务控制负责处理各种语音业务、即时通信业务等。业务控制部分按功能可以分为两个部分：一是对静态的业务描述文件的加载、解析和管理；二是对动态业务逻辑的控制处理。当发起业务或收到业务请求时，业务控制部分根据用户组的信息进行权限判定。如果可以执行请求的业务，那么业务控制部分根据预先配置的业务描述文件，对业务动作和流程进行处理。业务控制部分还将负责对多个业务处理模块的协调工作。例如，语音和视频、即时文本的协调处理。对于综合处理的各种业务，业务控制部分都按照业务规则、调度规则进行处理，对业务优先级、资源协调使用、数据存储等统一调度。

融合通信数据管理是基于语音的调度子系统的核心数据库，它主要存储用户的签约信息与用户的位置信息。操作员通过基于语音的调度子系统客户端实现用户所有签约信息的加载、检索、修改、管理。融合通信数据管理主要由用户管理、移动性管理、存储记录管理、鉴权管理等构成。

④ 操作维护

操作维护基于语音的调度子系统的正常运作、设备监控管理、外部设备与基于语音的调度子系统的通信管理等。同时，操作维护是基于语音的调度子系统运行的基础，可以为基于语音的调度子系统的正常运行提供支撑和保障。操作维护主要处理的是基于呼叫配置业务、业务高级配置等，具体功能如下。

基本呼叫配置：主要是对呼叫业务的基本配置。

业务高级配置：提供给网络管理员使用，可以对基于语音的调度子系统的所有功能进行配置，让基于语音的调度子系统能够实现复杂的交换功能。

链路配置：对系统内部多个基于语音的调度子系统进行互联时，进行链路配置，使基于语音的调度子系统可组建大型网络。

协议配置：对基于语音的调度子系统的对外接口协议进行配置，实现网络互通。

（2）接入方案

PDT 数字集群、宽带集群终端通过相关设备商开放系统联网接口协议直接与集群核心网实现互通；其他窄带集群系统（数字/模拟）的互通也需要相关设备商开放系统联网接口协议，通过网关接到集群核心网；集群核心网和多媒体交换控制平台分别和综合调度服务器设置接口，由综合调度服务器进行统一控制，多媒体交换控制中心侧用户通过网关接入或直接接入多媒体交换控制中心与集群核心网侧用户互联互通，实现融合调度。融合后的集群核心网系统可以实现与当前市面上主流厂商的不同制式无线通信系统互联互通，例如，摩托罗拉、泛欧集群无线电（Trans European Trunked RAdio，TETRA）数字集群系统。

系统与其他公共网络之间的互通是在多媒体交换控制中心实现的，通过网关与卫星网络，公共网络实现单呼的互通，通过 SIP 中继的方式与 IP 网络电话交换机（IP Private

Branch eXchange，IP PBX)、中继网关设备、语音网关设备进行对接，实现与 PSTN、综合数字业务网（Integrated Service Digital Network，ISDN）、新一代网络（Next Generation Network，NGN）的融合。

① 宽带集群、PDT 数字集群接入

宽带集群、PDT 数字集群接入通过相关设备商开放系统联网接口协议进行二次开发，直接与集群核心网连接，实现 PDT 数字集群用户和宽带集群用户的互联互通，以及与其他通信终端的互联互通、统一调度业务。如果数字集群和融合通信平台部署在不同密级网络上，则需要加入边界安全网关后才能进行通信，但从某种程度上会增加通信时延。宽带和窄带数字集群接入方案如图 2-70 所示。

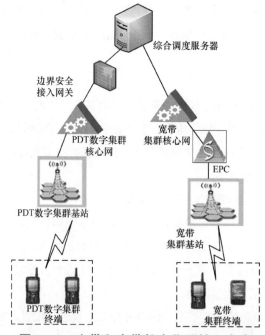

图2-70   宽带和窄带数字集群接入方案

② 模拟集群系统接入

模拟集群系统主要通过互联网关进行语音编解码转换，并在处理系统与数字 / 模拟集群之间的信令转换后，与 PDT 数字集群互通，再由融合调度服务器访问 PDT 数字集群核心网实现调度。

③ PSTN 系统接入

PSTN 系统接入是通过与 PSTN 互通网关实现的。PSTN 互通网关采用嵌入式技术，可以处理传统的语音电话业务和多媒体数字集群语音互通，实现多媒体数字集群到传统电话网、传统电话网到多媒体数字集群终端的语音互通。PSTN 互通网关使用数字信号处理器技术对模拟语音信号进行解压缩。

④ 卫星电话网络接入

基于语音的调度子系统通过 SIP 中继与语音网关进行互联，语音网关通过 O 口中继与卫星接收设备进行互联，接收设备通过雷达与卫星通信。多媒体融合调度系统拨号通过 SIP 中继把信号传送到语音网关，语音网关通过 O 口中继把信号传送到卫星接收设备。卫星接收设备接到呼叫请求，根据被叫号码找到对应 O 口将信号传送出去，语音网关再通过 SIP 中继传送到多媒体系统，然后去找 SIP 中继的默认被叫号码，多媒体调度系统提供二次拨号信号给语音网关，实现二次拨号找到被叫用户。

⑤ IP 网络接入

基于语音的调度子系统通过 4G 网络、5G 网络、互联网、Wi-Fi 等接入各种 4G 手持终端、5G 手持终端、Wi-Fi 终端、IP 电话等。融合调度台、多媒体交换控制中心服务器、服务器群、数据系统在同一个局域网内，各种 IP 网络直接与多媒体交换控制中心服务器连接，接入内部网络实现互联。4G 手持终端、5G 手持终端通过基站接入 4G 网络、5G 网络，实现与多媒体交换控制中心服务器的信令交互和语音流转发。IP 网络接入如图 2-71 所示。

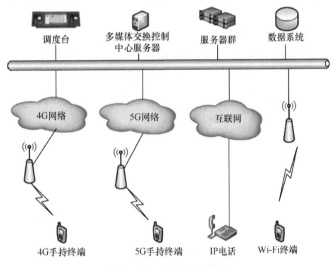

图2-71　IP网络接入

⑥ 集群专网与公网集群融合

基于语音的调度子系统包含专网集群系统和公网集群系统，两个集群系统可以实现语音融合、视频融合、统一定位和统一调度。专网集群系统与公网集群系统融合如图 2-72 所示。

其中，专网集群系统包含由集群核心网进行交换控制的集群专网系统和由多媒体交换控制中心控制的公网集群系统。控制面基于扩展的 SIP，用户面基于 RTP，可以实现集群业务的单呼和组呼的互通。集群核心网和多媒体交换控制中心的上层设备为综合调度服务器。综合调度服务器与多媒体交换控制中心之间为内部接口，与集群核心网之间的控制面为扩展 SIP 接口，与集群核心网之间的用户面为 RTP，可实现调度台对系统的调度与控制。

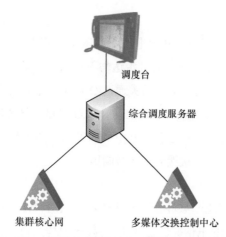

调度台

综合调度服务器

集群核心网　　　　　多媒体交换控制中心

图2-72　专网集群系统与公网集群系统融合

⑦ 无线网络外部接口

基于语音的调度子系统通过不同的接口与不同制式、不同网络、不同类型的终端连接，实现专网集群终端与其他接入方式下终端的互联互通。无线网络外部接口见表 2-7。

表2-7　无线网络外部接口

	接口种类	物理接口	要求
外部物理接口	与 PABX 网络的接口	E1、Nx64K	符合《数字网系列比特率电接口特性》（GB/T 7611—2016）和《数字程控自动电话交换机技术要求》（GB/T 15542—1995）
	与短消息中心的接口	FE	符合 GB/T 15629 系列标准
	与 PDN 网络的接口	FE	
	与其他集群系统的接口 I3	E1	符合《数字网系列比特率电接口特性》（GB/T 7611—2016）和《数字程控自动电话交换机技术要求》（GB/T 15542—1995）
		FE	符合 GB/T 15629 系列标准
	与上层网管的接口 I5	FE	
	与 MPT1327 系统的接口	FE	

⑧ 与现有软交换系统互通功能

系统支持与软交换系统进行对接，实现对 IP 电话、IP 可视电话等的调用和调度要求。与软交换系统通过 SIP TRUNK 的方式对接，需要分别在集群系统和软交换平台上做 IP 中继指向对方的设备。

⑨ 与第三方业务支撑平台对接

一个平台的前后端数据传输接口一般会在内网环境下通信，并且采用的是安全框架，所以安全性可以得到很好的保障，但是第三方平台业务接口一般是在公网环境下通信的，系统预留了 API，例如，程控电话网等。

2. 基于视频的调度子系统

基于视频的调度子系统的功能主要是实现指挥中心与各种不同体制和网络的视频系统的统一接入与管理。基于视频的调度子系统提供视频的统一融合方案，主要包括视频会议、远程监控、现场图像传输、卫星传输、宽带集群等视频资源的融合。

基于视频调度子系统的主要功能包括对视频资源进行统一汇聚管理，通过视频融合使用户可以跨网络、跨平台调用所需的音视频资源；实现视频会议、远程监控及指挥视频等图像系统之间的互联互通；实现政务外网、专网、互联网、4G/5G 网络等不同类型网络的视频资源接入；实现视频传输、交换、控制、显示；提供与其他应用业务系统的数据交互接口。

基于视频的融合调度的应用宗旨是依托网络、融合视频、纵横贯通、服务平台。

● 依托网络：基于视频的调度子系统部署在指挥中心，以互联网、卫星网、4G/5G 网络为应用延伸，建立全方位、立体化的视频指挥系统。

● 融合视频：基于视频的调度子系统将视频会议、远程监控、现场图像传输、卫星传输、宽带集群等视频资源融合汇集，完成视频资源的整合、统一管理、调用。

● 纵横贯通：以指挥中心、各协作单位、市县及下属单位视频会议系统实现上下级纵向互联互通；实现指挥视频与视频会议、远程监控、现场图像传输、卫星传输等各级内部的横向互通。

● 服务平台：通过基于视频的融合调度，为指挥中心提供视频应用服务支撑。

（1）系统架构

一般接入指挥中心的相关视频资源会部署在政务外网、其他单位专网、互联网等不同性质的网络上，涉及交通、渔业、安监、煤矿监测等单位相关视频。这些视频有的是业务单位自行建设，有的是中国电信建设。基于视频的调度子系统需要以某一特定中心网络为基准，分别与其他单位专网、互联网等进行融合。基于视频的调度子系统主要由视频会议服务器、视频监控服务器、多媒体接入监控网关服务器、会议接入网关、高清视频指挥终端等设备及相关控制软件构成。

基于视频的调度子系统是融合通信管理系统的重要组成系统，所有应急指挥过程中的图像整合，都是通过基于视频的调度子系统进行交互、传输和调用。基于视频的调度子系统对所有图像进行汇聚，通过二次开发，开放接口与业务应用层对接，包括各类视频调用和 GIS 的展示等。通过关联数据映射服务为视频数据建立起地理信息映射，每个监控点都具有地理信息位置属性，可以调出该点的视频资源与地理位置信息。另外，指挥中心将调取的视频资源推送到指定的移动终端上，形成指挥中心与前端人员的音视频交互及数据交互。

基于视频的调度子系统通过各类通信手段实现跨区域、跨单位、跨部门的不同视频系统之间的融合，为应急指挥提供可靠的视频数据支撑，即在一个资源公用的视频平台，实现指挥调度、视频会议、数据存储等多种应用集成，运用信息化手段，通过调度多部门、多资源，改变日常工作交流方式，加快信息传达及沟通的效率，以最快的速度完成最合理的决策。

平台整合的范围和兼容性有以下几个方面。

- 跨区域：省级、各市级、各区县级、乡镇和街道办。
- 跨单位：政府、应急办、公安局、安监局等。
- 跨部门：行政、人事、财政、民政、审计、文教、建设等。
- 跨网络：电子政务网、视频专网、指挥网、卫星网等。
- 多场景：指挥中心、会议室、办公室、移动出差、指挥车等。
- 多会议：宝利通、华为、泰德、中兴等。
- 多监控：海康、大华、科达、天地阳光等。

视频融合方案应支持市场上的主流厂商设备，例如，海康、大华、科达、天地阳光、锐明、创世、中兴力维、一思、中泰通等，或者通过二次开发对不同厂商头端视频的支持，统一编转码、统一流分发、统一调度；支持第三方视频会议系统融合。

视频会议服务平台是整个视频调度的核心处理模块，负责调度业务、会议控制、整体调度系统的数据配置管理和维护，同时负责媒体流的转发和处理。

视频会议服务平台按模块可划分为核心业务处理模块、媒体处理模块、视频调度模块、监控调度模块、会议服务模块、存储服务模块、接口模块等。

其中，核心业务处理模块主要完成服务器各模块之间的信令控制。媒体处理模块主要处理音视频和数据流媒体的转发功能。视频调度模块完成所有视频调度类业务处理，例如，强插、强拆等调度特有逻辑和各类权限管理功能。监控调度模块完成所有视频监控的调度处理，例如，视频控制、转发等监控管理功能。会议服务模块实现各会议室的创建、删除、成员登录认证、广播视频等功能。存储服务模块提供录音录像等存储服务。接口模块主要包括内部接口和调用对外包装接口两种形式。

（2）接入方案

① 视频会议融合

系统整合集成过程中可能涉及已有的视频会议系统，例如，已接入各厅局和各区市应急办的全省应急会商系统、上级应急办的会议系统、本级政务网高清会议系统。

在指挥中心机房部署一台多品牌会议接入网关实现应急会商系统同指挥视频系统的互联互通，与上级视频会议终端采用"背靠背"的方式进行接入，下级会议系统同样通过多品牌会议接入网关进行接入。视频会议系统应支持标准 H.323 和 SIP，可融合宝利通、科达、中兴、新华三等视频会议品牌的设备。

② 视频监控融合

在实际组网时，各业务单位都建设了各自的监控系统，但各现场摄像头部署情况不尽相同，因此，应急指挥中心如何远程调用现场监控图像是一个亟待解决的问题。同时，由于现场已部署的摄像头等监控设备品牌型号也不统一，如何保护现有设备，充分将各种摄像头等监控设备整合，以便统一管理调用，也是一个需要解决的问题。

围绕上述两个问题，系统设计的思路是将各视频监控系统 IP 化和标准化。视频监控系统的 IP 化就是将各种类型摄像头的视频图像统一转换为 IP 信号，进而可供指挥中心远程调用。视频监控系统的标准化就是将各种品牌型号的摄像头、编解码器等监控设备进行协议的统一，以便指挥中心可以统一管理调用各业务现场摄像头的监控图像。

在指挥中心部署视频监控服务器，首先，实现在指挥中心对应急现场摄像头调用、管理、控制等功能；其次，对前端的网络摄像机（IP Camera，IPC）、数字录像设备（Digital Video Recorder，DVR）、网络硬盘录像机（Network Video Recorder，NVR），通过多媒体接入监控网关服务器进行标准化，将各个厂商的协议进行标准统一；最后，将标准统一的信号传输到指挥中心。同时，视频监控设备采集的视频监控图像通过电视墙服务器进行解码后，输出到视频矩阵，进而显示在指挥中心大屏上。视频监控管理平台需遵循《安全防范视频监控联网系统传输、交换、控制技术要求》（GB/T 28181—2011）的要求，媒体流传输协议符合 RTSP 标准要求，媒体编码格式支持当前主流的 H.264、H.265、MPEG4，具有国内自主知识产权的编码协议。新建的视频监控系统要有良好的开放性，能够接入现有各业务单位视频监控系统，并且通过开放软件的 SDK 与各类业务系统对接。视频监控融合示意如图 2-73 所示。

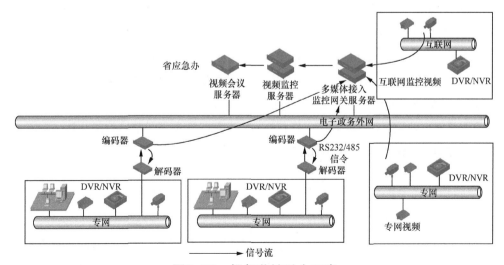

图2-73 视频监控融合示意

指挥中心的监控信号路数较多，可以根据实际需要部署多台视频监控服务器进行堆叠，并通过多媒体接入监控网关服务器将指挥中心及下辖的重点前端监控设备统一接入基于视频的调度子系统内，实现监控系统联网和集中调度。另外，指挥中心部署相应的电视墙服务器，将数字视频信号解码还原为模拟视频信号输出，在指挥中心大屏上显示、监控和管理。

③ 互联网视频图像接入

视频会议系统建设中如果涉及互联网视频图像接入，则可以通过多媒体接入监控网关服务器的双网口策略路由方式，实现互联网与电子政务外网的视频信号的互联互通。

④ 专网、政务外网视频图像接入

如果政务外网传输的公共安全类信息较多（例如，防汛抗旱指挥监控图像、海洋与渔业管理厅图像等），则可以与互联网视频图像一致，采用双网口策略路由方式实现在同一设备上两个网络信息的交换，实现类似于互联网视频图像的调取方式。例如，移动指挥车落地信号是通过部署编码器，利用2M链路专线把指挥现场的视频图像和声音传输到指挥中心，再通过解码器解码后进行调取，因此，该视频信号可以通过重新编码的方式获取，即在指挥中心新增一台编码器，将原解码器的图像输入新增的编码器进行重新编码，从而将视频流转发至视频监控服务器供指挥中心调用。视频会议系统应支持开放性网络视频接口（Open Network Video Interface Forum，ONVIF）、《公共安全视频监控联网系统信息传输、交换、控制技术要求》（GB/T 28181—2016），集中汇聚图像进行管理和调用。

⑤ 封闭系统视频的接入

对于极少数不开放底层数据的监控平台，无法获知其IP地址、监控设备品牌、型号等数据，视频会议系统可以在指挥中心配置相应品牌的解码器，将其信号先解码，然后配置通用编码器将解码出来的信号重新编成相应视频流接入多媒体监控接入网关服务器中。这种方式由于无法知道底层数据，只具备看的权限，所以无法进行摄像头云台的控制等操作。

⑥ 指挥系统视频的融合

指挥系统视频主要包括视频会议服务器、高清视频指挥终端的视频信息等。

视频会议服务器是实现指挥调度的核心设备，与综合调度服务器配合，提供与业务平台、GIS、基础数据的接口数据交互，负责视频会议与视频监控服务器的接入和调度，与视频会议终端、视频监控设备、卫星图像终端、车载指挥终端进行音视频互动，支持各业务图像资源的接入调用，在指挥中心实现全网指挥视频。

高清视频指挥终端与视频会议服务器及视频监控服务器配合，支持视频会议终端、视频监控设备、卫星图像终端、车载指挥终端、计算机输出的图像多画面同时展现；支持与视频会议、视频监控设备、卫星图像终端、车载指挥终端进行音视频互通。

另外，随着4G/5G网络全面覆盖，平板计算机、手机等移动设备发展日趋成熟，为了使各级指挥员能够通过此类移动设备在外出等窄带环境条件下也能从基于视频的调度子系统调用各类图像资源，实现双向音视频交互，指挥系统配置了 4G/5G 网络接入会议网关服务器，专门用于手机等移动终端的接入。

针对 4G 宽带集群终端的现场视频信号，则由融合调度服务器将视频流直接传输到视频监控网关。指挥系统视频融合示意如图 2-74 所示。

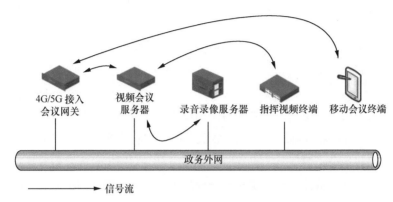

图2-74 指挥系统视频融合示意

⑦ 公网 4G/5G 视频图像融合

在实际应用中，有些单位已经建立了相应的 4G/5G 图像传输系统，但是这些系统是独立的图像传输系统，无法与其他系统进行互联互通。因此，对于符合《公共安全视频监控联网系统信息传输、交换、控制技术要求》（GB/T 28181—2016）的终端或平台，可以通过部署多媒体接入监控网关服务器的形式直接接入系统内；对于不符合《公共安全视频监控联网系统信息传输、交换、控制技术要求》（GB/T 28181—2016）的终端或平台需要通过二次开发的形式进行对接。基于视频的调度子系统要实现 4G/5G 视频图像传输系统接入，可采取终端接入和平台接入两种方式。公网 4G/5G 视频图像融合如图 2-75 所示。

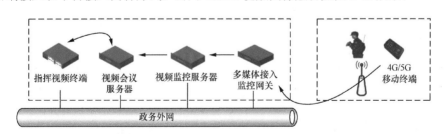

图2-75 公网4G/5G视频图像融合

⑧ 卫星图像融合

卫星图像系统是指以各级单位配置的"动中通"和"静中通"为基础，建立"移动指挥中心"，该"移动指挥中心"的前线指挥员可以通过配置车载指挥终端，借助卫星链路，以音视频和数据的方式与指挥中心进行交互，并且把现场图像发送到指挥中心，使决策者及时掌握现场情况。卫星传输图像融合示意如图 2-76 所示。

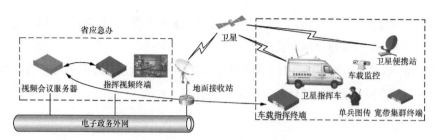

图2-76 卫星传输图像融合示意

3. 基于空间的调度子系统

基于空间的调度子系统由位置服务器及相应的软件构成，主要通过调用部署在专网的 GIS 平台，实现特定区域基础地理信息、各类具有定位功能终端的位置信息、各监控探头的实时视频信息、应急资源信息、重点防护目标信息、专题信息等数据的集成管理与数据共享。终端位置信息、监控探头的实时视频信息则在专网上进行图层叠加，根据业务需求及数据类型、性质的不同，对数据进行"排列组合"，采用地图服务的方式，在地图的区域显示各种应急信息，为应急指挥提供数据支撑，实现基于 GIS 的可视化空间调度业务功能。同时，各省级电子政务云计算平台可建立"应急专用域"，主要存储融合通信管理系统的相关数据，实现数据共享交换功能。

基于空间的调度子系统网络示意如图 2-77 所示。

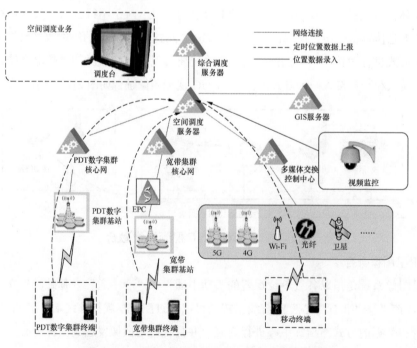

图2-77 基于空间的调度子系统网络示意

（1）实时定位

基于空间的调度子系统可以实现对数字集群终端、宽带集群终端和多媒体交换控制中心管理的智能终端等进行统一定位，并能够在定位的基础上实现基于GIS的可视化调度业务、现场地理信息浏览、相关设备信息查询，具备可以查看相关人员的定位信息和现场的各种数据，显示历史轨迹等功能。位置处理分为定位数据存储模块和定位数据展示模块。

定位数据存储模块将定位数据进行传输、转换、存储。定位数据的获得有两种方式：一种是定位终端定时上报；另一种是基于语音的调度子系统下发定位请求，定位终端上报定位信息。定位数据存储模块在收到定位信息后，将定位信息和时间数据存储到数据库中，以便于检索。各类专网上的通信终端定时向集群核心网发送位置信息，公网的通信终端通过预先安装的调度软件定时上报终端的位置信息。车载终端的位置信息则由北斗位置服务系统开放相应的接口获得，在调度台的显示界面上对各终端的位置信息进行实时显示。

定位数据展示模块实现定位数据的展示。定位数据在调度台上的展示，可以是实时展示，也可以是轨迹回放。对于需要实时展示的定位数据，定位数据展示模块在收到定位数据、进行存储的同时，将定位数据发送到调度台，进行实时展示。对于轨迹回放的处理，定位数据展示模块在收到特定终端、特定时段的定位数据检索请求后，查询数据库，返回查询到的定位信息。

（2）事件信息分析

事件信息主要来源有人工手动录入和系统自动监测两种方式。系统可以实现事件信息分析、展现、联动和存储，也可以实现历史事件信息统计分析，用于制定处置方案和指挥辅助决策。

事件信息如果含有位置信息，则会在地图上直观显示；如果不含有位置信息，则在消息框中滚屏显示。针对不同类型的事件，系统自动生成事件处置初步方案、调出历史相关事件信息、地图上会采用声光提醒等方式，用于指挥辅助决策。

（3）态势标绘

态势标绘包括应急决策、措施标绘、应急突发事件发展趋势、应急处置态势标绘等。标绘信息能实时传输到现场，实现现场与应急指挥中心的同步标绘功能。必要时，态势标绘能够叠加应急显示，制作专题图、打印输出等操作。应急资源调配态势标绘，添加应急资源，通过拖动鼠标改变应急资源任务的起点位置与终点位置。系统设有应急图形编辑工具，能够建立点状、线状图形和连接关系，通过符号设置功能，对不同的应急设备可以设置不同的符号。

综上所述，基于空间的调度子系统可以将突发事件的发展过程和针对该事件的处置过程，以时间的先后顺序展现在地图上，使用事件模型，在地图上模拟事件的发生、发展、结束状态，根据时间推移事件的发展态势，实现态势展现及事件回放等。根据应急处置方案，快速选择和按照最优路径调配资源，将应急物资、救援人员，以及救援车辆的实时分布位置展现在地图上，结合事故发生现场的情况，指挥人员、调度人员和物资快速到达事发现场。

4. 基于预案的调度子系统

基于预案的调度子系统由预案调度服务器、预案调度服务平台组成，一般情况下，预案调度服务器与综合调度服务器合设。基于预案的调度子系统可以根据已有的应急预案，结合用户的相关要素，根据设定的触发条件、预案级别（例如，省级、市县级、乡镇级等）、预案类型（例如，总体、专项、部门等）、事件类型（例如，事故灾难、公共卫生、社会安全等），以及预案的进行流程进行预案调度。

基于预案的调度子系统涉及两个方面的内容：一是根据事件与处置过程的性质，提供应急预案服务；二是根据事件处置调度专项预案，辅助应急人员进行通信调度，或在满足条件的情况下，实现自动化调度。

（1）预案服务

基于预案的调度子系统能够根据事件性质，自动提取来自应急管理系统的应急预案，为用户提供知识服务。

（2）预案联动

基于预案的调度子系统的数字化预案联动是指在事件处置的过程中，预先编制通信专项预案，并在事件响应与处置的过程中，辅助指挥人员快速调度通信资源，在条件满足的情况下，智能化自动调度，提高快速、有效、准确处置事件的能力。根据事件类型与性质，编制通信调度专项预案，设定处置流程，并为每个环节设定通信调度计划。在应急过程中，通过人机结合实现过程流转，在各个处置环节调用并执行通信调度计划，为应急事件处置的具体环节编制作业过程预案，并为每个作业步骤提供通信调度计划，辅助其快速、准确地完成与通信调度有关的事项。

5. 综合调度子系统

综合调度子系统通过对语音、视频、空间、预案等调度子系统的综合应用，实现包括各种语音用户终端、会议视频和监控视频等多媒体融合协调，实现全网用户统一编组，统一监控、统一管理等功能。

综合调度子系统由综合调度服务器、多媒体智能融合调度台、多网数据融合模块、融合通信数据库、联动指挥调度管理模块等组成。综合调度子系统组成如图2-78所示。

综合调度服务器完成专网集群用户和其他接入技术中集群用户的融合调度管理，通过相关联动模块，实现模拟集群、数字集群、宽带集群等专网集群用户和公众移动通信、卫星通信、IP电话、PSTN等非专业集群用户的多媒体集群功能的融合协调，实现全网用户统一编组、统一监控、统一管理等；与位置服务器配合实现全网用户定位跟踪业务；与视频监控服务器配合实现全网视频监控统一接入管理、控制、调度、显示等功能；与视频会议服务器配合实现有线视频会议终端与移动智能终端的视频互联互通等功能。其中，综合调度服务器采用双机热备设计，不再单独设立语音调度服务器、预案调度服务器，其功能由综合调度服务器实现。

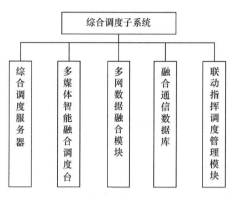

图2-78 综合调度子系统组成

多媒体智能融合调度台主要完成对用户的语音、视频、数据、文本、短信息、集群调度等信息的调度指挥，满足指挥中心突发事件的应急指挥与协同调度管理需求，实现指挥中心中央控制系统的"一键式"控制管理，完成融合调度业务的控制功能和媒体处理。

多网数据融合模块对不同的网络数据进一步加工，添加统一标准的数据标识，使不同网络的数据都可以明确其数据内容，实现存储模块功能，以便数据的再利用。

融合通信数据库是融合调度子系统的核心数据库，建立统一的融合通信数据库系统，存储突发事件的各种报警记录、录音数据、现场视频监控数据、传感监测数据等信息，存储用户的签约信息与用户的位置信息。操作人员可以通过客户端实现用户所有签约信息的加载、检索、修改、管理。数据存储的时间长度可以根据用户的实际需求进行设置。

6. 综合网管子系统

综合网管子系统以"面向应急通信服务、面向网络维护、面向运维管理"为目标服务，建立面向多专业网络的综合告警管理、综合性能管理的平台，为应急通信保障实现业务的快速开通、网络的高效监控和质量的优质服务提供有效、可靠的服务。

综合网管的方向是实现网管能力的集中化、规范化和综合化。综合网管与专业网管不同，它是以面向网络运维的场景及信息展示需求为核心，将网络异常事件、运行状态、业务状况、重大信息以快捷、准确的方式传递给监控及管理人员，实现对网络、客户、业务等快速发现突发事件或异常情况、准确定位和及时响应。综合网管通过专业网络的接入，推进专业告警标准化工作，实现全网的统一监控、统一规则处理，建立起全网端到端的集中监控、集中维护和集中管理，实现面向客户、面向业务支撑的统一网络运维管理服务，从而提高网络运维工作的效率。

综合网管的管理范围和对象主要包含 4G 宽带集群系统、北斗位置服务系统、北斗预警通信系统、海洋短波通信系统。另外，其对模拟集群、窄带数字集群系统也提供了接口，用户如果有需要，也可以将其纳入综合网管范畴。

（1）功能需求

综合网管主要由监控管理、资源管理、运维管理和系统展示等功能模块组成。

① 监控管理

监控管理是应急通信保障系统工程中综合网管管理的基础及核心。监控管理在功能上应实现对网管范畴内的网元设备、链路、主机，以及应用等单元的信息采集、故障和性能监视、相关运行数据统计分析功能。通过监控管理，管理人员可以实时了解系统的运转状态，量化评价网络和节点单元的状态和有效性。

② 资源管理

资源管理主要关联各种应急通信资源、IT 资源的配备及使用情况，实现对资源统一规范的管理，逐步做到对资源的动态管理，发挥资源的最大效益。资源管理的对象可分为基础网元层设备和 IT 资源层设备。其中，基础网元层设备包括终端层设备、接入层设备、承载层设备、控制层设备、业务层设备等；IT 资源层设备包括中心的计算设备、存储设备、网络设备等。

资源数据管理是资源管理的一个重要部分，也是整个运维支撑系统数据管理的核心，通过资源数据管理功能组的建设，一方面，实现对网络运行过程中所有的基础静态信息（包括网元设备、主机、链路等信息）的集中存储与维护；另一方面，通过支撑资源间的层次关系、映射关系（例如，端口与链路间的映射关系）的设定实现对多维度资源的展示与查询。另外，资源数据管理还承担类似于 IT 信息技术基础架构库（Information Technology Infrastructure Library，ITIL）中配置管理数据库（Configuration Management Data Base，CMDB）的资源配置、变更台账管理等功能，实现资源配置与系统数据的联动，以及资源数据本身的动态更新。资源数据管理可实现对网络资源信息的集中管理、综合管理和有效利用，为故障处理、资产管理等提供支持，实现跨部门、跨层级资源数据的共享，提高资源的利用率。

③ 运维管理

运维管理主要保障所管理网络及网络上所承载的业务、所建立的软硬件系统和组织体系的正常、安全、有效运行。具体而言，运维管理需求主要分为 3 个层面的需求。一是运行管理需求。运行管理主要集中于业务、网络、网元的实时监控、分析、故障排除、调度管理等，主要集中于面向网络的实时性监管。二是维护管理需求。维护管理主要集中于网元、网络等的日常维护工作的管理，具体包括内外部客户需求的响应、软硬件的版本管理、测试管理、日常巡检等。其管理主要集中于面向用户服务与网络运维的计划性、流程性、标准化、规范化。三是用户服务管理需求。用户服务管理需求具体包括服务开通流程、用户故障申报与运行管理、维护管理的融合等。

为了做好用户服务和运维操作的衔接，在流程体系设计中，需要参考 ITIL 的理念，引入服务台的概念，服务台负责用户需求的受理和反馈，根据用户需求发起运维流程，负责流程的监控。服务流程设计方面，不仅要支撑以 ITIL 模型为核心的事件管理、问题管理、变更管理、配置管理等基本运维操作，实现运维操作的标准化与闭环，而且要根据业务与管理需要，支撑跨部门/跨岗位业务流程定义、工单流转，特别是流程状态监督控制等功能。

④ 系统展示

系统展示是提供用户最终面向的界面，主要配置一套显示系统用于输出信息的展示。

（2）系统架构

综合网管的系统架构可总结为：一个门户、两大对象、三大管理与其他接口。

一个门户：统一运维服务门户是进入运维支撑系统的统一通道，也是运维人员的综合工作平台，它为运维人员和管理人员提供综合信息的个性化展现界面，保证相关人员全面、整体地掌握 IT 基础设施的运行情况和服务质量，同时为 IT 运维监控管理提供决策支持。

两大对象：两大对象是指接受平台管理的对象，包括应急通信基础网元层的设备（终端层设备、接入层设备、承载层设备、控制层设备、业务层设备等）和应急通信 IT 资源层的设备（计算设备、网络设备、存储设备、安全设备等）。

三大管理：监控管理（统计报表、故障处理、告警管理等）、资源管理（资源统计报表、资源分析、资源告警等）、运维管理（作业计划管理、业务配置、服务开通等）。

系统接口：对外的相关接口，包括厂商网管系统接口等。

综合网管子系统架构如图 2-79 所示。

（3）业务流程

① 综合业务告警流程分析

综合业务告警流程分析以告警管理的全生命周期为视角，按照告警的发生、采集、接收、处理、派单或清除的闭环处理过程规划设计，并考虑与其过程相关的其他外部系统间的关键环节的业务流程。

综合业务告警流程全景示意如图 2-80 所示。

综合业务告警流程一般分为告警采集、告警处理、告警分析，以及故障清除或故障派单 4 个环节。综合业务告警过程框架如图 2-81 所示。

该业务过程适用于各种专业网络的告警采集、告警处理、告警分析和故障清除或故障派单的环节。其中，告警分析阶段需要资源及连接关系的数据加载进行关联，实现故障原因定位。

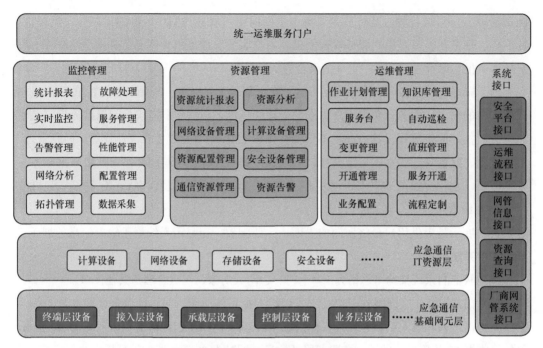

图2-79　综合网管子系统架构

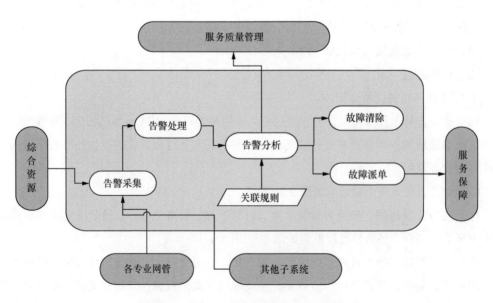

图2-80　综合业务告警流程全景示意

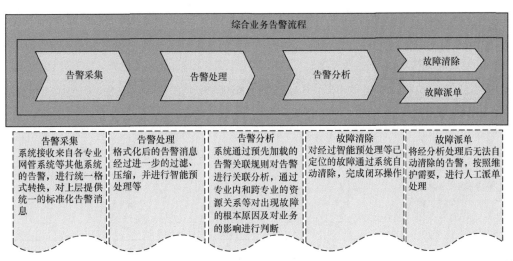

图2-81 综合业务告警过程框架

② 综合性能分析流程

综合性能分析流程按照性能数据管理的生命周期为视角，包括性能数据的采集、性能计算、入库汇总、生产性能预警和实时性能呈现，同时，对外部系统提供所需的实时性能或统计结果输出。综合性能分析流程如图 2-82 所示。

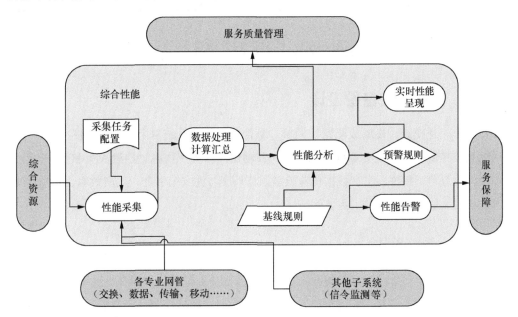

图2-82 综合性能分析流程

综合性能分析流程分为自动和手动两种方式。这两种方式的流程都包含采集任务设置、数据采集、数据处理、性能分析和性能监控 5 个环节。二者的主要差别在于采集任务设置的环节，而后续任务执行的 4 个环节是完全一致的。综合性能处理过程如图 2-83 所示。

在综合性能分析处理环节中，第一个环节是采集任务执行的预置，而后面4个环节是按顺序完成的。

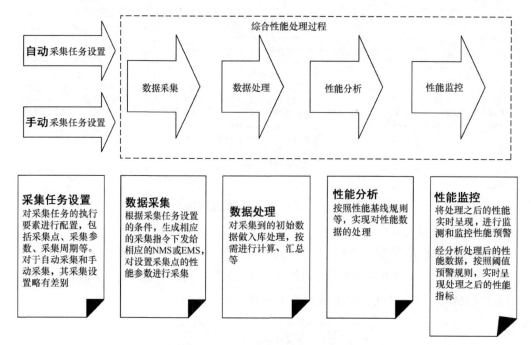

图2-83　综合性能处理过程

●● 2.5　系统容灾备份设计

在城市轨道交通、机场或能源等领域，宽带集群通信系统常用于生产调度人员（工作场所为列车控制中心、地勤调度中心等）与移动用户（列车司机、地勤人员和生产作业人员）之间进行语音指挥、生产数据传输或多媒体调度，为安全生产、生产效率、管理水平，以及改善生产服务质量提供了重要保证。

2.5.1　系统整体设计

宽带集群的双中心异地容灾备份采用双交换控制中心配置，分别在不同地点进行部署，供电、传输和环境等系统均独立配置，避免互相影响，满足异地容灾需求。双中心异地容灾原理如图2-84所示。

两个独立的集群中心控制器（集群核心网）以互为镜像的主备方式运行，主控制中心和备控制中心及系统内全部基站通过传输系统实现互联互通。当主控制中心发生严重故障退出服务时，全线基站可以切换到备控制中心，无线基站通过两条冗余链路分别连接主备中心，实现异地容灾。两个独立的集群控制中心之间存在 3 条传输链路。另外，两条链路负责主备控制中心及基站系统的传输冗余到主备控制中心。

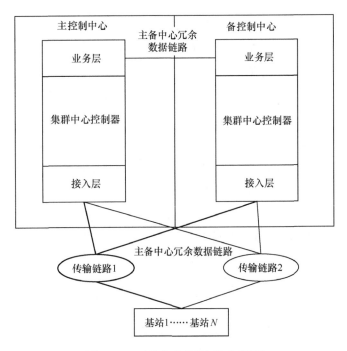

图2-84　双中心异地容灾原理

2.5.2　中心设备冗余设计

异地容灾主要借助高可用（High Availability，HA）多节点群集中间件来实现，中间件可实现静态配置及动态呼叫数据的双向同步，并能实现不同节点间的状态裁决及切换控制等功能。

主控制中心与备控制中心的集群中心控制器（集群核心网）实现设备级冗余，两套设备同时运行，互为备份。集群控制器内部的双处理板间实现板卡级冗余，当一块处理板出现故障时，另一块处理板可以实时接替进行工作，动态业务数据双向实时同步。当主控制中心的集群控制器内两块处理板均发生故障时，中间件可立即感知。这时，在备控制中心的集群控制器会根据同步过来的动态数据建立资源并接管业务，系统内的各个基站根据链路状态探测，将业务切换到另一个中心的集群控制器上，反之亦然。

集群控制器与控制中心核心交换机之间采用交叉连接冗余。主备控制中心之间的容灾链路中断只会影响主备控制中心之间的容灾通信。由于主备控制中心的调度台、服务器等业务终端设备是冗余配置的，所以不会影响主控制中心的调度业务，不会导致控制中心切换。容灾冗余链路恢复后，这些设备的业务能够自动恢复。

2.5.3　集群基站的双归属设计

系统基站通过 S1-Flex 机制同时与主控制中心和备用控制中心的集群控制器建立连接，S1-Flex 允许一个基站连接多个集群核心网中的 MME/SGW 池，从而实现集群基站业务连接的双归属。另外，各基站到主备控制中心的通信传输链路采用双环网方式。当一个传输环网出现故障时，业务能够切换到另外一个传输环网上。基站有两个网络端口，当基站出现主用网口故障时，只有该基站切换传输通道，不会影响该基站业务，也不会引起控制中心切换。

集群控制器的内部软件分为决策支持系统（Decision Support System，DSS）模块、HA模块及应用软件（Application，App）模块 3 个部分，各部分的主要功能的说明如下。

• DSS 模块：所有 DSS 会以软件集群的形式工作，其内部通过协议实现数据的强一致性，DSS 模块通过提供数据节点的形式实现数据同步。

• HA 模块：系统中只有一个 HA 模块处于主用状态，其他 HA 模块全部处于备用状态，通过 HA 模块进行状态裁决。

• App 模块：为宽带集群系统的核心控制软件，具有 eMME、eHSS、TCF、xGW 等核心网功能。

软件在数据处理过程中的数据同步设计如图 2-85 所示，具体介绍如下。

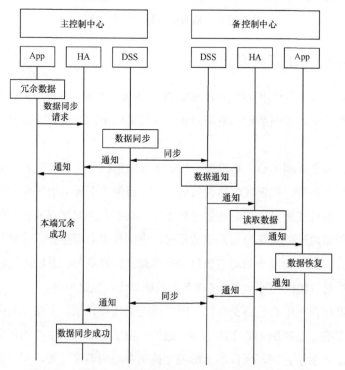

图2-85　软件在数据处理过程中的数据同步设计

- 主控制中心的 App 开始冗余数据，将发送冗余请求传输到 HA，HA 向 DSS 的数据槽中写数据。随后 DSS 开始进行数据同步，数据槽中的数据将会刷新到所有中心集群控制器的 DSS 中。

- 备控制中心的 DSS 将会通知 HA 数据槽中有数据刷新，HA 随后从中读取数据，将冗余数据发送给对应的 App。

- App 将开始恢复冗余数据，随后向 HA 发送冗余成功的指示，HA 反馈冗余数据结果。

- 主控制中心的 DSS 将获取此次冗余数据并成功告知 HA。

2.5.4　测试验证方法

为了验证宽带集群双中心异地容灾整体设计方案是否合理可行，通过模拟某城市轨道交通项目部分应用场景，使用宽带集群产品搭建测试环境，进行性能测试。宽带集群异地容灾测试设备见表 2-8，1 套宽带集群系统主要包含 2 套集群核心网、3 台核心 / 容灾交换机、5 个基站、1 台调度台、1 台自动化测试仪表、10 台宽带集群终端。

表2-8　宽带集群异地容灾测试设备

序号	测试设备	数量
1	集群核心网	2套
2	核心 / 容灾交换机	3台
3	基站	5个
4	调度台	1台
5	自动化测试仪表	1台
6	宽带集群终端	10台

测试环境组网如图 2-86 所示。在这个测试环境中，模拟主备控制中心通过容灾交换机互联，打通冗余数据链路，实现核心网数据的冗余。主备控制中心的接入层为核心交换机并实现交换机互联，实现基站到主备控制中心的双链路连接。

系统测试包括业务建立时延性能测试和系统切换时延性能测试两个部分。其中，业务建立时延性能测试参考 B-TrunC 标准，选取单呼建立、组呼建立和话权申请 3 个指标进行测试，验证在该组网条件下系统业务的性能情况。系统切换时延性能测试通过设备断电方式模拟设备异常，记录设备在异常时系统切换时延的情况。业务建立时延性能情况见表 2-9，业务丢包率性能测试见表 2-10。

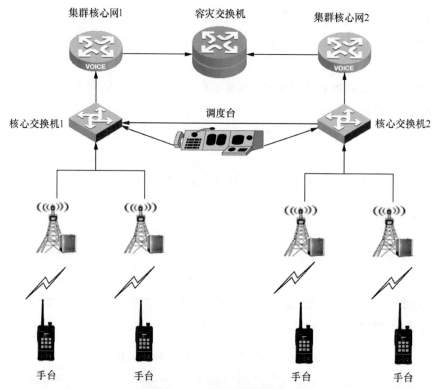

图2-86　测试环境组网

表2-9　业务建立时延性能情况

测试项	最大时延 /ms	最小时延 /ms
单呼建立时延	462	353
组呼建立时延	141	121
话权申请时延	132	115

表2-10　业务丢包率性能测试

测试项	音频丢包率	视频丢包率
语音单呼	0.04%	0
语音组呼	0	0
视频单呼	0.02%	0.32%
视频组呼	0.04%	0.26%

　　通过以上测试数据我们可以看出，系统测试满足 B-TrunC 系统关于业务建立时延的性能要求。业务丢包率的统计能够反映传输过程对音视频数据的影响，通常情况下，业务丢包率对音视频的效果没有明显影响。

　　系统切换时延性能测试见表 2-11。

表2-11　系统切换时延性能测试

测试项	最大时延 /ms	最小时延 /ms
控制中心切换时间	108	85
核心网故障切换时间	52	46
调度系统切换时间	38	30
主动切换时间	29	25

通过以上测试数据我们可以看出，当系统设备异地容灾切换后，系统会出现短暂业务恢复时延，这是由于为了防止系统出现乒乓切换问题，所以系统故障检测需要一定的时间。系统切换完成后，需要重新建立连接和恢复业务的过程。业务恢复时延会因故障产生的时间点和检测周期的影响有所不同。特定情况下通过网管设备进行主动切换，切换时间较故障切换时间更短，从而满足快速恢复业务的要求。根据实际测试结果，我们可以看到，采用异地容灾设计方案的宽带集群通信系统在数据传输稳定性、并发性、时延性及丢包率等性能指标均表现出较好的性能，验证了设计方案的可行性。实际应用中，设备厂商可以通过对部分检测及互锁机制的改进，进一步缩短切换时延，提升系统的安全性。

●●2.6　本章小结

宽带集群是融合视频、音频、短数据等为一体的宽带多媒体通信技术，为了满足多媒体通信需求，在宽带集群的技术标准发展中提出了具体的业务能力、性能指标的要求，规定了基于 LTE 技术的 B-TrunC 系统架构和端到端流程，包括协议栈架构、端到端流程、其他功能实现等。本章对最常用也是最复杂的融合通信架构下的窄宽互通、视频、音频、空间、预案、综合等多媒体调度子系统等多种接入方式、多种传输手段、多种业务的统一通信、控制系统的业务应用进行了详细描述。同时，本章也介绍了宽带集群系统在城市轨道交通、机场或能源等重要领域内的容灾备份的系统设计和解决方案，读者可以深入了解宽带集群的技术体系、组网策略及综合业务应用。

参考文献

[1]　宽带集群产业联盟 .LTE 宽带集群通信（B-TrunC）技术白皮书 [Z]，2016.9：13-23.

[2]　3GPP TS 36.331 V8.5.0. 3rd Generation Partnership Project Technical Specification Group Radio Access Network Evolved Universal Terrestrial Radio Access (E-UTRA) Radio Resource Control (RRC) Protocol specification(Release 8)，2009：49.

[3]　张照姮 .TD-LTE 宽带多媒体集群系统控制面协议栈的设计与实现—S1AP 的设计与实现 . 成

都：电子科技大学，2017：6-10.

[4] 宽带集群产业联盟 . 基于 LTE 技术的宽带集群通信 (B-TrunC) 系统（第一阶段）端到端流程 [Z]，2015：5-23.

[5] 张松轶，李飞，李勇；宽带集群异地容灾应用技术研究 [J]；计算机与网络；2019，45(5)：66-69.

宽带集群通信系统

Chapter 3

第3章

导读

　　宽带集群通信系统作为典型的专网系统正在不断的发展与演进，随着集群用户种类的多元化发展，行业用户对自身所使用的宽带专网功能也提出了新的应用需求，这些需求是建立在一定带宽的基础上，面对不同业务类型、使用环境，系统表现出来的性能差异很大。同时，系统容量与覆盖能力与频谱分配策略密切相关，如何利用最小的宽带来实现系统性能的最大化越来越受到政府、企业、设备厂商的关注。本章以行业用户需求为焦点，依托 TD-LTE 理论为基础，以期建立一套宽带集群通信系统的覆盖预测和容量评估方法，帮助行业用户更科学地进行数据网络系统容量的规划和优化，同时为频谱管理者提供决策依据，形成事前审批、事中监管、事后核查的管理模式，真正达到频谱精细化的管理目的。

●● 3.1 覆盖范围预测

宽带数字集群系统采用 TD-LTE 技术，除了工作频段和终端类型有所差异，在链路预算过程中与公网 TD-LTE 基本一致。网络的覆盖能力估算主要包括业务需求分析、链路预算、单站覆盖面积 3 个部分。其中，业务需求分析的主要指标包括目标业务速率、业务质量及通信概率要求；链路预算则根据需求分析结果，结合不同的参数和场景计算出无线信号在空中传播时允许的最大路径损耗（Maximum Allowed Path Loss，MAPL），并根据相应的传播模型估算出小区的覆盖半径；单站覆盖面积的计算是基于链路预算得出的，通过小区覆盖半径可估算出每个 NodeB 的覆盖面积，从而得到规划区域内需要的 eNodeB 数量。

只有确定业务速率的范围，才能确定覆盖范围。要评估 TD-LTE 的覆盖范围，首先要做好链路预算。链路预算是指对信号发送端、外界环境接收端等进行增加和减少控制。链路预算是计算覆盖范围的根本手段，只要估算出 TD-LTE 覆盖范围内最大的通信损耗，就可以在预算过程中避免出现不必要的损失。另外，要提前确定好覆盖速率的目标，通常边缘覆盖率较低。因此，要准确把握上行运行速率和下行运行速率，按照实际运行状况，下行运行状况一般会优于上行运行状况，人们一般会集中关注上行运行状况，通过 TD-LTE 覆盖范围的链路预算，可以大致估算出正常环境下所需要的移动通信数量，确定较为明确的 TD-LTE 覆盖速率目标，把握适用范围和面积是这种方法的主要目的，也是测算覆盖范围的有效方案。

3.1.1 覆盖场景分类

在无线网络规划中，无线环境是影响小区覆盖半径和系统容量的主要因素，不同的地理环境对电磁波的传输损耗、干扰和时延等方面都有很大的差别。仿真预测需要根据不同的无线环境对传播模型进行校正，采用合适的校正因子尤为重要。移动通信规划将覆盖场景大致分为密集市区、一般市区、郊区（乡镇）、农村 4 种场景。覆盖场景分类见表 3-1。

表3-1 覆盖场景分类

区域类型	建筑物示例	区域特定描述	组网方案
密集市区		主城区及建筑，用户密集，区域内建筑物平均高度明显高于城市内周围建筑物，地势相对平坦，中高层建筑物可能较多	站间距可以保持在 400～500m，站址密度不小于每平方千米 5 个，天线挂高在 30～35m 较为合适，天线选择水平波瓣为 65°，预置 0°～6° 俯仰角，增益在 17dBi 左右

续表

区域类型	建筑物示例	区域特定描述	组网方案
一般市区		主要城市有建筑物，建筑物的高度、密度适中的区域，或经济较发达，建筑物较多的城镇。建筑和用户相对主城区稀疏	站间距可以保持在 550 ～ 700m，站址密度不小于每平方千米 3 个，天线挂高在 30 ～ 40m，天线选择水平波瓣为 65°，可以预置 0° ～ 6° 俯仰角，增益在 17dBi 左右
郊区（乡镇）		城市边缘地区，建筑物较稀疏，以低建筑物为主，或经济一般，有一定建筑物的小镇	一般选择在乡镇内或公路沿线。农村地势一般比较开阔，站距控制在 2.5km 左右，高度一般选择 50 ～ 55m，天线可预置 0° ～ 3° 俯仰角，水平波瓣为 65° 或 90°
农村		偏远地区（包括距离城镇较远的乡村，偏远风景区）的特点是地域广大，人口密度小，经济收入低于城市地区	

在特定传播模型和工作频率下，无线环境与基站天线的有效高度、终端高度修正因子、地形修正因子等参数密切相关，因此，在链路预算之前，相关规划设计人员需要充分了解建设目标的无线环境，选择合适的链路预算参数。

3.1.2 传播模型选择

无线信道建模是无线通信技术设计的基础，无线信道是无线通信系统中电磁波传播必不可少的组成部分，它是连接发射机和接收机的媒介，其特性决定了信息论的容量，即无线通信系统的最终性能限制。由于电磁波在无线信道中受到反射、绕射、散射、多径传播等多种因素的影响，导致无线信道不像有线信道那样固定且容易预测，也给无线信道中电磁波信号的传播特性分析带来很大的不确定性，所以无线信道的建模是无线通信系统研究中的难点和重点，而无线信道的传播特性对于无线系统的设计、仿真和规划却有着十分重要的作用。

在无线通信系统中，电磁波传播经常在不规则的地区。估算路径损耗要考虑特定地区的地形地貌，包括简单的曲线形状和多山地区及障碍物等因素影响。在无线通信系统设计中，相关规划设计人员经常采用电波传播损耗模型来计算无线传播路径的传播损耗，建立这些模型的目的是预测特定区域内的信号场强和边缘速率。

1. Okumura 模型

Okumura 模型是预测城区信号使用最广泛的模型之一，它适用的频率范围为 150 ～ 1925MHz，适用距离为 1 ～ 100km，模型要求的基站高度为 30 ～ 1000m。模型的路径损耗计算如式（3-1）所示。

$$L_{50}=L_f+A_{mu}(f,d)-G(h_{te})-G(h_{re})-G_{AREA} \qquad \text{式（3-1）}$$

其中，L_{50} 为传播路径损耗值的 50%，L_f 为自由空间传播损耗，$A_{mu}(f,d)$ 为自由空间中值损耗，$G(h_{te})$ 为基站天线高度增益因子，$G(h_{re})$ 为移动台天线高度因子，G_{AREA} 为环境类型的增益，$A_{mu}(f,d)$ 和 G_{AREA} 是频率的函数，Okumura 模型给出了相应的曲线，可直接使用，$G(h_{te})$ 和 $G(h_{re})$ 的计算分别如式（3-2）、式（3-3）、式（3-4）所示。

$$G(h_{te})=20\log(h_{te}/200)，30m<h_{te}<1000m \qquad \text{式（3-2）}$$
$$G(h_{re})=20\log(h_{re}/3)，h_{re}\leqslant 3m \qquad \text{式（3-3）}$$
$$G(h_{re})=20\log(h_{re}/3)，3m<h_{te}<10m \qquad \text{式（3-4）}$$

Okumura 模型完全基于测试数据，在许多情况下，通过外推曲线来获得测试范围以外的值，通常预测和测试数据的偏差为 10 ～ 14dB。

2. Hata 模型

Hata 模型是广泛使用的一种中值路径损耗预测的传播模型，适用于宏蜂窝的路径损耗预测，根据运用的频率不同，Hata 模型可分为 Okumura-Hata 模型和 COST-231Hata 模型。Okumura-Hata 模型适用的频率范围为 150 ～ 1500MHz，主要用于 GSM900 的网络规划，COST-231Hata 模型是 COST-231 工作委员会提出的将频率扩展到 2G 的 Hata 模型扩展版本。

Okumura-Hata 模型是根据测试数据统计分析（Okumura 曲线图）得出的经验公式。以市区传播损耗为标准，其他地区在此基础上进行修正，Okumura-Hata 模型损耗计算如式（3-5）所示。

$$L_{50}=69.55+26.16\log f_c-13.82\log h_{te}-\alpha(h_{re})+(44.9-6.55\log h_{te})\log d+C_{cell}+C_{terrain} \qquad \text{式（3-5）}$$

式（3-5）中，f_c 为传输频率（单位为 MHz）；h_{te} 为基站有效发射天线高度（单位为 m）；h_{re} 为终端接收有效天线高度（单位为 m）；d 为收发之间的水平距离（单位为 km）；$\alpha(h_{re})$ 为有效天线修正因子，是覆盖区大小的函数。

对于中、小城市，有效天线修正因子的计算如式（3-6）、式（3-7）所示。

$$\alpha(h_{re})=8.29\log(1.54h_{re})-1.1，f_c<300MHz \qquad \text{式（3-6）}$$
$$\alpha(h_{re})=3.2\log(11.75h_{re})-4.97，f_c>300MHz \qquad \text{式（3-7）}$$

C_{cell} 为小区类型校正因子，不同的环境其取值不同，城市中的 $C_{cell}=0$；

郊区中的 $C_{cell}=-2\log(f/28)^2-5.4$；农村中的 $C_{cell}=-4.78(\log f_c)^2-18.33 f_c-40.98$。

$C_{terrain}$ 为地形校正因子，它反映的是一些重要的地形环境因素对链路损耗的影响，合理的地形校正因子取值可以通过传播模型的校正和测试得到，也可以人为设定。在 d 超过 1km 时，Hata 模型的预测结果与 Okumura 模型非常接近。该模型适用于大区制移动通信系统，但不适合小区半径为 1km 的个人通信系统。欧洲科学技术研究协会将此模型扩展到 2G，COST-231 Hata 模型路径损耗 L_{50} 计算如式（3-8）所示。

$$L_{50}= 46.3+33.9\log f_c-13.82\log h_{te}-\alpha(h_{re})+(44.9-6.55\log h_{te})\log d+C_{cell}+C_{terrain}+C_m \quad 式（3-8）$$

式（3-8）中，C_m 为大城市中心校正因子，中等城市和郊区的 C_m=0dB，市中心的 C_m=3dB。COST-231 Hata 模型适用的参数范围：f 为 1500～2000MHz，h_{te} 为 30～200m，h_{re} 为 1～10m，d 为 1～20km。

3. Hata 模型仿真关键参数

COST-231 Hata 模型是网络规划最常用的预测模型之一。不同环境、频率和天线挂高下的路径损耗值如图 3-1 所示。

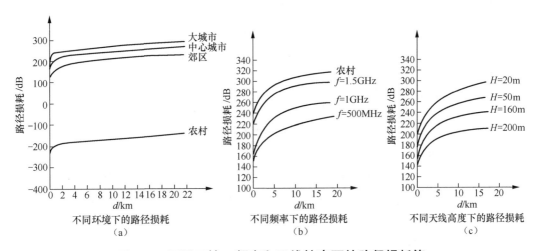

图3-1 不同环境、频率和天线挂高下的路径损耗值

由图 3-1 可知，3 种情况下，路径损耗都随传输距离的增大而增大。其中，图 3-1（a）反映的是城市的路径损耗最大，农村最小，郊区次之，说明障碍物越多，对信号传输的损耗越大，路径损耗也越强；图 3-1（b）反映了工作频率对路径损耗的影响，频率越高，路径损耗越大；图 3-1（c）反映了基站天线高度对路径损耗的影响，天线越高，路径损耗越小，也说明了移动通信系统中基站天线高度的重要性。

3.1.3 基站和终端发射功率

在前向链路上，由于系统存在小区间的干扰，所以增加基站的发射功率并不意味着增大基站的覆盖范围，即增加基站的发射功率不一定能提高信噪比，因此，只能通过调整基站发射功率使信噪比达到最大。在前、反向链路上预算时，首先，计算出系统在整个宽带中每 RB 占用的最大发射功率，然后，根据用户占用的 RB 资源数推导出等效全向辐射功率（Effective Isotropic Radiated Power，EIRP），其计算如式（3-9）所示。

$$EIRP = P_{RB} + 10\log（N_{RB}）+ G_{antenna} - G_a \qquad\qquad 式（3-9）$$

其中，P_{RB}：每个 RB 最大发射功率。

N_{RB}：用户占用的 RB 数。

$G_{antenna}$：发射天线增益。

G_a：发射天线馈线、接头和合路器损耗。

在相同无线条件下，系统带宽为 20MHz 时每个 RB 占用的发射功率最小，小区覆盖半径也是最小的，因此，在链路预算过程中将默认系统带宽设为 20MHz。

3.1.4 频率的影响

链路预算中的传播模型都有适用的频率范围。宽带集群通信系统在国内的支持频率范围为 700MHz ～ 2.6GHz。COST-231 Hata 模型适用的频率范围为 150 ～ 2000MHz，符合宽带集群通信系统的链路预测频率要求。在无线通信系统中，频段越高，传播损耗越大。

3.1.5 多天线技术

天线的分集模式越多，可以覆盖的范围就越大。在使用多天线技术时，采用的天线数量和技术直接影响覆盖范围，例如，使用 8 天线比 2 天线增益要大 6dB。波束赋形技术和 MIMO 技术也影响基站的覆盖范围。用户在移动过程中，无线环境在不断变化，系统通过信道质量指标（Channel Quality Indicator，CQI）/ 预编码矩阵指示（Precoding Matrix Indicator，PMI）/ 秩指示（Rank Indicator，RI）来获取终端的信道状态信息，CQI 的 PDSCH 的发射模式有 8 种。天线发射模式见表 3-2。

表3-2　天线发射模式

模式	传输模式	技术描述	应用场景
TM1	单天线传输	信息通过单天线进行发送	无法布放双通道室分系统的室内站
TM2	发射分集	同一个信息的多个信号副本分别通过多个衰落特性相互独立的信道进行发送	信道质量不好，例如在小区边缘
TM3	开环空间复用	终端不反馈信道信息，发射端根据预定义的信道信息来确定发射信号	信道质量高且空间独立性强
TM4	闭环空间复用	需要终端反馈信道信息，发射端采用该信息进行信号预处理，以产生空间独立性	信道质量高且空间独立性强，终端静止性能好
TM5	多用户MIMO	基站使用相同的时频资源，将多个数据流发送给不同的用户，接收端利用多根天线对干扰数据流进行取消	
TM6	单层闭环空间复用	终端反馈 RI 时，发射端采用单层预编码，使其适应当前的信道	

续表

模式	传输模式	技术描述	应用场景
TM7	单流波束赋形	发射端利用上行信道来估算下行信道的特征，在下行信道发送时，每根天线上乘以相应的特征权值，使其天线发射信号达到波束赋形的效果	信号质量不好，例如在小区边缘
TM8	双流波束赋形	结合复用和智能天线技术，进行多路波束赋形发送，既提高了信号强度，又提高了用户的峰值速率和平均速率	

这些发射方式是通过 MIMO 演变而成的，第一种是发射分集的方式；第二种是波束赋形的方式；第三种是空间复用的方式。在链路预算过程中，小区边缘信道复杂、干扰较大，系统通常会采用 TM2 模式，将同一信息的多个信号副本分别通过多个衰落特性相互独立的信道进行发送，可分集增益，提升信道质量。宽带集群通信系统前向链路多数采用 TM3/TM8 模式发送。

3.1.6　带宽和信道质量

支持多带宽动态配置，宽带资源的配置直接影响速率，也影响覆盖范围。如果用户占用的载波资源越多，接收机的底部噪声就越大，覆盖范围也会相应收缩。同时，业务信道占用的子载波数量越多，在边缘速率一定的情况下，覆盖范围也就越大。占用的宽带越多，占用的 RB 资源也就越多，即 RB 资源影响覆盖范围。

控制信道的配置方式也会影响覆盖能力，例如，物理下行控制信道（Physical Downlink Control CHannel，PDCCH）的 DCI 格式的等效编码率不同、物理上行链路控制信道（Physical Uplink Control CHannel，PUCCH）的 CQI 反馈模式、物理随机接入信道（Physical Random Access CHannel，PRACH）的不同格式配置和不同的循环位移参数都影响其获得的解调门限，解调门限越高，其相应的覆盖范围越小。

对于系统的业务信道，为了满足边缘用户，需要计算每个 RB 在每个子帧（1ms）上需要承载的数据量，其计算如式（3-10）所示。

$$TBS_{target}=UE\_Throughput/1000×TS_{ratio}×S \qquad 式（3-10）$$

其中，$UE\_Throughput$：表示用户的速率目标，单位为 bit/s。

S：MIMO 传输流。

TS_{ratio}：子帧配比。

TBS_{target}：表示一个单位子帧内（1ms），整个带宽需要承载的数据量，单位为 bit。

RB 数量是数据业务的载体。调度算法决定了一个 TTI 内的 TB 模块需要分配多少个 RB。在协议标准 TS36.213 中，传输块尺寸（Transport Block Size，TBS）中有它们的对应关系，由于数据较多，本书只列举了部分数据。TBS 映射见表 3-3。

表3-3 TBS映射

I_{TBS}	N_{PBR}									
	1	2	3	4	5	6	7	8	9	10
0	16	32	56	88	120	152	176	208	224	256
1	24	56	88	144	176	208	224	256	328	344
2	32	72	144	176	208	256	296	328	376	424
3	40	104	176	208	256	328	392	440	504	568
4	56	120	208	256	328	408	488	552	632	696
5	72	144	224	328	424	504	600	680	776	872
6	328	176	256	392	504	600	712	808	936	1032
7	104	224	328	472	584	712	840	968	1096	1224
8	120	256	392	536	680	808	968	1096	1256	1384
9	136	296	456	616	776	936	1096	1256	1416	1544
10	144	328	504	680	872	1032	1224	1384	1544	1736
11	176	376	584	776	1000	1192	1384	1608	1800	2024
12	208	440	680	904	1128	1352	1608	1800	2024	2280
13	224	488	744	1000	1256	1544	1800	2024	2280	2536
14	256	552	840	1128	1416	1736	1992	2280	2600	2856
15	280	600	904	1224	1544	1800	2152	2472	2728	3112
16	328	632	968	1288	1608	1928	2280	2600	2984	3240
17	336	696	1064	1416	1800	2152	2536	2856	3240	3624
18	376	776	1160	1544	1992	2344	2792	3112	3624	4008
19	408	840	1288	1736	2152	2600	2984	3496	3880	4264
20	440	904	1384	1864	2344	2792	3240	3752	4136	4584
......	......	......	......	......	......	......	......	......	......	......
26	712	1480	2216	2984	3752	4392	5160	5992	6712	7480

协议标准中给出了下行共享信道中的调制与编码策略（Modulation and Coding Scheme，MCS）和TBS的对应关系。MCS和TBS索引值的对应关系见表3-4。

表3-4 MCS和TBS索引值的对应关系

MCS 索引值 I_{MCS}	调制顺序 Q_m	TBS 索引值 I_{TBS}
0	2	0
1	2	1
2	2	2
3	2	3
4	2	4
5	2	5
6	2	6
7	2	7
8	2	8
9	2	9
10	4	9
11	4	10
12	4	11
13	4	12
14	4	13
15	4	14
16	4	15
17	6	15
18	6	16
19	6	17
20	6	18
21	6	19
22	6	20
23	6	21
24	6	22
25	6	23
26	6	24
27	6	25
28	6	26
29	2	保留
30	4	
31	6	

由表 3-4 我们可知，MCS 阶数越大，无线链路的质量就越好，调制效率也越高。在 RRC 中，每种传输信道被定义成一个序列类型的机构，分别对应 DL_DCCH_Message、UL_DCCH_Message、DL_CCCH_Message、UL_CCCH_Message、PCCH_Message、DL_SHCCH_Message、UL_SHCCH_Message、BCCH_FACH_Message、BCCH_BCH_Message。在 RRC 的 ASN.1 编码中不包括信道类型，但是系统可以根据解析的物理层信道，得到 RRC 消息使用的信道类型。

MCS、RB 和 TBS 三者存在的关系如下。

① 对于给定的 MCS 和 TBS 可以对应不同的 RB 数。

② 对于给定的 RB 数，不同的 TBS INDEX 承载的 TBS 不同。

③ 不同的 TBS 与信号与干扰加噪声比（Signal to Interference plus Noise Ration，SINR）值相关。

3.1.7　无线资源管理算法

1. 特殊子帧配置对覆盖距离的影响

在 RRM 算法中，干扰协调模块和动态资源分配模块对信号覆盖有影响，小区间的干扰会影响接收机的底噪和接收灵敏度，干扰协调模块主要调整上下行接收机的灵敏度，影响覆盖。动态资源调度主要通过调整用户使用的子载波的数目和调制编码方式影响覆盖范围。

影响覆盖半径的（除功率控制参数）3 种参数如下。

① 上下行转换时间。

② preamble 的接入格式（GT）。

③ PRACH cyclic shift。

覆盖半径取上述 3 种参数的最小值。

TD-LTE 系统利用时间上的间隔完成双工转换，但为避免干扰，需要预留一定的保护间隔（Guard Period，GP）。GP 的大小与系统覆盖距离有关，GP 越大，覆盖距离也越大。GP 主要由传输时延和设备收发转换时延构成，即最大覆盖距离 = 传输时延 × c。

传输时延 =（GP–$T[R_x$–T_x，$U_e]$）/2。其中，c 为光速；$T[R_x$–T_x，$U_e]$ 为 UE 从下行接收到上行发送的转换时间，该值与输出功率的精确度有关，典型值为 10 ～ 40μs，在本文中假定为 20μs。

特殊子帧配置和最大覆盖距离对应的关系最大覆盖距离的计算如式（3-11）所示。

举例：特殊子帧配置为 0，即 3:10:1，$T[R_x$–T_x，$U_e]$ 假定为 20μs。

最大覆盖距离＝$\{$ $[$ $GP-T$ (R_x-T_x,U_e) $/2]$ $\}$ $\times c$　　　　　　　　　　式（3-11）

= $\{$ $[$ （1/14） $\times 10-20/1000]$ $/2\}$ $\times 3 \times 10^8/1000/1000 =104.14$km

下行导频时隙（Downlink Pilot Times Slot，DwPTS）用于传输下行链路控制信令和下行数据，因此，*GP* 越大，*DwPTS* 越小，系统容量下降。在系统设计中，常规 CP 的特殊子帧配置 7，即 10∶2∶2 是典型配置，该配置下，理论覆盖距离达到 18.4km，既能保证足够的覆盖距离，又能使下行容量损失较小。扩展 CP 的特殊子帧配置 0，即 3∶8∶1，覆盖距离可以达到 97km，适合于海面和沙漠等超远距离覆盖场景。特殊子帧配置和最大覆盖距离对应的关系见表 3-5。

表3-5　特殊子帧配置和最大覆盖距离对应的关系

特殊子帧配置	常规 CP				扩展 CP			
	DwPTS	*GP*	UpPTS[1]	最大覆盖距离 /km	*DwPTS*	*GP*	*UpPTS*	最大覆盖距离 /km
0	3	10	1	104.11	3	8	1	97
1	9	4	1	39.81	8	3	1	34.5
2	10	3	1	29.11	9	2	1	22
3	11	2	1	18.41	10	1	1	9.5
4	12	1	1	7.7	3	7	2	84.5
5	3	9	2	93.41	8	2	2	22
6	9	3	2	29.11	9	1	2	9.5
7	10	2	2	18.41				
8	11	1	2	7.7				

1. 上行导频时隙（Uplink Pilot Times Slot，UpPTS）。

2. CP 配置对覆盖距离的影响

系统定义了两种 CP 配置，原因如下。首先，从总体的开销来说，扩展 CP 的效率更低，但在具有很大时延扩展的环境中，例如，在覆盖范围很大的小区中，长 CP 对信道的估计更准确。其次，在基于多播 / 组播单频网络（Multicast Broadcast Single Frequency Network，MBSFN）传输中，CP 应覆盖传输信道的大部分时延扩展，还应该屏蔽由于不同基站传输所带来的时间差异，因此，在 MBSFN 系统的实际操作中，也需要额外的 CP。综上所述，系统的扩展 CP 主要用于基于 MBSFN 的传输，而不同的 CP 可以用在一帧内不同的子帧中。

在设计系统时，要求 CP 长度大于无线信道的最大时延扩展，而时延扩展与小区半径和无线信道传播环境相关。

常规 CP：第 1 个 OFDM 符号的 CP 长度为 5.21μs，第 2 个到第 7 个 OFDM 符号的 CP 长度为 4.69μs，常规 CP 可以在 1.4km 的时延扩展范围内提供抗多径保护能力，适合于市区、郊区、农村及小区半径低于 5km 的山区环境。

扩展 CP：扩展 CP 有 6 个 OFDM 符号，每个 OFDM 符号的 CP 长度均为 16.67μs，扩展 CP 可以在 10km 的时延扩展范围内提供抗多径保护能力，适合于覆盖距离大于 5km 的山区环境，以及需要超远距离覆盖的海面和沙漠等环境。

3. 随机接入突发信号格式

PRACH 信道用作随机接入，是用户进行初始连接、切换、连接重建立、重新恢复上行同步的唯一途径。UE 通过上行 RACH 信道实现与系统之间的上行接入和同步。用户使用 PRACH 信道上的 Preamble 码接入，每个小区的 Preamble 码为 64 个。

在协议标准 TS36.211 中定义了 5 种随机接入突发信号格式。物理层随机接入突发信号由 CP、前导序列 Preamble、保护时间 GT 共 3 个部分组成。前导序列 Preamble 组成结构如图 3-2 所示。

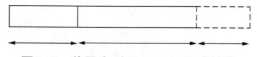

图3-2 前导序列Preamble组成结构

由于接入时隙需要克服上行链路的传播时延与用户上行链路带来的干扰，所以需要在时隙设计中留出足够的保护时间，该保护时间即为 GT。GT 长度决定了能够支持的接入半径。

小区覆盖距离 $= GT \times c/2$。

其中，c 为光速。

随机接入前导信号格式和覆盖距离的对应关系见表 3-6。

表3-6 随机接入前导信号格式和覆盖距离的对应关系

前导信号格式	时间长度	T_{cp}	T_{seq}	GT	序列长度	覆盖距离 /km
0	1ms	$3152T_s$	$24576T_s$	$2976T_s$	839	14.53
1	2ms	$21012T_s$	$24576T_s$	$15840T_s$	839	77.34
2	2ms	$6224T_s$	$2 \times 24576T_s$	$6048T_s$	839	29.53
3	3ms	$21012T_s$	$2 \times 24576T_s$	$2198T_s$	839	107.34
4	157.3μs	$488T_s$	$448T_s$	$288T_s$	139	1.41

其中，前导信号格式 0，最大小区覆盖距离为 14.53km，适合正常覆盖小区。前导信号格式 1，最大小区覆盖距离为 77.34km，适合大的覆盖小区。前导信号格式 2，最大小区覆盖距离为 29.53km，前导信号重复 1 次，信号接收质量提高，适合较大覆盖小区以及 UE

移动速度较快的场景。前导信号格式 3，最大小区覆盖距离为 107.34km，前导信号重复 1 次，信号接收质量提高，适合海面和沙漠等超远距离覆盖。前导信号格式 4 是 TD-LTE 系统所特有的，它在特殊时隙中 *UpPTS* 里发射，最大小区覆盖距离为 1.41km，适合室内和室外密集市区。Preamble 中的 CP 可以保证在接收端进行频域检测，以抵抗 ISI。在进行前导传输时，由于没有建立上行同步，所以需要在 Preamble 之后预留 GT 来避免对其他用户的干扰。预留的 *GT* 需要支持的传输半径为小区半径的 2 倍，*GT* 的大小必须保证小区边缘用户获得下行帧定时后，能够有足够多的时间提前发送。

4. N_{CS}（PRACH cyclic shift 循环移位）与覆盖半径相关的参数

Preamble 序列承载在接入信道中，Preamble 序列是根据 ZC 序列推导出来的，其计算如式（3-12）所示。

$$X_u(N) = e^{-j\frac{\pi un(n+1)}{N_{zc}}} \qquad \text{式（3-12）}$$

其中，$N_{zc}=839$，该序列实际是一个虚数数列，每个单元是 32bit 的一个数。该数表示的虚数，高 16 位为实部，低 16 位为虚部。每个小区使用 64 个 Preamble，使用时，在其中选取一个进行接入，64 个 Preamble 的产生首先使用一个 ZC 根产生一个 839 的序列，然后通过 N_{cs} 参数对这个序列进行循环移位，如果移位步长较大而不够 64 个 Preamble，则再拿一个根序列的 ZC 序列进行循环移位，直到满足个数要求。因为不同的循环位移步长和小区接入半径有关，所以有不同的 N_{cs} 参数，N_{cs} 是通过系统消息广播而来的。

Preamble 由 ZC 根序列（长度为 839）循环移位产生，PRACH 信道的规划主要规划 N_{cs} 的大小（循环移位长度）、起始 / 终止根序列逻辑编号。

N_{cs} 和小区半径的关系如式（3-13）所示。

$$r = \frac{T_{RTT}}{2} \times c = \frac{\left\{ N_{CS} \times \left(\frac{N}{N_{zc}} \times T_s - T_{DS} \right) \right\}}{2} \times c \qquad \text{式（3-13）}$$

其中，对于前导格式 0 ～ 3，$N=24576$，对于前导格式 4，$N=4096$。

对于前导格式 0 ～ 3，$N_{zc}=839$，对于前导格式 4，$N_{zc}=139$。

T_{DS} 为最大多径时延扩展，是小区边缘 UE 对抗多径干扰的保护。移动通信中一般取 5.21μs。

c 为光速（3×10^8 m/s）。

$T_s=1/（2048 \times 15K）$（单位为 s）。

假如小区接入半径为 12km，可以得出以下计算结果。

N_{cs} 配置见表 3-7，N_{cs} 取值为 93，ZC 根序列长度 839/93 向下取整为 9，即每个索引可产生 9 个前导序列，每个小区有 64 个前导序列就需要 8 个 ZC 根序列才可以满足。

一个由 839 位数字组成的 ZC 根序列有 839 种位移偏置，按上述计算一个小区需要 8 个 ZC 根序，这意味着可供的根序列索引为 0，8，16……832 共 104 个可用根序列索引，可满足 104 个小区的规划。

根据可用的根序列，在所有小区之间进行分配，原理类似于外设部件互连（Peripheral Component Interconnection，PCI）分配方法，采用最大距离的复用办法来规避小区间的接入干扰。

表3-7　N_{cs}配置

N_{cs} 配置索引	N_{cs} 取值	
	低速小区 Unrestricted set	高速小区 Restricted set
0	0	15
1	13	18
2	15	22
3	18	26
4	22	32
5	26	38
6	32	46
7	38	55
8	46	68
9	59	82
10	76	100
11	93	128
12	119	158
13	167	202
14	279	237
15	419	—

原则上，N_{cs}越大，小区半径越大，以下是根据上述公式计算获得的前导格式 0～3、前导格式 4。当前导格式为 0～3 时，N_{cs} 值与支持的最大小区半径见表 3-8；当前导格式为 4 时，N_{cs} 值与支持的最大小区半径见表 3-9。

表3-8　当前导格式为0～3时，N_{cs}值与支持的最大小区半径

零相关区间配置	低速小区 Unrestricted set		高速小区 Restricted set	
	N_{CS}	小区半径 /km	N_{CS}	小区半径 /km
0	0	119.1	15	1.4
1	13	1.0	18	1.7
2	15	1.3	22	2.3
3	18	1.7	26	2.9
4	22	2.3	32	3.8
5	26	2.8	38	4.6
6	32	3.7	46	5.8
7	38	4.5	55	7.1
8	46	5.7	68	8.9
9	59	7.5	82	10.9
10	76	10	100	13.5
11	93	12.4	128	17.5
12	119	16.1	158	21.8
13	167	23	202	28.1
14	279	39	237	33.1
15	419	59	—	—

表3-9　当前导格式为4时，N_{cs}值与支持的最大小区半径

零相关区间配置	N_{CS}	小区半径 /m
0	2	NA
1	4	NA
2	6	81
3	8	369
4	10	657
5	12	945
6	15	1376

　　ZC 根序列索引分配应该遵循以下原则：一是应优先分配高速小区对应的 ZC 根序列索引，预先留出 Logical root number 816 ~ 837 给高速小区分配；二是对中低速小区分配对应的 ZC 根序列，分配 Logical root number 0 ~ 815，即一个 ZC 序列有 839 位，假如高速状

态取格式 14 为最大值，那么 839/237 ≈ 3.5 向下取整为 3，意味着每个 ZC 根产生 3 个前导序列，那么 64 个前导序列需要两个 ZC 根，816 ～ 837 留给高速刚好满足一个小区的极大值。

5. 链路接收机灵敏度

基站接收灵敏度是指接收机输入端为保证信号能成功地检测和解调（或保持所需的 FER）所需的业务信道最小的输入功率。接收机灵敏度 = 噪声功率 + 噪声系数 + 信噪比（Signal to Noise Ratio，SNR）。如果是蜂窝组网，则需要考虑邻区干扰余量。噪声功率如图 3-3 所示。

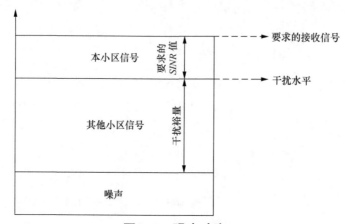

图3-3　噪声功率

热噪声功率谱密度 $=K \times T$

其中，K——玻尔兹曼常数，一般取 1.381×10^{-23}（J/K）；

T——绝对温度（K）。

假定 T=290K（17℃），热噪声功率谱密度 = −174dBm/Hz，热噪声功率 = 噪声功率谱密度 × 带宽，假定带宽 =20MHz，有效带宽 =18MHz，热噪声功率 = −174+10log（18×10⁶）= −174+72.6= −101.4dBm

SINR 目标值受以下因素影响。

① eNodeB 设备性能。

② 无线环境（多径环境、终端移动速度）。

③ 接收分集（默认二路分集，可以选择四路分集）。

④ 目标速率和 QoS。

⑤ MCS。

⑥ 最大允许的 HARQ 重传次数（上行最大 4 次）。

⑦ HARQ BLER 目标（默认 10%）。

SINR 值通常通过链路级仿真、实验室或外场测试得到。RB 资源、传输速率和接收电

平的关系如图 3-4 所示。

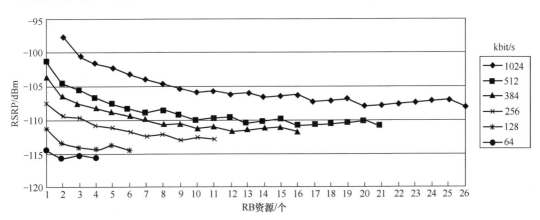

图3-4　RB资源、传输速率和接收电平的关系

举例说明：信道类型为 EPA5，上行链路在不同边缘速率要求下，不同的传输带宽与目标 SINR 值的对应关系。RB 资源、边缘速率和接收灵敏度的关系见表 3-10。

表3-10　RB资源、边缘速率和接收灵敏度的关系

密集城区（信道类型为 EPA5）					
目标速率/(kbit/s)	子帧配比	RB 数	*TBS*/bit	调制阶数	边缘覆盖目标*SINR*/dB
2048	2:2	100	4584	MCS2	1.84
	1:3	100	2792	MCS0	0.365
1024	2:2	67	1864	MCS0	0.365
	1:3	50	1364		
512	2:2	34	936		
	1:3	26	712		
256	2:2	18	488		
	1:3	13	344		
128	2:2	10	256		
	1:3	7	176		
64	2:2	5	120		
	1:3	4	88		

链路预算主要评估单用户覆盖性能，首先要选择最低阶的调制方式，然后通过分配合适的用户带宽来匹配用户的边缘保障速率，可以采用低阶加多带宽的组合方式。

3.1.8 器件损耗和衰落裕量

1. 馈线接头

每个接头的插入损耗的典型值为 0.05dB, 不同的频率, 不同的馈线长度, 其损耗值不同, 馈线的损耗可以参照馈线损耗表来查找。馈线类型与损耗值见表 3-11。

表3-11 馈线类型与损耗值

馈线长度	900MHz			1800MHz		2.1GHz				2.4GHz	
	1/2	7/8	1/2 超柔	1/2	7/8	1/2	7/8	1/2 超柔	10D 线	1/2	7/8
5	0.4	0.2	0.6	0.5	0.3	0.6	0.3	0.9	1.4	0.6	0.4
10	0.7	0.4	1.1	1.1	0.6	1.1	0.6	1.8	2.8	1.3	0.7
15	1.1	0.6	1.7	1.6	0.9	1.7	0.9	2.7	4.2	1.9	1.1
20	1.4	0.8	2.2	2.1	1.2	2.2	1.2	3.6	5.6	2.6	1.4
25	1.8	1	2.8	2.7	1.5	2.8	1.5	4.5	7	3.2	1.8
30	2.1	1.2	3.3	3.2	1.8	3.3	1.8	5.4	8.4	3.8	2.1
35	2.5	1.4	3.9	3.7	2.1	3.9	2.1	6.3	9.8	4.5	2.5
40	2.8	1.6	4.4	4.2	2.4	4.4	2.4	7.2	11.2	5.1	2.8
45	3.2	1.8	5	4.8	2.7	5	2.7	8.1	12.6	5.8	3.2
50	3.5	2	5.5	5.3	3	5.5	3	9	14	6.4	3.5
55	3.9	2.2	6.1	5.8	3.3	6.1	3.3	9.9	15.4	7	3.9
60	4.2	2.4	6.6	6.4	3.6	6.6	3.6	10.8	16.8	7.7	4.2
65	4.6	2.6	7.2	6.9	3.9	7.2	3.9	11.7	18.2	8.3	4.6
70	4.9	2.8	7.7	7.4	4.2	7.7	4.2	12.6	19.6	9	4.9
75	5.3	3	8.3	8	4.5	8.3	4.5	13.5	21	9.6	5.3
80	5.6	3.2	8.8	8.5	4.8	8.8	4.8	14.4	22.4	10.2	5.6
85	6	3.4	9.4	9	5.1	9.4	5.1	15.3	23.8	10.9	6
90	6.3	3.6	9.9	9.5	5.4	9.9	5.4	16.2	25.2	11.5	6.3
95	6.7	3.8	10.5	10.1	5.7	10.5	5.7	17.1	26.6	12.2	6.7
100	7	4	11	10.6	6	11	6	18	28	12.8	7

2. 功分器

将功率平均分配给各分路的无源器件，该器件具有一个输入和两个或多个输出端口，用于分布系统链路分支时的节点连接。功分器的主要性能指标见表3-12。

表3-12　功分器的主要性能指标

型号	二功分		三功分	
频率范围 /MHz	800 ～ 2700			
插入损耗 /dB	≤ 3.3		≤ 5.2	
输入端口电压驻波比	≤ 1.25		≤ 1.25	
带内波动 /dB	≤ 0.3		≤ 0.43	
三阶互调 /dBc+43dBm×2	≤ −150	≤ −140	≤ −150	≤ −140
五阶互调 /dBc+43dBm×2	≤ −160	≤ −155	≤ −160	≤ −155
阻抗 /Ω	50			
接口类型	DIN−F	N−F	DIN−F	N−F
平均功率容量 /W	500	300	500	300
峰值功率容量 /W	1500	1000	1500	1000

3. 耦合器

射频通路通过耦合将一部分信号取出的无源器件用于分布系统延伸链路中，接至覆盖天线输出节点的连接器件，该类器件的耦合度量值是由耦合出口接至天线辐射输出的额定覆盖功率电平所决定的。耦合器指标见表3-13。

表3-13　耦合器指标

型号	5dB	6dB	7dB	10dB	15dB	20dB
频率范围 / MHz	800 ～ 2700					
耦合度偏差 /dB	± 0.8	± 0.8	± 0.8	± 1	± 1	± 1
最小隔离度 /dB	≥ 23	≥ 24	≥ 25	≥ 28	≥ 33	≥ 38
插入损耗 /dB	≤ 2.3	≤ 1.76	≤ 1.47	≤ 0.96	≤ 0.44	≤ 0.34
输入端口驻波比	≤ 1.25					

续表

型号	5dB		6dB		7dB		10dB		15dB		20dB	
特性阻抗 /Ω	50											
三阶互调 /dBc+43dBm×2	≤ −150	≤ −140	≤ −150	≤ −140	≤ −150	≤ −140	≤ −150	≤ −140	≤ −150	≤ −140	≤ −150	≤ −140
五阶互调 /dBc+43dBm×2	≤ −160	≤ −155	≤ −160	≤ −155	≤ −160	≤ −155	≤ −160	≤ −155	≤ −160	≤ −155	≤ −160	≤ −155
接口类型	DIN−F	N−F	DIN−F	N−F	DIN−F	N−F	DIN−F	N−F	DIN−F	N−F	DIN−F	N−F
平均功率容量 /W	500	300	500	300	500	300	500	300	500	300	500	300
峰值功率容量 /W	1500	1000	1500	1000	1500	1000	1500	1000	1500	1000	1500	1000

4. 多系统接入平台（9 进 2 出 POI）

多系统接入平台（Point Of Interface，POI）是指位于多系统基站信源与室内分布系统天馈之间的特定设备，它相当于性能指标更高的合路设备，将多系统基站信源的下行信号进行合路并输出给室内分布系统的天馈设备，同时，反方向将来自天馈设备的上行信号分路输出给各系统信源。POI 用于解决多运营商多网络的合路覆盖，主要应用在需要多网络系统接入的大型建筑和建筑群、市政设施内，例如，大型展馆、地铁、高铁、火车站、码头、机场、政府办公机关等。作为连接信源和分布系统的桥梁，POI 的主要作用在于对 3G、4G、5G 等系统的信号进行合路，并尽可能多地过滤掉各频带间的无用干扰成分，POI 产品实现了多频段、多信号合路功能，避免了室内分布系统建设的重复投资，是一种实现多网络信号兼容覆盖的手段。普通 POI 电气指标见表 3-14。

表3-14 普通POI电气指标

指标名称	指标要求
频率范围	中国移动 / 中国联通 GSM900：下行 934 ～ 960MHz，上行 889 ～ 915MHz
	中国移动 GSM1800：下行 1805 ～ 1830MHz，上行 1710 ～ 1735MHz
	中国移动 TD ～（F 频段）：1885 ～ 1915MHz
	中国移动 TD ～（D 频段）：2575 ～ 2635MHz
	中国电信 CDMA800：下行 865 ～ 880MHz，上行 820 ～ 835MHz

续表

指标名称	指标要求
	中国电信 FDD1.8G：下行 1860 ～ 1880MHz，上行 1765 ～ 1785MHz
	中国电信 FDD2.1G：下行 2110 ～ 2130MHz，上行 1920 ～ 1940MHz
	中国联通 GSM1800/ FDD1.8G：下行 1830 ～ 1860MHz，上行 1735 ～ 1765MHz
	中国联通 WCDMA2100：下行 2130 ～ 2170MHz，上行 1940 ～ 1980MHz
插入损耗	≤ 5dB
电压驻波比	≤ 1.3
端口（系统）隔离度	中国移动 GSM1800 与中国联通 GSM1800/ FDD1.8G 之间的端口隔离度 ≥ 28dB
	中国移动 GSM1800 与中国电信 FDD1.8G 之间的端口隔离度 ≥ 50dB
	中国联通 GSM1800/ FDD1.8G 与中国电信 FDD1.8G 之间的端口隔离度 ≥ 28dB
	中国联通 WCDMA2100 与中国电信 FDD2.1G 之间的端口隔离度 ≥ 28dB
	中国电信 FDD1.8G 与中国移动 TD-LTE（F 频段）之间的端口隔离度 ≥ 50dB
	中国电信 FDD2.1G 与中国移动 TD-LTE（F 频段）之间的端口隔离度 ≥ 50dB
	其他端口之间的隔离度 ≥ 80dB
互调抑制	PIM ≤ −150dBc
功率容量	信源侧端口：平均功率容量 200W，峰值功率容量 1000W
	天馈侧端口：平均功率容量 500W，峰值功率容量 2500W
带内波动	≤ 1.5dB
特性阻抗	50Ω

5. 穿透损耗

建筑物的穿透损耗（Building Penetration Loss，BPL）与具体的建筑物类型、电波入射角度等因素有关。在链路预算中，如果穿透损耗服从对数正态分布，则可用穿透损耗均值及标准差描述。建筑物损耗见表 3-15。

表3-15 建筑物损耗

材料类型	损耗 /dB
普通砖混隔墙（<30cm）	10 ～ 15
混凝土墙体	20 ～ 30
混凝土楼板	25 ～ 30
天花板管道	1 ～ 8
电梯箱体轿顶	30
木质家具	3 ～ 6
玻璃	5 ～ 8

如果覆盖区域的地物不同，则取值不同。在链路预算中，增加穿透损耗可缩小单站覆盖范围，此时需增加基站规模。虽然不同材质建筑物的穿透损耗可以通过测试得到，但是在城区复杂的环境中，各种材质的墙体对无线信号的吸收、反射、折射等，导致穿透的结果有很大差异，这样会导致规模估算的结果也存在很大差异。因此，需要在网络规划时对无线传播环境做出准确的分类。在对每种典型环境进行规划时，选取一个固定的建筑物穿透损耗值作为链路预算的参数输入，这样可以使覆盖区域内大部分建筑物满足基本的室内覆盖指标。典型场景下的损耗值见表3-16。

表3-16　典型场景下的损耗值

区域	穿透损耗取值 /dB
密集市区	18 ～ 20
一般市区	13 ～ 15
郊区	10 ～ 12
农村	6 ～ 8

6. 阴影余量

由于存在阴影衰落的影响，为了保证一定的覆盖概率，必须保留一定的阴影衰落余量，其大小与阴影衰落标准方差和边缘覆盖概率相关。在实际工程中，一般以75%的边缘覆盖概率为目标，它对应的区域覆盖概率为90%。密集市区的标准方差为10dB，一般市区、郊区的标准方差为8dB，乡村和公路的标准方差为6dB。阴影余量等于阴影方差乘以边缘覆盖率的标准正态累积分布函数的反函数。

7. 上行干扰裕量

上行干扰裕量是本小区在热噪声干扰的基础上，受其他小区的干扰信号噪声增加量。链路预算中的干扰裕量为3dB。

3.1.9　无线链路预算方法

在覆盖规划中，链路预算分为覆盖目标确定覆盖半径和边缘速率确定覆盖半径。覆盖目标确定覆盖半径是指根据系统覆盖速率的目标，通过链路仿真获得对应的解调门限，然后计算系统发射机在一定功率的配置下可以覆盖的距离。该方法可用于覆盖规划，即估算覆盖目标区域面积内所需要的基站数量。边缘速率确定覆盖半径是根据已有站址和覆盖区域，计算系统发射机在一定功率的配置下覆盖区域边缘可达到的用户质量，从而对应可获得的速率。该方法用于估算已有小区（例如，已有的4G网络）内，网络能提供的最低保障速率。在实际行业运用中，用户目标速率是明确的，根据覆盖目标面积和小区数量推算小区覆盖半径，再经过链路预算进一步核实在此覆盖半径内是否可以达到用户设定的目标速率，如果达到设定的目标速率，则原规划基站数量能满足覆盖要求；如果未达到，则需要增加基站数量并再次判断规划是否合理。在满足覆盖的前提下，需要进一步核实容量是否满足用户需求。计算机利用传输模型和设定的系统参数，通过规划软件最终输出覆盖仿真图。

在 TD-LTE 链路预算中，一般受限于反向链路，因此，在考虑基站覆盖半径时，需要同时计算基站上下行覆盖距离，二者取最小值。只有上下行链路同时满足用户设定的目标速率，网络质量才能达到用户需求。上行链路预算流程如图 3-5 所示。

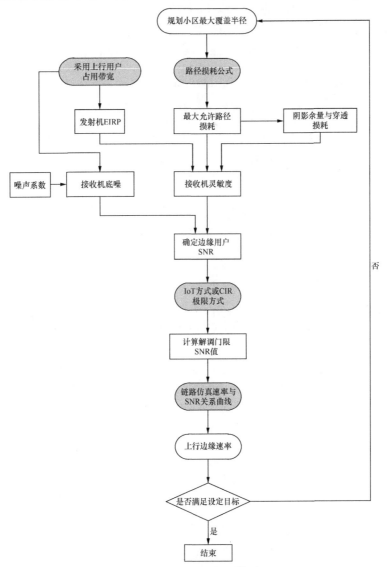

图3-5 上行链路预算流程

链路预算参数典型值见表 3-17。

表3-17 链路预算参数典型值

参数名称	类型	参数含义	典型取值
地理类型	公共	依次对应密集市区、一般城区、郊区、农村	—
上下行时隙配置 DL：S：UL	公共	上下行时隙比例配置，共7种	2：2
特殊时隙配比	公共	特殊子帧由 DwPTS：GP：UpPTS 组成	10：2：2
信道环境类型	公共	4种典型场景对应4种不同的信道模型，不同的信道模型对应不同的解调门限	ETU3/ETU30/ETU60/EAV120
业务类型	公共	用于区分数据业务和VoIP业务	PS、VoIP
占用带宽	公共	目前规定了1.4MB、3MB、5MB、10MB、15MB、20MB共6种系统带宽，分别提供6个、15个、25个、50个、75个、100个可用RB资源	20MB
边缘覆盖率	公共	覆盖概率的取值将对基站的覆盖半径带来较大影响，其要求越高，需要为克服阴影衰落影响储备更多的余量，覆盖半径就越小	一般取75%～95%，可以根据运营商需要和策略确定
阴影衰落标准差	公共	阴影衰落呈对数正态分布，可使接收点处的平均接收场强在中值附近上下波动	6～12dB
阴影衰落余量	公共	为了保证小区边缘有一定的覆盖概率，在链路预算中，必须预留出一部分余量，以克服阴影衰落对信号的影响。阴影衰落余量=边缘覆盖概率×阴影衰落标准差	—
室外车体穿透损耗	公共	当移动用户在车内需要与室外基站进行通信时，由于车体结构带来信号衰减	5～8dB
室内建筑物穿透损耗	公共	当移动用户在室内与室外基站进行通信时，由于建筑物结构而带来射频信号衰减	10～20dB
人体损耗	公共	仅对终端侧而言	VoIP：3dB，PS：0dB
最大发射功率	下行/上行	下行：根据协议25.81取值；上行：根据协议36.101取值	20M带宽，基站取46dBm；终端功率取23dBm
发射天线增益	下行/上行	下行：发射天线增益，与天线性能相关；上行：通常情况下终端天线增益较低，这些增益一般用以抵消接头损耗	下行：2天线18dBi，8天线15dBi；上行：0dBi
接收天线增益	下行/上行	下行：通常情况下，终端天线增益较低，这些增益一般用以抵消接头损耗；上行：接收天线增益，与天线性能相关	下行：2天线18dBi，8天线15dBi；上行：0dBi
干扰余量	下行/上行	下行：与网络拓扑、覆盖半径、发射功率、邻区负载相关；上行：干扰余量随着负载的增加而增加	—
馈线、接头和合路器损耗/dB	下行/上行	功率放大器与天线接口之间的一段电缆和接头带来的损耗	基站：1dB；终端：0dB

经链路预算得出小区覆盖半径后，从蜂窝组网结构计算出小区的覆盖面积，再进一步推导出目标覆盖区域的小区数量，核实是否满足覆盖要求。如果满足，则进一步分析容量是否满足需求；如果不满足，则需要增加小区数量。单扇区覆盖面积如图3-6所示。

$$S=\frac{3\sqrt{3}}{2}\times\left(\frac{R}{2}\right)^2=\frac{3\sqrt{3}}{8}\times R^2$$

$$S_0=3\times S\approx1.95R^2\approx0.87D^2$$

$$D=1.5R$$

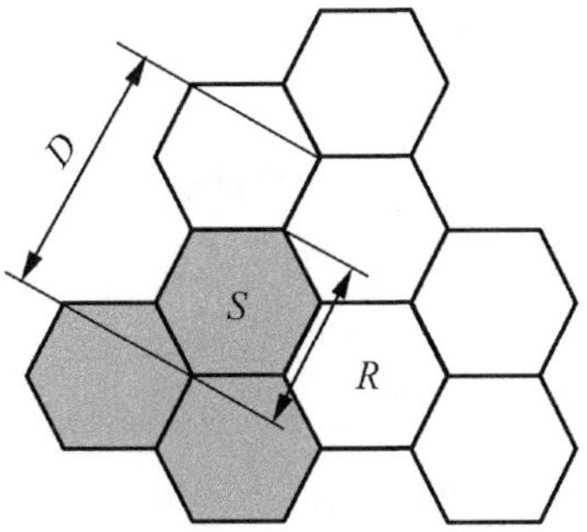

图3-6　单扇区覆盖面积

在行业运用的频谱规划过程中，首先要进行目标区域的小区数量规划，小区数量不仅影响网络的覆盖质量，也影响网络的整体容量，频谱分配是在确定小区数量的基础上再根据容量的需求进行分析计算的。

●● 3.2　容量能力评估

3.2.1　理论基础

宽带集群是集支持宽带数据传输，以及语音、数据、视频等多媒体集群调度应用业务于一体的专网无线技术。基于 TD-LTE 技术开发，宽带数字集群容量由各方因素决定。

首先，不同的业务类型对系统能力要求不同，例如，视频多媒体业务要求系统有很高的小区吞吐率，而短数据和语音业务则对系统调度能力提出较高的要求，系统容量主要受最大吞吐率和调度能力的影响。B-TrunC 系统在 LTE 点对点传输的基础上增强了组呼，支持高频谱效率的空中接口单小区点对多点的组播技术，即小区建立下行共享组播信道，最大化扩展单小区容量。

其次，固定的配置和算法的性能包括单扇区频点的带宽、发射机功率、网络结构、小区覆盖半径、频率资源调度方案、RRM 算法、小区间干扰协调算法等。在资源的分配和调制编码方式的选择上，TD-LTE 是完全动态的系统，网络整体的信道环境和链路质量，对TD-LTE 的容量有着至关重要的影响。

再次，天线技术对系统容量有直接影响，与 GSM 和 TD-SCDMA 不同，TD-LTE 在天线技术上有更多的选择。多天线设计的设计理念，使网络可以根据实际网络需要及天线资源，实现单流分集、多流复用、复用与分集自适应、波束赋形等。这些技术的使用场景不同，但是都能在一定程度上实现用户容量的提升。

最后，同频组网形成的小区间的干扰是影响系统容量的重要因素。TD-LTE 系统由于正交频分多址接入（Orthogonal Frequency Division Multiple Access，OFDMA）的特性，对小区内的用户信息承载在相互正交的不同子载波和时域符号资源上，因此，可以认为小区内不同用户间的干扰很小，系统内的干扰主要来自同频的其他小区。TD-LTE 可用载波较少，如果初期仅获得 20MHz 频带，则很可能会面临同频组网的干扰问题，这将会进一步加剧同频小区之间的干扰。

前向采用 OFDM，反向采用单载波 FDMA（SC-FDMA） 和 MIMO 等关键技术可以实现比目前 2G/3G 系统更快的速率、提供更高的小区容量，以及显著降低用户平面和控制平面的时延。TD-LTE 频谱利用率高，组网灵活，越来越引起行业的注意。在组网规划中，覆盖和容量是两个特别需要关注的问题。系统容量受诸多因素

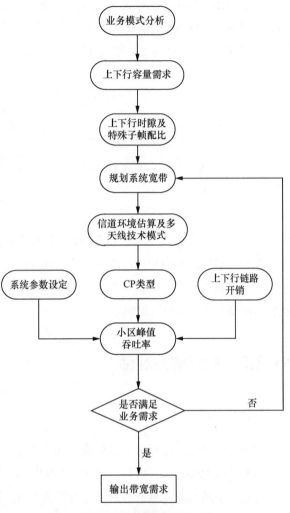

图3-7　容量规划流程

的影响，例如，系统带宽、子帧配比、信道开销、业务类型等，且采用自适应调制编码方式，网络能够根据 CQI、RI 和 PMI 的反馈动态调整用户的数据编码方式及所占的资源。TD-LTE 并不是给一个特定的 SNR 门限就可以精确地计算系统的整体容量，其容量建模相当复杂，小区的吞吐量取决于用户所在的信道环境，因此，在计算小区吞吐量时，需要充分考虑行业运用中的组网结构和地理环境。本节针对影响 TD-LTE 小区吞吐量的各个因素进行了阐述分析，建立了小区容量估算模型，量化了 TD-LTE 系统容量。从无线电管理机构的角度来看，无线电频谱资源是不可再生资源，只有在采用调整系统参数、优化组网架构等方式都无法达到目的时，才会考虑通过增加系统宽带资源的方式来达到扩容的目的。容量规划流程如图 3-7 所示。

3.2.2 系统带宽

TD-LTE 没有设置特别的时域或频域的滤波器，而是通过设置过度保护带宽来消除时域波形的展宽和振荡现象，降低了实现的复杂性。保护带宽越大，泄露到保护带宽之外的能量越小，但保护带宽过大，频谱效率损失就越大。

TD-LTE 传输带宽和保护带宽的关系见表 3-18。

表3-18　TD-LTE传输带宽和保护带宽的关系

系统带宽 /MHz		1.4	3	5	10	15	20
传输带宽	RB 个数	6	15	25	50	75	100
	子载波	72	180	300	600	90	1200
	MHz	1.08	2.7	4.5	9	13.5	18
保护带宽	MHz	0.32	0.3	0.5	1	1.5	2

需要注意的是，不同厂商的设备对系统带宽支持的范围存在差异，以华为 eLTE 无线带宽接入系统为例，支持的多频段为 400MHz/1.8GHz；支持的多带宽为 1.4MHz、3MHz、5MHz、10MHz、15MHz、20MHz，以适应不同的网络场景。

3.2.3 CP 长度

CP 长度需要远远大于无线信道的最大时延扩展，以避免严重的 ISI 和子载波干扰，CP 不能过长。CP 长度过长会带来额外的频谱效率损失，在 TD-LTE 系统中，常规 CP 的开销为 6.67%，扩展 CP 的开销约为 20%。常规 CP 与扩展 CP 占用的符号数如图 3-8 所示。

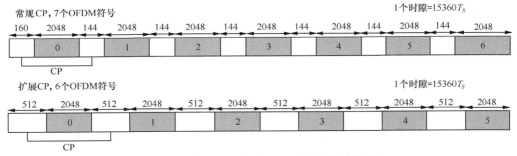

图3-8　常规CP与扩展CP占用的符号数

常规 CP 开销 =（144×6+160)/15360×100%=6.67%

扩展 CP 开销 =（512×6)/15360×100%=20%

3.2.4 上下行时隙及特殊子帧配置

LTE 的无线帧结构分为 FDD 帧结构和 TDD 帧结构。一个 10ms 无线帧分为 10 个子帧，一个子帧分为两个时隙，一个无线帧共 20 个时隙。一个 10ms 无线帧分为 10 个子帧，子帧分为特殊子帧和常规子帧，帧长都是 1ms。1ms 常规子帧分为两个时隙，每个时隙 0.5ms。特殊子帧分为 3 个时隙，分别为 *DwPTS*、*UpPTS* 和 *GP*，3 个时隙合计 1ms，根据版本的不同，有多种时隙配比方式。

TD-LTE 帧结构如图 3-9 所示。

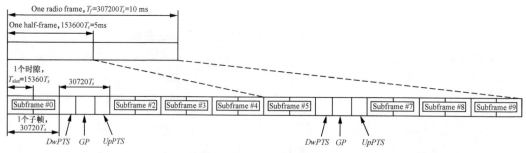

图3-9　TD-LTE帧结构

TD-LTE 系统支持 5ms 和 10ms 的切换周期，共支持 7 种上下行时隙配置，在网络部署时，可以根据业务特性灵活地选择上下行时隙配比。对上行链路传输容量和速率要求较多时，可以选择子帧配比 0，对下行链路传输容量和速率要求较多时，可以选择子帧配比 2，当上下行业务量需求接近时可以选择子帧配比 1。TD-LTE 子帧配比见表 3-19。

表3-19　TD-LTE子帧配比

上下行子帧配比	转换周期 /ms	子帧数量										下行：上行
		0	1	2	3	4	5	6	7	8	9	
0	5	D	S	U	U	U	D	S	U	U	U	1：3
1	5	D	S	U	U	D	D	S	U	U	D	2：2
2	5	D	S	U	D	D	D	S	U	D	D	3：1
3	10	D	S	U	U	U	D	D	D	D	D	6：3
4	10	D	S	U	U	D	D	D	D	D	D	7：2
5	10	D	S	U	D	D	D	D	D	D	D	8：1
6	5	D	S	U	U	U	D	S	U	U	D	3：5

7 种 UL-DL 配置中 0 号子帧与 5 号子帧均为下行子帧，1 号子帧为特殊子帧，2 号子帧为上行子帧，转换周期为 5ms，表示每 5ms 有一个特殊时隙。这类配置因为 10ms 有两个上下行转换点，所以 HARQ 反馈较为及时，适用于对时延要求较高的场景。10ms 表示转换周期为 10ms，表示每 10ms 有一个特殊时隙，这种配置对时延的保证性略差，但 10ms 只有一个特殊时隙，系统损失的容量较小，因此，不同的时隙配比不仅影响着上下行的容量，还影响业务的时延。

对于 TD-LTE 特殊子帧 S 而言，*DwPTS* 和 *UpPTS* 的长度是可以配置的。为了节省网络开销，TD-LTE 允许利用特殊时隙 *DwPTS* 和 *UpPTS* 传输数据和系统控制信息。TS36.213 规定，特殊时隙 *DwPTS* $\geqslant$ 9 时，可用于传输数据，吞吐量按照正常下行时隙的 0.75 倍传输，因为在 TS36.213 里规定，特殊时隙因包含上下行传输，下行传输的传输块大小按照常规子帧的频域资源 75% 来计算，即系统分配 100RB，查 75RB 的表获得传输块的长度。

特殊子帧配比见表 3-20。

表3-20　特殊子帧配比

常规 CP 下特殊时隙的长度（符号）			扩展 CP 下特殊时隙的长度（符号）		
DwPTS	*GP*	*UpPTS*	*DwPTS*	*GP*	*UpPTS*
3	10	1	3	8	1
9	4	1	8	3	1
10	3	1	9	2	1
11	2	1	10	1	1
12	1	1	3	7	2
3	9	2	8	2	2
9	3	2	9	1	2
10	2	2	—	—	—
11	1	2	—	—	—

TD-LTE 目标覆盖区域为用户数据业务使用频度高的密集城区，站距小，不需要配置过大的 *GP* 保护间隔。例如，3:9:2 配置方式虽然可以避免交叉干扰，但特殊子帧的 *GP* 过长，会造成一定的资源浪费。

3.2.5　物理层开销信道

在 TD-LTE 下行与上行的信道中，存在一定的开销。在估计业务信道占用资源时，需要扣除这些开销信道占用的资源。这些开销信道主要包括 RS 参考信号、PSS 主同步信号、SSS 辅同步信号、PDCCH、上行控测信号（Sounding Reference Signal，SRS）、上行信道质量估算、解调参考信号（Demodulation Reference Signal，DMRS）上行控制和数据信道解调、PBCH 和 PRACH 反向接入信道等开销信道。

1. 下行参考信号

CRS 小区下行专用参考信号有两个作用：① 下行信道质量测量；② 下行信道估计，用于 UE 端的相干检测和解调。下行参考信号以 RE 为单位，即一个参考信号占用一个 RE（资源粒子）。这些参考信号可以分为两列：第1参考信号和第2参考信号。第1参考信号位于每个0.5ms时隙的第1个OFDM符号，第2参考信号位于每个时隙的倒数第3个OFDM符号。第1参考信号位于第1个OFDM符号，有助于下行控制信号被尽早解调。在频域上，每6个子载波插入一个参考信号。这个数值是在信道估计性能和RS开销之间求取平衡的结果，既能在典型频率选择性衰落信道获得良好的信道估计性能，又能将RS控制在较低水平。RS的时域密度是每个时隙插入两行RS。另外，第0参考信号和第1参考信号在频域上是交错放置的，而且下行参考信号的设计必须有一定的正交性，以有效地支持多天线并行传输（最多支持4个并行流），实际上，通过在时域上错开放置第2参考信号与第3参考信号来解决这个问题。

不同天线端口RS参考信号的时域分布如图3-10所示。

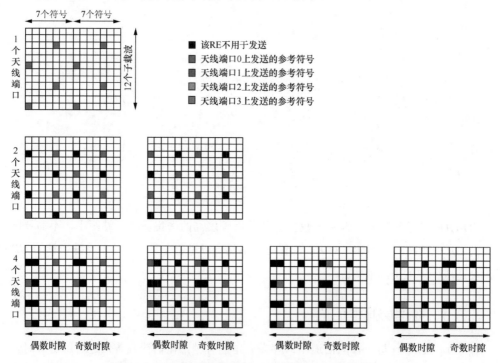

图3-10　不同天线端口RS参考信号的时域分布

以eLTE无线宽带接入系统中二天线端口方式组网为例，在常规CP中，子帧0中CRS占用的符号数为16个，每个RB资源的符号数为12×14=168个，则CRS开销信道占比为16/168×100%=9.5%。当然，计算开销信道时需要注意，在PDCCH与PBCH时域资源共用时，需要避免重复计算开销信道。

2. 上行参考信号

DMRS、SRS和解调参考信号（Demodulation Reference Signal，DRS）上行信道估计，

用于 eNodeB 端的相干检测和解调。上行信道质量测量称为 SRS，DMRS 可以在 PUCCH
和物理上行共享信道（Physical Uplink Shared CHannel，PUSCH）上传输，没有 PUCCH 和
PUSCH 时用 SRS 信道估计，都用于上行信道估计。DMRS 只在分配给 UE 的带宽上发送，
SRS 可以在整个带宽发送。在最终方案中，DMRS 放在时隙的第 4 块中，一个子帧中有两个；
而 SRS 则被放置在一个子帧的最后一个块中。SRS 的频域间隔为两个等效子载波，即在 "SC-
FDMA、等效子载波"坐标图中，纵坐标上，每两行有一个 SRS。SRS 只做上行信道的质量测量、
接收功率和 CQI 等，不做信道估计和解调。DMRS 才是真正用于上行信道的信道估计和解调。

SRS 传输的子帧 / TTI 和 Symbol 由 SRS configuration parameters 广播给 UE，SRS 可以
在 *UpPTS* 或者在 UL 子帧里传输，一般出于 UL 容量考虑，建议仅在特殊子帧配置 SRS 上
报。RRC 配置 SRS 相关参数。其中，参数包括小区专属参数和 UE 专属参数两个部分。小
区专属参数：SRS 带宽配置（小区广播参数 srsBandwidthConfiguration）+UL 系统带宽可以
确定本小区的 SRS 最大传输带宽；根据系统带宽进行选择，在 3GPPTs 36.211 5.5.3 协议中
有介绍的，例如，系统带宽为 100RB，此时配置 cell-specific 参数为 $C_{SRS}=2$，ue-specific 参
数 $B_{SRS}=0$，那么手机就会在系统带宽的 80 个 RB 上报 SRS（subframe 的最后一个 symble）。

如果此时配置 cell-specific 参数 $C_{SRS}=4$，ue-specific 参数 $B_{SRS}=2$，那么手机就会在系统
带宽的两个部分上报 SRS，每部分占 16 个 RB，起始位置由相关公式和参数决定，*SRS* 最
小传输带宽为 4 个 RB。

SRS 信号由参数 srs-HoppingBandwidth 配置，在高层中定义 3 种跳频模式，跳频的带
宽在大于或小于系统带宽时，跳频起始位置由式（3-14）确定。

$$n_b = \begin{cases} \left\lfloor 4n_{RRC} / m_{SRS,b} \right\rfloor \bmod N_b, & b \leq b_{hop} \\ \left\{ F_b(n_{SRS}) + \left\lfloor 4n_{RRC} / m_{SRS,b} \right\rfloor \right\} \bmod N_b, & \text{其他} \end{cases}$$ 式（3-14）

N_b：根据表 3-22 ～ 表 3-25 得到。

F_b：由式（3-15）确定。

$$F_b(n_{SRS}) = \begin{cases} (N_b / 2) \left\lfloor \dfrac{n_{SRS} \bmod \prod_{b'=b_{hop}}^{b} N_{b'}}{\prod_{b'=b_{hop}}^{b-1} N_{b'}} \right\rfloor + \left\lfloor \dfrac{n_{SRS} \bmod \prod_{b'=b_{hop}}^{b} N_{b'}}{2\prod_{b'=b_{hop}}^{b-1} N_{b'}} \right\rfloor, & \text{如果 } N_b \text{ 偶数} \\ \left\lfloor N_b / 2 \right\rfloor \left\lfloor n_{SRS} \prod_{b'=b_{hop}}^{b-1} N_{b'} \right\rfloor, & \text{如果 } N_b \text{ 奇数} \end{cases}$$ 式（3-15）

当下行带宽为 $6 \leq N_{RB}^{UL} \leq 40$ 时，C_{SRS}、b 和 N_b，$b=1$、2、3 的 *SRS* 带宽取值见表 3-21。
当下行带宽为 $40 < N_{RB}^{UL} \leq 60$ 时，C_{SRS}、b 和 N_b，$b=1$、2、3 的 *SRS* 带宽取值见表 3-22。当
下行带宽为 $60 < N_{RB}^{UL} \leq 80$ 时，C_{SRS}、b 和 N_b，$b=1$、2、3 的 *SRS* 带宽取值见表 3-23。当下
行带宽为 $80 < N_{RB}^{UL} \leq 110$ 时，C_{SRS}、b 和 N_b，$b=1$、2、3 的 *SRS* 带宽取值见表 3-24。

表3-21　当下行带宽为$6 \leqslant N_{RB}^{UL} \leqslant 40$时，$C_{SRS}$、$b$和$N_b$，$b$=1、2、3的SRS带宽取值

SRS 带宽配置 C_{SRS}	SRS 带宽 $B_{SRS}=0$		SRS 带宽 $B_{SRS}=1$		SRS 带宽 $B_{SRS}=2$		SRS 带宽 $B_{SRS}=3$	
	$m_{SRS,0}$	N_0	$m_{SRS,1}$	N_1	$m_{SRS,2}$	N_2	$m_{SRS,3}$	N_3
0	36	1	12	3	4	3	4	1
1	32	1	16	2	8	2	4	2
2	24	1	4	6	4	1	4	1
3	20	1	4	5	4	1	4	1
4	16	1	4	4	4	1	4	1
5	12	1	4	3	4	1	4	1
6	8	1	4	2	4	1	4	1
7	4	1	4	1	4	1	4	1

表3-22　当下行带宽为$40 < N_{RB}^{UL} \leqslant 60$时，$C_{SRS}$、$b$和$N_b$，$b$=1、2、3的SRS带宽取值

SRS 带宽配置 C_{SRS}	SRS 带宽 $B_{SRS}=0$		SRS 带宽 $B_{SRS}=1$		SRS 带宽 $B_{SRS}=2$		SRS 带宽 $B_{SRS}=3$	
	$m_{SRS,0}$	N_0	$m_{SRS,1}$	N_1	$m_{SRS,2}$	N_2	$m_{SRS,3}$	N_3
0	48	1	24	2	12	2	4	3
1	48	1	16	3	8	2	4	2
2	40	1	20	2	4	5	4	1
3	36	1	12	3	4	3	4	1
4	32	1	16	2	8	2	4	2
5	24	1	4	6	4	1	4	1
6	20	1	4	5	4	1	4	1
7	16	1	4	4	4	1	4	1

表3-23　当下行带宽为$60 < N_{RB}^{UL} \leqslant 80$时，$C_{SRS}$、$b$和$N_b$，$b$=1、2、3的SRS带宽取值

SRS 带宽配置 C_{SRS}	SRS 带宽 $B_{SRS}=0$		SRS 带宽 $B_{SRS}=1$		SRS 带宽 $B_{SRS}=2$		SRS 带宽 $B_{SRS}=3$	
	$m_{SRS,0}$	N_0	$m_{SRS,1}$	N_1	$m_{SRS,2}$	N_2	$m_{SRS,3}$	N_3
0	72	1	24	3	12	2	4	3
1	64	1	32	2	16	2	4	4
2	60	1	20	3	4	5	4	1
3	48	1	24	2	12	2	4	3

SRS 带宽配置 C_{SRS}	SRS 带宽 $B_{SRS}=0$		SRS 带宽 $B_{SRS}=1$		SRS 带宽 $B_{SRS}=2$		SRS 带宽 $B_{SRS}=3$	
	$m_{SRS,0}$	N_0	$m_{SRS,1}$	N_1	$m_{SRS,2}$	N_2	$m_{SRS,3}$	N_3
4	48	1	16	3	8	2	4	2
5	40	1	20	2	4	5	4	1
6	36	1	12	3	4	3	4	1
7	32	1	16	2	8	2	4	2

表3-24　当下行带宽为 $80 < N_{RB}^{UL} \leqslant 110$ 时，C_{SRS}、b 和 N_b，$b=1$、2、3的SRS带宽取值

SRS 带宽配置 C_{SRS}	SRS 带宽 $B_{SRS}=0$		SRS 带宽 $B_{SRS}=1$		SRS 带宽 $B_{SRS}=2$		SRS 带宽 $B_{SRS}=3$	
	$m_{SRS,0}$	N_0	$m_{SRS,1}$	N_1	$m_{SRS,2}$	N_2	$m_{SRS,3}$	N_3
0	96	1	48	2	24	2	4	6
1	96	1	32	3	16	2	4	4
2	80	1	40	2	20	2	4	5
3	72	1	24	3	12	2	4	3
4	64	1	32	2	16	2	4	4
5	60	1	20	3	4	5	4	1
6	48	1	24	2	12	2	4	3
7	48	1	16	3	8	2	4	2

SRS 时频资源分布示意如图 3-11 所示。图 3-11 中给出了 3 种不同的参数设置，包括小区级的 SRS 配置的 SRS 符号位置、Case3 为特殊子帧占用两个符号时的时频位置。

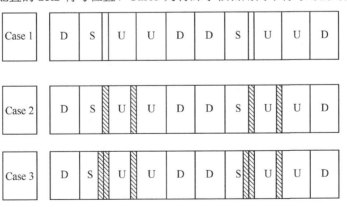

图3-11　SRS时频资源分布示意

小区专属参数：SRS 带宽配置（小区广播参数 srsBandwidthConfiguration）+ UL 系统带宽可以确定本小区的 SRS 最大传输带宽，即 3GPP TS 36.211 协议中的不同 C_{SRS} 下的 m_srs，0。另外，小区支持的 SRS 传输带宽是支持预定义的码树结构的，以 20MB 系统带宽

为例，例如，当 C_{SRS}=2 时，小区支持的 SRS 传输带宽集合为 {80，40，20，4}。当 UE 专属参数 SRS 跳频带宽（RRC 配置的参数 srs-HoppingBandwidth）大于该 UE 的单次 SRS 带宽（RRC 配置的参数 srsBandwidth）时，该 UE 的 SRS 传输要进行跳频。仍以 20MB 系统带宽，C_{SRS}=2 为例，如果某 UE 的 SRS 跳频带宽配置为 3GPP TS36.211 协议中的表 b=2（对应跳频带宽为 20 个 RB），而 UE 的 SRS 传输带宽为 b=3（即单次 SRS 传输带宽为 4），那么该 UE 需要在 20 个 PRB 上发送 SRS 以支持频率选择性调度。由于该 UE 的发射功率受限，该 UE 需要按照 3GPP TS 36.211 协议中定义的基于预定义码树结构的跳频方式来分 5 次完成这 20 个 PRB 上的 SRS 传输。这种基于预定义码树结构的跳频方式，其目的是保证不同 UE 的 SRS 跳频传输不会在频域发生碰撞，而且在更改小区专属的 SRS 带宽配置时（即更改码树结构），不需要对每个 UE 的 SRS 传输进行 RRC 重配，以避免对整个小区的 UE 进行 RRC 重配带来一系列问题。SRS 传输子帧配置也包括小区专属的 SRS 传输子帧配置和 UE 专属的 SRS 传输子帧配置。小区专属参数决定了本小区的所有 SRS 传输在当前 UL/DL 子帧配置下可以使用的时域资源的集合（例如，当前小区可以使用一个无线帧的第 1、4、7 个子帧的最后一个 SC-FDMA 符号进行 SRS 传输），UE 的 SRS 子帧配置决定该 UE 可以使用该集合中的哪个时域资源（例如，某 UE 可以使用第 4 个子帧进行 SRS 传输）。上述方式分别确定了每次 SRS 传输的频域位置和时域位置，然后就可以确定小区内各个 UE 的各次 SRS 传输具体使用的资源。总体来说，对于整个小区的 SRS 传输而言，存在一个较为简单的 SRS 调度和资源分配算法。另外，因为 SRS 用于获取上行 CQI 和进行信道估计，所以具体的 SRS 传输策略需要与系统的调度策略、业务特性等相结合。

DMRS 在用户分配的 PUSCH 宽带中发送。DMRS 时频分布如图 3-12 所示。

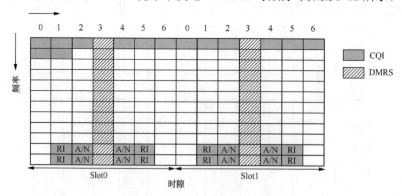

图3-12　DMRS时频分布

3. PUCCH

在 UE 未分配 PUSCH 的情况下，L1/L2 层的控制信令（例如，CQI、ACK、SR 等）是通过 PUCCH 上传给 eNodeB 的。PUCCH 格式见表 3-25。

表3-25 PUCCH格式

PUCCH 格式	调制方式	比特数	携带信息
format 1	N/A	N/A	Scheduling Request
format 1a	bit/sK	1bit	ACK/NACK with/without SR
format 1b	QPSK[1]	2bit	ACK/NACK with/without SR
format 2	QPSK	20bit	CQI
format 2a	QPSK+bit/sK	21bit	CQI+ACK/NACK
format 2b	QPSK+QPSK	21bit	CQI+ACK/NACK

1. 四相移相键控（Quadrature Phase Shift Keying，QPSK）。

其中，format 2a、format 2b 只支持正常的 CP。对于同一个 UE，在一个子帧内不能同时传输 PUCCH 和 PUSCH，在一个子帧中，预留给 PUCCH 的资源块是半静态配置的。在同一个子帧内，PUCCH 前后两个时系的 PRB 资源分别位于可用的频谱资源的两端。PUCCH 时频分布如图 3-13 所示。将 PUCCH 放在可用资源的两端，将中间的整块频谱资源用来传送 PUSCH，既能有效地利用频谱资源，又能保持上行传输的单载波特性，同时还能较好地获得 PUCCH 不同时系之间的频率分集增益。

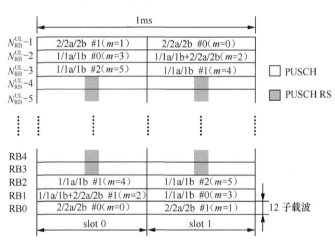

图3-13 PUCCH时频分布

一个 UE 在一个子帧中独占一个 RB 来发送 PUCCH，这样会造成资源浪费，为了更高效地利用资源，同一小区的多个 UE 可以共享同一个 RB 来发送各自的 PUCCH。这是通过正交码分复用（Orthogonal Code Division Multiplexing，OCDM）来实现的，在频域上使用循环移位；在时域上使用正交序列（Orthogonal Sequence，OS）。不同的 PUCCH format，可能使用不同的码分复用（Code Division Multiplexing，CDM）技术。不同 PUCCH 格式所使用的不同 CDM 技术见表 3-26。

表3-26　不同PUCCH格式所使用的不同CDM技术

PUCCH 格式	CDM
1/1a/1b	cyclicshift+orthogonal sequence
2/2a/2b	cyclic shift
3	orthogonal sequence

频域上的 CDM 是通过对一个长为 12 的小区特定的频域序列（一个 PUCCH 占 1 个 RB，该序列与长度为 12 的上行参考信号序列相同）进行循环移位，生成不同的正交序列，再分配给不同的 UE 来实现的。PUCCH 在一个 RB 内可支持 12 个 cyclic shift（对应 cyclic shift 索引 0～11）。然而对 PUCCH format 1/1a/1b 而言，在频率选择性信道下，为了保持正交，并不是 12 个 cyclic shift 都能使用。典型情况下，可认为小区至多有 6 个可用的 cyclic shift。而小区间干扰可能导致这个数目变得更少。该数目是通过 deltaPUCCH-Shift 来配置的（在介绍 PUCCH format 1/1a/1b 时会对这个参数予以说明）。不同 PUCCH 格式在一个 RB 内所能使用的循环偏置数见表 3-27。

表3-27　不同PUCCH格式在一个RB内所能使用的循环偏置数

PUCCH 格式	一个 RB 内所能使用的循环偏置数
1/1a/1b	12（deltaPUCCH-Shift=1） 6（deltaPUCCH-Shift=2） 4（deltaPUCCH-Shift=3）
2/2a/2b	12

时域上的 CDM 是通过用一个 RB 内用于传输 PUCCH 的所有 Symbol 乘以一个正交序列来实现的。不同的 UE 在同一个 RB 上发送 PUCCH 时使用不同的正交序列，从而保证了 UE 相互间的正交性。不同 PUCCH 格式在一个 RB 内所能使用的正交序列个数见表 3-28。

表3-28　不同PUCCH格式在一个RB内所能使用的正交序列个数

PUCCH 格式	一个 RB 内所能使用的正交序列个数
1/1a/1b	Normal CP：3 Extended CP：2
3	Normal PUCCH format 3：5 Shortened PUCCH format 3：4

使用循环位移和正交序列能够保证同一小区内（intra-cell）UE 之间的正交性，却无法避免来自不同小区（inter-cell）的干扰，这是因为不同的小区使用 PUCCH 序列并不一定正交。为了随机化 inter-cell 干扰，序列的 cyclic shift 会根据一个衍生于该小区 PCI 的跳变模式，随着每个 slot 的每个 Symbol 进行变化。每个小区（cell）使用的长为 12 的小区特定的频域序列与该 cell 的 PCI 有关，每个 Symbol 上使用的序列都是对基本序列进行 cyclic shift 生成的。

cyclic shift 的偏移值与 slot number（取值为 0 ～ 19），以及 Symbol number（Normal CP 下其取值为 0 ～ 6。Extended CP 下其取值为 0 ～ 5）都有关系。

$$n_{cs}^{cell}(n_s,l) = \sum_l^7 C\left(8N_{symb}^{ul}\cdot n + 8l + i\right) \times 2^i \qquad \text{式（3-16）}$$

其中，$C(\ )$ 是一个伪随机数序列，且 Cinit= N_{ID}^{cell}（即 PCI）。例如，带宽为 20MB，即为 100 个 RB，如果 PUCCH 占用资源较多，那么 PUSCH 的信道资源就会变少。如果带宽为 100 个 RB，也就是频域上 1200 个子载波，那么 PUCCH 占据 [0，N]、[1199–12N，1199] 这段带宽，即首端和末端。其中，N 是根据配置来定义的，一般 100RB 中的 N 不大于 10。

4. 物理随机接入信道（PRACH）

（1）物理随机接入信道（PRACH）的信道格式

3GPP TS 36.211 协议对随机接入信道的格式定义了 5 种类型，分别由循环前缀 T_{CP} 和序列长度 T_{SEQ} 组成。随机接入信道结构如图 3-14 所示，根据帧结构和随机接入信道的类型，由高层接入控制参数确定。

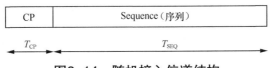

图3-14 随机接入信道结构

时分双工（Time Division Duplex，TDD）前导码有 5 种格式，分别是 Preamble Format 0/1/2/3/4x，前导码格式见表 3-29。

表3-29 前导码格式

前导码（Preamble Format）	T_{CP}	T_{SEQ}
0	$3168T_s$	$24576T_s$
1	$21024T_s$	$24576T_s$
2	$6240T_s$	$2\times24576T_s$
3	$21024T_s$	$2\times24576T_s$
4x	$448T_s$	$4096T_s$

根据表 3-29，可以推导出以下结论。

① 每种前导码格式占用的子帧个数。TDD 的每个子帧时长是 $30720T_s$，从表 3-29 可知，前导码格式 0 的 Preamble 时间 $=3168T_s+24576T_s=27744T_s< 30720T_s$，只占用 1 个上行子帧，同样由计算可知，前导码格式 1、前导码格式 2 需要占用两个上行子帧，前导码格式 3 则需要占用 3 个上行子帧才能发完。特殊情况下，前导码格式 4 只能在 *UpPTS* 中使用，即

FDD 没有格式 4，前导码结构如图 3-15 所示。

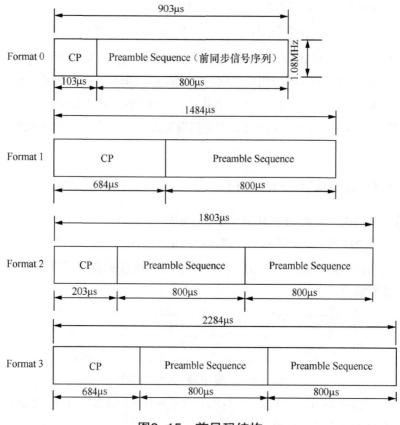

图3-15　前导码结构

② 每种前导码支持的最大小区半径。以前导码格式 0 为例，每个子帧的长度是 $30720T_s$，去掉前导码占用的时间，剩下的保护时间为 $GT=(30720-3168-24576)T_s=2976T_s=2976\times[1/(15000\times2048)]=96.875\mu s$。之所以空出一部分的保护间隔，是因为在随机接入之前，UE 还没有和 eNB 完成上行同步，UE 在小区中的位置还不确定，需要预留一段时间，以避免和其他子帧发生干扰。

③ 每种 PRACH 的持续时间。例如，Preamble 格式 0，它的前导码持续时间 $=(3168+24576)T_s=0.9031ms$，这个持续时间也可以印证每种前导码格式所占的子帧个数。

（2）前导码格式 4 的使用

从表 3-30 中可以看到，格式 4 的前导码时长 $=(448+4096)T_s=4544T_s$。3GPP TS 36.211 协议中明确规定，格式 4 只能在 $4384T_s$ 或 $5120T_s$ 的 UpPTS 上传输，给出了各种特殊子帧配置下的 T_s 长度。当上下行为正常 CP，特殊子帧配置 5、6、7、8 时，UpPTS 的时长满足条件；当上下行为扩展 CP，特殊子帧配置 4、5、6 时，UpPTS 的时长满足条件。特殊子帧类型见表 3-30。

表3-30　特殊子帧类型

特殊子帧配置	下行链路正常 CP 模式			下行链路扩展 CP 模式		
	DwPTS	*UpPTS*		*DwPTS*	*UpPTS*	
		上行正常 CP 模式	上行扩展 CP 模式		上行正常 CP 模式	上行扩展 CP 模式
0	$6592 \times T_s$	$2192 \times T_s$	$2560 \times T_s$	$7680 \times T_s$	$2192 \times T_s$	$2560 \times T_s$
1	$19760 \times T_s$			$20480 \times T_s$		
2	$21952 \times T_s$			$23040 \times T_s$		
3	$24144 \times T_s$			$25600 \times T_s$		
4	$26336 \times T_s$			$7680 \times T_s$		
5	$6592 \times T_s$	$4384 \times T_s$	$5420 \times T_s$	$20480 \times T_s$	$4394 \times T_s$	$5120 \times T_s$
6	$19760 \times T_s$			$23040 \times T_s$		
7	$21952 \times T_s$			—	—	—
8	$24144 \times T_s$			—	—	—

　　特殊子帧配置参数在 SIB1 的 TDD-Config 信元中，PRACH 格式 4 时占用特殊子帧时隙情况如图 3-16 所示，UE 在解码辅同步信号（Secondary Synchronization Signal，SSS）的时候，可以确定下行 normal（正常）CP 值。SIB 中的 ul-CyclicPrefixLength 参数用于配置上行 CP 类型。一般情况下，上行和下行的 CP 类型相同。需要注意的是，当 CP 类型为 normal（正常）时，$UpPTS=4384T_s$，小于格式 4 的前导码时长 $4544T_s$，因此，3GPP TS 36.211 协议规定，前导码格式为 4 时，Preamble 数据从 $UpPTS$ 结束前的 $4832T_s$ 处开始，这个时候需要占用部分保护时隙（Guard Period，GP）时间。由图 3-16 可知，格式 4 的小区最大覆盖半径是 $(4832-4544)T_s(3.0 \times 10^8)/2 = 1.406\text{km}$。

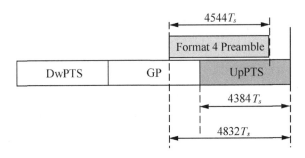

图3-16　PRACH格式4时占用特殊子帧时隙情况

　　经过上述几个步骤的推导和说明，可以整理得到表 3-31。不同 PRACH 格式与小区覆盖半径的映射见表 3-31。

表3-31　不同PRACH格式与小区覆盖半径的映射

Preamble Format	T_{CP}	T_{SEQ}	占用的子帧数	支持的最大小区半径 /km	PRACH 持续时间 /ms	保护时间 /ms
0	$3168T_s$	$24576T_s$	1	14.53	0.9031	0.0869
1	$21024T_s$	$24576T_s$	2	77.34	1.4844	0.5156
2	$6240T_s$	$2×24576T_s$	2	29.53	1.8031	0.1969
3	$21024T_s$	$2×24576T_s$	3	100.16	2.2844	0.7156
4	$448T_s$	$4096T_s$	UpPTS	1.406	0.1479	0.009

综上所述，不同的 GT 保护时间决定了小区的最大覆盖半径，GT 的时间越长，小区的覆盖面积越大。不同距离的 UE 接入小区示意如图 3-17 所示。这个结论从图 3-18 中也可以看出来，如果 3 个不同位置的 UE1、UE2、UE3 同时向 eNB 发送前导码，那么 eNB 首先会收到近端 UE1 的请求，最后收到 UE3 的前导码。如果有一个 UE4，距离比 UE3 还要远，那么此时 eNB 无法收到完整的前导码，UE4 将无法接入该小区。

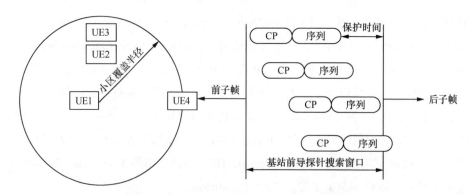

图3-17　不同距离的UE接入小区示意

（3）UE 和 eNB 确定当前使用哪种前导码

PRACH 配置索引参数决定了前导码的格式。PRACH 信道密度分布见表 3-32。从表 3-32 中可以看到，当 PRACH 配置索引值为 0 ～ 19 时，使用 Preamble Format 0；当 PRACH 配置索引值为 20 ～ 29 时，使用 Preamble Format 1；当 PRACH 配置索引值为 30 ～ 39 时，使用 Preamble Format 2；当 PRACH 配置索引值为 40 ～ 47 时，使用 Preamble Format 3；当 PRACH 配置索引值为 48 ～ 57 时，使用 Preamble Format 4。对于 PRACH 资源索引配置为 0、1、2、15、16、17、18、31、32、33、34、47、48、49、50，在跨小区切换中，UE 假设邻小区与本小区的绝对时延差小于 5ms（$153600T_s$）。

表3-32 PRACH信道密度分布

PRACH 信道配置	序列 格式	PRACH 信道 密度 /10ms D_{RA}	版本	PRACH 信道配置	序列 格式	PRACH 信道 密度 /10ms D_{RA}	版本
0	0	0.5	0	29	1	6	0
1	0	0.5	1	30	2	0.5	0
2	0	0.5	2	31	2	0.5	1
3	0	1	0	32	2	0.5	2
4	0	1	1	33	2	1	0
5	0	1	2	34	2	1	1
6	0	2	0	35	2	2	0
7	0	2	1	36	2	3	0
8	0	2	2	37	2	4	0
9	0	3	0	38	2	5	0
10	0	3	1	39	2	6	0
11	0	3	2	40	3	0.5	0
12	0	4	0	41	3	0.5	1
13	0	4	1	42	3	0.5	2
14	0	4	2	43	3	1	0
15	0	5	0	44	3	1	1
16	0	5	1	45	3	2	0
17	0	5	2	46	3	3	0
18	0	6	0	47	3	4	0
19	0	6	1	48	4	0.5	0
20	1	0.5	0	49	4	0.5	1
21	1	0.5	1	50	4	0.5	2
22	1	0.5	2	51	4	1	0
23	1	1	0	52	4	1	1
24	1	1	1	53	4	2	0
25	1	2	0	54	4	3	0
26	1	3	0	55	4	4	0
27	1	4	0	56	4	5	0
28	1	5	0	57	4	6	0

PRACH 占用时频资源指示部分示例见表 3-33。从表 3-33 中可以看到，根据 PRACH 配置索引和上下行链路参数配置，可以获取一个或多个 4 元素数组。

表3-33　PRACH占用时频资源指示部分示例

PRACH 配置索引	上下行链路						
	0	1	2	3	4	5	6
0	(0,1,0,2)	(0,1,0,1)	(0,1,0,0)	(0,1,0,2)	(0,1,0,1)	(0,1,0,0)	(0,1,0,2)
1	(0,2,0,2)	(0,2,0,1)	(0,2,0,0)	(0,2,0,2)	(0,2,0,1)	(0,2,0,0)	(0,2,0,2)
2	(0,1,1,2)	(0,1,1,1)	(0,1,1,0)	(0,1,0,1)	(0,1,0,0)	N/A	(0,1,1,1)
3	(0,0,0,2)	(0,0,0,1)	(0,0,0,0)	(0,0,0,2)	(0,0,0,1)	(0,0,0,0)	(0,0,0,2)
4	(0,0,1,2)	(0,0,1,1)	(0,0,1,0)	(0,0,0,1)	(0,0,0,0)	N/A	(0,0,1,1)
5	(0,0,0,1)	(0,0,0,0)	N/A	(0,0,0,0)	N/A	N/A	(0,0,0,1)
6	(0,0,0,2) (0,0,1,2)	(0,0,0,1) (0,0,1,1)	(0,0,0,0) (0,0,1,0)	(0,0,0,1) (0,0,0,2)	(0,0,0,0) (0,0,0,1)	(0,0,0,0) (1,0,0,0)	(0,0,0,2) (0,0,1,1)
7	(0,0,0,1) (0,0,1,1)	(0,0,0,0) (0,0,1,0)	N/A	(0,0,0,0) (0,0,0,2)	N/A	N/A	(0,0,0,1) (0,0,1,0)
8	(0,0,0,0) (0,0,1,0)	N/A	N/A	(0,0,0,0) (0,0,0,1)	N/A	N/A	(0,0,0,0) (0,0,1,1)
9	(0,0,0,1) (0,0,0,2) (0,0,1,2)	(0,0,0,0) (0,0,0,1) (0,0,1,1)	(0,0,0,0) (0,0,1,0) (1,0,0,0)	(0,0,0,0) (0,0,0,1) (0,0,0,2)	(0,0,0,0) (0,0,0,1) (1,0,0,1)	(0,0,0,0) (1,0,0,0) (2,0,0,0)	(0,0,0,1) (0,0,0,2) (0,0,1,1)
10	(0,0,0,0) (0,0,1,0) (0,0,1,1)	(0,0,0,1) (0,0,1,0) (0,0,1,1)	(0,0,0,0) (0,0,1,0) (1,0,1,0)	N/A	(0,0,0,0) (0,0,0,1) (1,0,0,0)	N/A	(0,0,0,0) (0,0,0,2) (0,0,1,0)

该 4 元素数组分别对应参数 f_{RA}、$t_{RA}^{(0)}$、$t_{RA}^{(1)}$、$t_{RA}^{(2)}$，具体含义如下。

f_{RA}：在 prach-FrequencyOffset 的基础上指示同一时刻内频分的各个 PRACH 的频率位置。

$t_{RA}^{(0)}$：指示 PRACH 的无线帧位置，0 为全部无线帧，1 为奇数无线帧，2 为偶数无线帧。

$t_{RA}^{(1)}$：指示 PRACH 在无线帧的前半帧或后半帧，0 为前半帧，1 为后半帧。

$t_{RA}^{(2)}$：表示前导码起始处的上行子帧号，在两个连续上下行切换点间的第一个上行子帧表示为 0，即 2 号子帧和 7 号子帧值等于 0。上下行子帧配置等于 0 时，时频资源参数含义如图 3-18 所示，带 x 表示在 UpPTS 上。

f_{RA} 是一个频率位置系数，用于计算 PRACH 占用的 RB 起始位置 n_RA_PRB。PRACH 固定占 6 个 RB，因此，支持的带宽不能少于 6 个 RB。如果有了 n_RA_PRB 这个参数，UE 就可以知道 PRACH 在频域上的位置 [n_RA_PRB, n_RA_PRB+5]；如果有了 t_0_RA、t_1_RA、t_2_RA 这 3 个参数，UE 就可以知道在哪个子帧发送 PRACH，eNB 也会去相应的子帧上盲检测 PRACH 信息。对于有多个 4 元素数组的情况，eNB 需要对每个可能的位置进行盲检测。

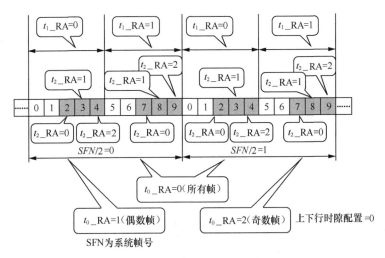

图3-18 时频资源参数含义

PRACH 起始 RB 位置 n_RA_PRB 的计算如式（3-17）、式（3-18）所示。

$$n_{\mathrm{PRB}}^{\mathrm{RA}} = \begin{cases} n_{\mathrm{PRB\,offset}}^{\mathrm{RA}} + 6\dfrac{f_{\mathrm{RA}}}{2}, & \text{当}\, f_{\mathrm{RA}} \bmod 2 = 0\ \text{时} \\ N_{\mathrm{RB}}^{\mathrm{UL}} - 6 - n_{\mathrm{PRB\,offset}}^{\mathrm{RA}} - 6\dfrac{f_{\mathrm{RA}}}{2}, & \text{其他} \end{cases} \qquad \text{式（3-17）}$$

$$n_{\mathrm{PRB}}^{\mathrm{RA}} = \begin{cases} 6f_{\mathrm{RA}}, & \text{当}\,\Big[(n_f \bmod 2)\times(2-N_{\mathrm{SP}})+t_{\mathrm{RA}}^{(1)}\Big]\bmod 2 = 0\text{时} \\ N_{\mathrm{RB}}^{\mathrm{UL}} - 6(f_{\mathrm{RA}}+1), & \text{其他} \end{cases} \qquad \text{式（3-18）}$$

式（3-16）、式（3-17）中的各参数说明如下。

① $n_{\mathrm{PRB\,offset}}^{\mathrm{RA}}$ 由 RRC 的 prach-FreqOffset（其取值为 0 ～ 94）参数决定，与 PRACH 配置索引参数属于同一个结构体，因此，二者获取参数路径也相同。

② f_{RA}、$t_{\mathrm{RA}}^{(1)}$ 直接可以从表 3-34 的 4 元素组中获得。

③ $N_{\mathrm{RB}}^{\mathrm{UL}}$ 是带宽 RB 个数，与 DL_bandwidth 值相同，如果是 20MB 带宽，则其值 =100。

④ N_{SP} 是下行向上行切换点的点数，与上下行子帧配置 UL/DL 链路参数相关，只有前导码 4 才会用到。例如，当上下行子帧配置为 1，那么 N_{SP}=2。因为在子帧为 1 时，子帧 6 完成了 2 次下行向上行的切换，只有在上下行子帧配置为 3、4、5 的时候，N_{SP}=1。

⑤ n_f 表示当前的系统帧号。

至此，UE 和 eNB 就可以明确地知道 PRACH 的发送 / 接收位置了，举例说明如下。

假设宽带为 20MB，prach-FreqOffset=0，PRACH 配置索引 =9，UL/DL 链路 =2，此时，[f_{RA}，$t_{\mathrm{RA}}^{(0)}$，$t_{\mathrm{RA}}^{(1)}$，$t_{\mathrm{RA}}^{(2)}$] 有 3 个值，分别是（0，0，0，0）、（0，0，1，0）和（1，0，0，0），对应的频域位置如下。

当 f_{RA}=0 时，n_RA_PRB=0+6×0=0

当 f_{RA}=1 时，n_RA_PRB=100–6–0–6×0=94

上述 3 个值对应的时域位置如下。

（0，0，0，0）：PRACH 占用从 k=0 开始到 k=5 的连续 6 个 RB 块，时域 L 是每个无线帧的 2 号子帧。

（0，0，1，0）：PRACH 占用从 k=0 开始到 k=5 的连续 6 个 RB 块，时域 L 是每个无线帧的 7 号子帧。

（1，0，0，0）：PRACH 占用从 k=94 开始到 k=99 的连续 6 个 RB 块，时域 L 是每个无线帧的 2 号子帧。PRACH 时域资源起始位置如图 3-19 所示。

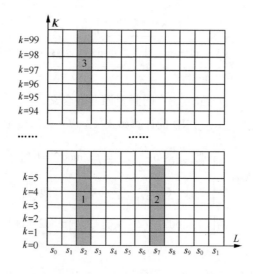

图3-19　PRACH时域资源起始位置

为了避免 PRACH 与其他 UE 的上行业务 RB 冲突，当 eNB 调度 PUSCH 时，避开 PRACH 可能占用的 RB 位置。另外，为了减少盲检测处理时长，可以选择只有一种 4 元素数组的配置。

5. 物理下行控制信道 PDCCH

（1）PDCCH 时频资源位置

在系统中，PDCCH 信道是一个非常重要的控制信道。该信道承载下行和部分上行的控制信息，其控制信息包括资源分配、功控信息、混合自动重传请求信息、CQI 上报、PMI 和 RI 等功能，是终端相关功能正常运行的核心控制部分。它是用户终端（UE）与基站（Enb）

之间进行业务通信和上行同步的前提。PDCCH 占用的时域资源主要是指，PDCCH 信息占用的符号数，其占用的 OFDM 符号由物理控制格式指示信道（Physical Control Format Indicator CHannel，PCFICH）承载的控制格式指示（Control Format Indicator，CFI）信息确定，根据 CFI 信息动态决定一个子帧中 PDCCH 可以最多占用的 OFDM 符号个数〔PCFICH 信道指示的符号个数是指 PDCCH、物理 HARQ 指示信道（Physical Hybrid ARQ Indicator CHannel，PHICH）和 PCFICH 一共占用的符号个数〕，其配置值可以是（0，1，2，3，4）。CFI 索引值见表 3-34。

表3-34　CFI索引值

子帧	分配给 PDCCH 的 OFDM 符号数	
	>10	≤ 10
帧结构类型 2 中的子帧 1 和 6	1, 2	2
对于 1 个或 2 个小区专有天线端口的情况，同时支持 PMCH 和 PDSCH 传输的载波中的 MBSFN 子帧	1, 2	2
对于 4 个小区专有天线端口的情况，同时支持 PMCH 和 PDSCH 传输的载波中的 MBSFN 子帧	2	2
不支持 PDSCH 传输的载波中的 MBSFN	0	0
其他情况	1, 2, 3	2, 3, 4

PDCCH 是解析 PDSCH 数据的指示信息，因此，PDCCH 在时域上是在 PDSCH（数据域）之前，即占用一个子帧的前几个符号。当带宽、天线数目、PHICH 配置等确定以后，系统中控制信道单元（Control Channel Element，CCE）的数目由 PCFICH 的数值动态配置。下行公共开销信道资源占用位置如图 3-20 所示。图 3-20 以 PDCCH 占用 3 个符号为例来说明。

为了有效地配置下行控制信道的时频资源，定义了两个专用的控制信道资源单位：资源粒子组（Resource Element Group，REG）和 CCE。其中，REG 是指除了 RS 占用的 RE，连续的 4 个 RE 构成的资源粒子组。CCE 是组成 PDCCH 信道的资源单位，由一组连续 REG 的构成，即一个 CCE 由 9 个 REG 构成。一个系统中 CCE 的个数标示为 N_{CCE}，由公式 $N_{CCE} = \lfloor N_{REG}/9 \rfloor$ 得出，其编号从 0 到 $N_{CCE} - 1$。其中，N_{REG} 是指除了 PHICH 和 PCFICH 占用的、未使用的 REG。根据一个 PDCCH 使用的资源数量，PDCCH 可由 1、2、4、8 个 CCE 构成，分别对应 PDCCH 格式 0、1、2、3。在一个子帧中可以同时复用多个 PDCCH 信道。一个 PDCCH 的 CCE 起始位置必须满足 $i \bmod n = 0$，其中，i 是 CCE 的编号，n 是构成该 PDCCH 使用的 CCE 的个数。在计算可用 RE 资源时，PDCCH 占用的时频资源中包含了 PCFICH 和 PHICH 两个信道所在的时域资源，因此，只需剔除 PDCCH 所占用的 RE 资源即可。另外，需要补充说明的是，在特殊子帧中，由于第三时隙被主同步信道占用，

PDCCH 只能占用前两个 OFDM 符号。PDCCH 格式见表 3-35。

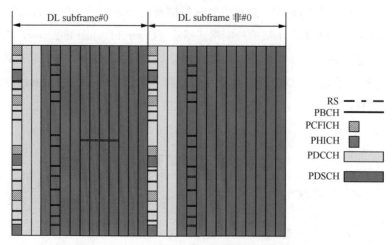

图3-20　下行公共开销信道资源占用位置

表3-35　PDCCH格式

PDCCH 格式	CCE 集数量	RE 资源组数量	PDCCH 比特数
0	1	9	72
1	2	18	144
2	4	36	288
3	8	72	576

系统对于每一个下行控制信息（DCI）根据信道质量可能分配给 1、2、4、8 个逻辑上连续的 CCE 进行传输。不同用户占用 CCE 情况如图 3-21 所示，用户 1 的 CCE 个数为 1，用户 2 的 CCE 个数为 2，用户 3 的 CCE 个数为 4。由图 3-21 可知，每个用户 CCE 的起始位置 mod 占用 CCE 的个数均为 0。这样分配的好处是可以节省盲检测的复杂度。以用户 4 的 PDCCH 为例，其第一个 CCE 由 9 个 REG 组成，每个 CCE 的信息通过交织离散地分布在 PDCCH 所占用的时域（3 个 OFDM 符号）和频域（整个带宽）上，以减少小区间干扰和获得时域上的分集。另外，我们可以看到，规定 PDCCH 的起始 CCE 必须是所占用 CCE 个数的整数倍。

（2）PDCCH 检测

由于 PDCCH 是基站发送的指令，除了一些系统信息，UE 没有接收其他信息，所以 UE 不知道其占用的 CCE 数目大小、位置，以及传送的 DCI format（格式）。由此可知，PDCCH 的检测属于盲检测。

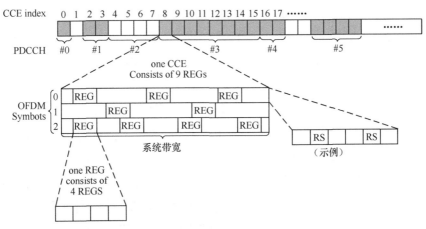

图3-21 不同用户占用CCE情况

UE 是如何确定传送哪种 DCI format 的呢？对于 DCI format，UE 会根据自己当前的状态，期望获得某一种 DCI，例如，其在 Idle 状态时，期待的信息是 paging SI；有上行数据准备发送时，期待的是 UE Grant；发起 Random Access 后，期待的是 RACH Response。对于不同信息 UE 使用相应的 RNTI 和 CCE 信息做 CRC 校验。如果 CRC 校验成功，那么 UE 就知道这个信息是自己所需要的，会进一步根据调制编码方式解出 DCI 的内容。UE 只知道自己是什么 DCI 还不够，还需要知道去哪里找这些信息。在下行控制资源中（一般是 1、2、3 个 OFDM 符号），除了 PHICH、PCFICH，以及 CRS，剩余的资源分配给 PDCCH CCE，如果 UE 将所有的 CCE 遍历一遍，那么对于 UE 来说，这个计算量很大。因此，系统将可用的 CCE 分成两种搜索空间，即公共搜索空间和 UE 特定搜索空间。另外，对于 CCE 数目为 N 的 PDCCH，规定了其起始位置必须是 N 的整数倍。UE 特定搜索空间和公共搜索空间见表 3-36。表 3-36 给出了公共 DCI 和 UE 特定 DCI 及不同 CCE 个数对应的搜索空间。

表3-36 UE特定搜索空间和公共搜索空间

类型	PDCCH 类型 [以 CCE 为单位]	搜索空间大小 [以 CCE 为单位]	可能的 PDCCH 数目
终端专有	1	6	6
	2	12	6
	4	8	2
	8	16	2
公共	4	16	4
	8	16	2

公共搜索空间中传输的数据主要包括系统信息、无线接入配置、寻呼等消息，每个用

户都要进行搜索。公共搜索空间的位置总是固定在 CCE0～CCE16，并且公共搜索空间中聚合等级（Aggregation Level，AL）只有 4 和 8 两种，因此，用户在对公共搜索空间进行搜索时，从 CCE 0 开始按照 AL 为 4，搜索 4 次，再以 AL 为 8，搜索 2 次。CCE 聚合方式如图 3-22 所示。

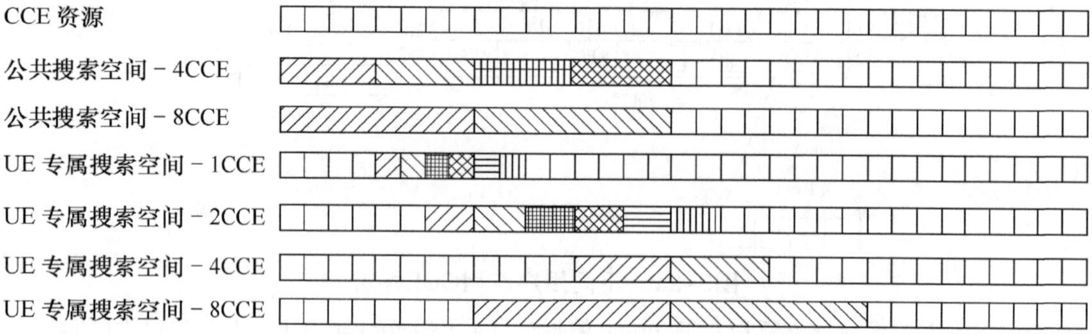

图3-22　CCE聚合方式

对于 UE 特定的搜索空间，每个 UE 的搜索起始点是不同的，按照式（3-19）进行计算。

$$Z_k^{(l)} = \alpha \times (Y_k \bmod | N_{CCE} / \alpha |) \quad Y = (A - Y_{k-l}) \bmod (D) \qquad \text{式（3-19）}$$

其中，$A=39827$，$D=65537$，$Y(-1)=$UE ID，Alpha 是聚合等级，N_{CCE} 表示 CCE 可用数目，k 表示 TTI 索引。从式（3-19）可以看出，UE 特定的搜索空间的起始点取决于 UE 的 ID（C－RNTI）、子帧号，以及 PDCCH 的类型，因此，随着子帧的不同，UE 特定的搜索空间也有所不同。需要说明的是，UE 特定的搜索空间和公共的搜索空间有可能是重叠的。对于大小为 N 的 PDCCH，在某一子帧内，对应某 UE 的特定搜索区间的起点就可以确定（起点可能落入公共搜索区间的范围内），UE 从起始位置开始，依次进行对应大小 PDCCH 的盲检测（也就是满足大小为 N 的 PDCCH，其起始点的 CCE 号必须为 N 的整数倍）。对于公共搜索区间和 UE 特定搜索区间重叠的情形，如果 UE 已经在公共搜索区间成功检测，那么 UE 可以跳过重叠部分对应的特定搜索区间。因此，UE 进行盲检测的次数计算如下。

公共搜索空间搜索次数 6 次 + UE 特定搜索空间搜索 16 次。UE 在 PDCCH 搜索空间进行盲检时，只需对可能出现的 DCI 进行尝试解码，并不需要对所有的 DCI 格式进行匹配。UE 在同一个时刻所处的状态只有两种。因此，PDCCH 盲检测的总次数不超过 44 次。

6. 物理控制格式指示信道

PCFICH 作用：物理控制格式指示信道（PCFICH）对应的控制信息为控制格式指示 CFI，指示每个子帧中物理控制信道所占的 OFDM 符号数目，CFI 可取的值为 {1、2、3、4}。CFI 的值可以在网管上配置，对于 FDD，当系统带宽大于 10 个 RB（即带宽 >1.4MHz）时，

CFI 可配置为 1、2 或 3，当 *CFI*=3 时，即一个子帧中前 3 个 OFDM 符号用于传输控制信道，当系统带宽小于 10 个 RB（即带宽 =1.4MHz）时，*CFI* 可配置为 2、3 或 4，对于 TDD 系统，即带宽 =1.4MHz 时，子帧为 1 和 6，*CFI* 可取的值为 1 或 2，其余下行子帧与 FDD 系统相同。

PCFICH 映射到控制区域的第一个 OFDM 中的 4 个 REG 上，REG 符号上的位置取决于小区 ID。PCFICH 占用时域资源位置如图 3-23 所示。

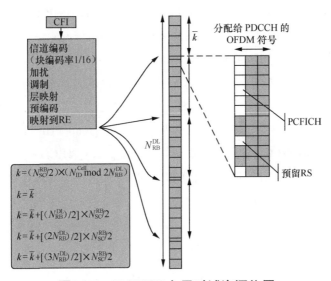

图3-23　PCFICH占用时域资源位置

7. 物理 HARQ 指示信道

物理 HARQ 指示信道（Physical Hybrid ARQ Indicator CHannel，PHICH）的作用是 eNB 通过该信道向终端反馈上行 PUSCH 数据的应答信息 ACK 或 NACK。eNB 侧解码到上行数据块之后，会在相应的 PHICH 反馈确认信息（ACK 或 NACK），终端会在指定时刻的指定位置解码 PHICH 信息。PHICH 反馈信道确认消息如图 3-24 所示。

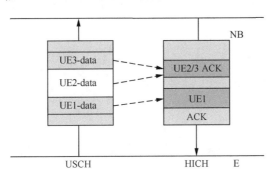

图3-24　PHICH反馈信道确认消息

每个上行子帧的每个 PUSCH 传输块都需要对应一个 PHICH 信道。如果 PUSCH 数据块很多，那么在一个下行子帧中，需要携带的 PHICH 也很多。如果每个 PHICH 都独立映射到不同的 RE 中，就会占据很多的控制区域，这显然是不合适的。因此，协议提出了不同的 PHICH 可以映射到同一个位置，这个位置叫作 PHICH 组（PHICH group）。在相同的 PHICH 组中，通过不同的正交序列（orthogonal sequence）来区分不同的 PHICH。也就是说，一个 PHICH 组内的所有 PHICH，对应的物理资源映射位置是相同的，组内再通过正交序列进行区分。因此，每个 PHICH 都可以使用（N_group_PHICH，N_seq _PHICH）来唯一标识。其中，N_group_PHICH 表示当前 PHICH 组的组号，N_seq _PHICH 表示组内的正交序列索引号。N_seq _PHICH 的范围为 0，1，…，7（下行 Normal CP），或 0，1，2，3（下行 Extended CP），即对于 Normal CP 来说，一个 PHICH 组最多可以包含 8 个不同的 PHICH，而对于 Extended CP，一个 PHICH 组最多只能包含 4 个不同的 PHICH。那么在整个系统带宽里，允许有多少个 PHICH 组呢？协议使用 N_group_PHICH 来表示 PHICH 组的组数，因此，N_group_PHICH 的范围是 0，1，…，N_group_PHICH−1。下面我们来介绍这个 PHICH 组数参数是怎么计算的。对于 LTE-FDD 制式来说，PHICH 组的组数 N_group_PHICH 可以由下面的公式计算得到。

$$N_{\text{PHICH}}^{\text{group}} = \begin{cases} \left[Ng\left(\dfrac{N_{RB}^{DL}}{8} \right) \right], & \text{正常 CP} \\[3mm] 2 \times \left[Ng\left(\dfrac{N_{RB}^{DL}}{8} \right) \right], & \text{扩展 CP} \end{cases}$$ 式（3-20）

$$Ng \in \left\{ \dfrac{1}{6},\ \dfrac{1}{2},\ 1,\ 2 \right\}$$

其中，下行带宽 N_DL_RB 参数由 RRC 配置，通过主信息块（Master Information Block，MIB）消息的 dl-Bandwidth 发送到终端。Ng 参数也由 RRC 配置，通过 MIB 消息中的 PHICH-config 发送到终端。因此，只有解码到 PBCH 中的 MIB 信息，才能解码 PHICH。下行 CP 类型是 Normal 还是 Extended，终端可以通过同步信号 PSS/SSS 获取。PHICH 空口信令如图 3-25 所示。

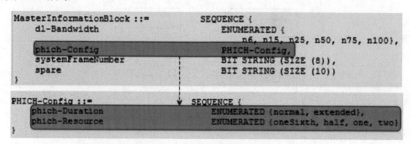

图3-25　PHICH空口信令

由此可见，终端要想解码 PHICH，前提条件之一就是读取到小区同步信号 PSS/SSS，并解码 PBCH 中的 MIB 消息。正常 CP 下的 PHICH 组见表 3-37。

表3-37　正常CP下的PHICH组

Num_RB/N_g	1/6	1/2	1	2
6/1.4M	1	1	1	2
15/3M	1	1	2	4
25/5M	1	2	4	7
50/10M	2	4	7	13
75/15M	2	5	10	19
100/20M	3	7	13	25

对于 TDD 制式来说，因为不同的上下行子帧配置对应不同的上下行子帧数目，所以会出现多个上行子帧的反馈出现在同一个下行子帧中的情况。例如，上下行子帧配置 0，下行 0# 子帧和 5# 子帧都需要反馈两个上行子帧的 PHICH 信息（分别对应 3#、4# 和 8#、9# 上行子帧），而下行 1# 子帧和 6# 子帧，都只须反馈 1 个上行子帧的 PHICH 信息（分别对应 7# 和 2# 上行子帧），PHICH 应答时序如图 3-26 所示。因此，TDD 制式的 PHICH 组的组数 N_group_PHICH 与 FDD 制式是不同的。

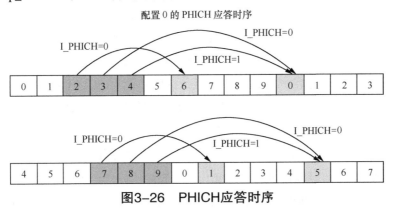

图3-26　PHICH应答时序

3GPP TS 36.211 协议规定，对于 TDD 制式来说，PHICH 组的组数 N_group_PHICH 需要在 FDD 制式的基础上乘以一个系数 Mi，即 N_group_PHICH=Mi_group_PHICH。不同帧结构下的 Mi 设置值见表 3-38。从表 3-38 中可以看到，当上下行子帧配置为 0，且下行子帧是 0#、5# 时，PHICH 组的组数需要增加 1 倍，而其他场景下的 PHICH 组的组数 N_group_PHICH 则与 FDD 制式下的值相同。

表3-38 不同帧结构下的Mi设置值

上下行配置	Subframe number i									
	0	1	2	3	4	5	6	7	8	9
0	2	1	—	—	—	2	1	—	—	—
1	0	1	—	—	1	0	1	—	—	1
2	0	0	—	1	0	0	0	—	1	0
3	1	0	—	—	—	0	0	0	1	1
4	0	0	—	—	0	0	0	0	1	1
5	0	0	—	0	0	0	0	0	1	0
6	1	1	—	—	—	1	1	—	—	1

1个PHICH组由3个部分组成，分别映射到1个REG上，但3个REG可能在不同的符号中和PCFICH一样，PHICH也尽可能均匀地分布在6个PRB上。例如，带宽内，两个相邻的PHICH REG之间相隔6个REG。另外，在时域上，PHICH也尽可能分散到控制区域所在的所有符号，PHICH长度为3，因此，在3个PHICH REG中，如果PHICH长度为2，则3个PHICH REG中有1个位于第1符号，有两个位于第2符号。PHICH信令是和上一周期的上行数据紧密联系的，因此，PHICH需要占用的资源与一个周期内的上行数据信道资源有一定的关联，这就为隐性地表示PHICH资源创造了可能。最后决定在PHICH使用的资源位置和上行资源分配的第1个PRB之间建立联系。

由于采用了独立的PHICH和PCFICH，而且这两个信道使用的资源是相对固定的（PCFICH资源是静态的，PHICH资源是半静态的），系统会首先分配PHICH和PCFICH使用的RE，然后将剩下的RE分配给PDCCH。PDCCH将在这些剩下的RE内进行交织。

PCFICH占用的RE是静态的，不会对PDCCH的资源指示造成影响。但PHICH占用的RE是半静态变化的，占用哪些RE应该由系统信息指示。如果这个系统信息放在PDCCH中，就会带来"鸡生蛋，蛋生鸡"的问题：PDCCH需要获知PHICH占用的RE才能解调，而PHICH反过来需要PDCCH通知UE，它使用了哪些RE。为了解决这个难题，3GPP组织最终决定在PBCH中对PHICH格式进行指示。在PBCH中使用1bit指示PHICH的长度，2bit指示PHICH使用的频域资源，即PHICH组的数量（每个PHICH组包含8个PHICH）。在频域上，PHICH采用等间距放置，即每隔固定数量的子载波放置一个PHICH的REG。为了抑制不同小区PHICH之间的干扰，采用循环位移的方法使相邻小区在错开的频域资源上发送PHICH。某个小区的PHICH位移可以和它的小区ID对应，因此，不需要额外的信令传输。

8. 物理广播信道

物理广播信道（Physical Broadcast CHannel，PBCH）用来传递小区中的重要参数，包括系统带宽、系统帧号、PHICH 的信息，以及一些用来进行调度的信息。PBCH 信息包括两个部分：一是 PBCH 广播的小区信息，二是动态广播信道的小区信息。动态广播信道主要是在下行共享信道中进行传输的，即在 PDSCH 中，系统信息也有空口系统信息的相关内容。MIB 信息是在 PBCH 中进行传输的。

需要说明的是，为什么要传输 PHICH 的信息呢？PHICH 的时域位置是固定的，但是频域信息尚未知晓。对于 UE 收到下行的 PDCCH 和 PHICH 的资源来讲，PDCCH 用来指示下行的相应的资源信息，以便 UE 更好地进行下行物理信道的解调译码，PHICH 也是在 PDCCH 的指示中。另外，PHICH 和 PDCCH 同时占用相应的控制面 RE 资源，UE 只有知道 PHICH 的 RE 资源，才能进一步进行 PDCCH 解调。因此，PBCH 通知了 PHICH 的频域资源。需要注意的是，每个 10ms PBCH 携带的子帧号的比特数只有 8 位，另外，还有 2 个比特通过加扰的方式确定。时域位置是 PBCH 映射到每 1 帧的第 1 个子帧的第 2 个时隙的前 4 个符号，频域位置是占用系统中间宽带的前 2 个子载波。PBCH 占用的时频资源位置如图 3-27 所示。

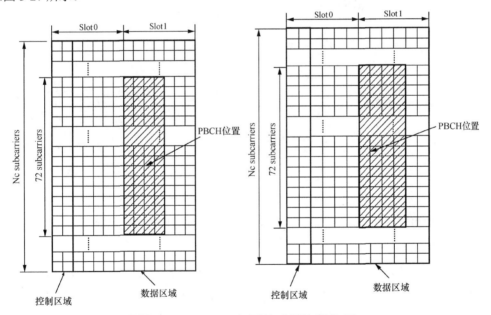

图3-27 PBCH占用的时频资源位置

在系统中，小区同步主要是通过下行信道中传输的同步信号来实现的。下行同步信号分为主同步信号（Primary Synchronous Signal，PSS）和辅同步信号（Secondary Synchronous Signal，SSS）。TD-LTE 支持 504 个小区 ID，并将所有的小区 ID 划分为 168 个小区组，每个小区组内有 504/168=3 个小区 ID。小区 ID 号由主同步序列编号 N_{ID}^1 和辅同步序列编号 N_{ID}^2 共同决定，具体关系为 $N_{ID}^{cell} = 3N_{ID}^1 + N_{ID}^2$。小区搜索的第一步是检测出 PSS，再根据二者间的位置偏移检测 SSS，进而利用上述关系式计算出小区 ID。采用 PSS 和 SSS 两种同步信号能够加快小区搜索的速度。

（1）PSS 序列

为了快速准确地搜索小区，PSS 序列必须具备良好的相关性、频域平坦性、低复杂度等性能，TD-LTE 的 PSS 序列采用长度为 63 的频域 ZC（Zadoff-Chu）序列。ZC 序列广泛应用于 4G 通信网络中，除了 PSS，还包括随机接入前导和上行链路参考信号，ZC 序列如式（3-21）所示。

$$a_q = \exp\left[-\mathrm{j}2\pi q\,\frac{n(n+1)/2 + nl}{N_{zc}}\right]$$ 式（3-21）

其中，$a_q \in \{1, \cdots, N_{zc}-1\}$ 是 ZC 序列的根指数，$n \in \{1, \cdots, N_{zc}-1\}$，$l \in N$，$l$ 可以是任何整数，为了简单方便，设置 $l=0$。为了标识小区内 ID，系统中包含 3 个 PSS 序列，分别对应不同的小区组内 ID。被选择的 3 个 ZC 序列的根指数分别为 25，34，29，对于根指数为 M，频率长度为 63 的序列如式（3-22）所示。

$$d_u(n) = \begin{cases} \mathrm{e}^{-\mathrm{j}\frac{\pi un(n+1)}{63}}, & n=0,1,\cdots,30 \\ \mathrm{e}^{-\mathrm{j}\frac{\pi u(n+1)(n+2)}{63}} & n=31,32,\cdots,61 \end{cases}$$ 式（3-22）

PSS 的根序列见表 3-39。其中，Zadoff-Chu 根序列索引 u 由表 3-39 给出 PSS 的根序列。

表3-39 PSS的根序列

$N_{\mathrm{ID}}^{(2)}$	根序列 u
0	25
1	29
2	34

设置 ZC 序列的根指数是为了具有良好的周期自相关性和互相性。从 UE 的角度来看，选择的 PSS 根指数组合可以满足时域的根对称性，可以通过单相关器检测，使复杂度降低。UE 侧对 PSS 序列采用非相干检测。

PSS 采用长度为 63 的频域 ZC 序列，中间被打孔打掉的元素是为了避免直流载波，PSS 序列到子载波的映射关系如图 3-28 所示。在 TD-LTE 中，针对不同的系统带宽，同步信号均占据中央的 1.25MHz（6 个 PRB）的位置。长度为 63 的 ZC 序列截去中间一个处于直流子载波上的符号后得到长度为 62 的序列，在频域上，映射到带宽中心的 62 个子载波上。PSS 两侧分别预留 5 个子载波，提供干扰保护。

在 LTE 系统中，针对不同的系统带宽，同步信号均占据中央的 1.25MHz（6 个 PRB）的位置。长度为 63 的 ZC 序列截去中间一个处于直流子载波上的符号后得到长度为 62 的序列，在频域上，映射到带宽中心的 62 个子载波上。PSS 两侧分别预留 5 个子载波，提供干扰保护。

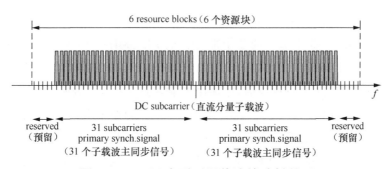

图3-28　PSS序列到子载波的映射关系

（2）SSS 序列

由于 M 序列具有适中的解码复杂度，且在频率选择性衰落信道中性能占优，最终被选定为辅同步码（Secondary Synchronization Code，SSC）序列设计的基础。SSC 序列由两个长度为 31 的 m 序列交叉映射得到。具体来说，首先由一个长度为 31 的 m 序列循环移位后得到一组 m 序列，从中选取 2 个 m 序列（被称为 SSC 短码），将这两个 SSC 短码交错映射在整个 SSCH 上，得到一个长度为 62 的 SSC 序列。为了确定 10ms 定时获得无线帧同步，在一个无线帧内，前半帧的两个 SSC 短码交叉映射方式与后半帧的交叉映射方式相反。同时，为了确保 SSS 检测的准确性，对两个 SSC 短码进行二次加扰。PSS 和 SSS 在时域资源上的映射如图 3-29 所示。

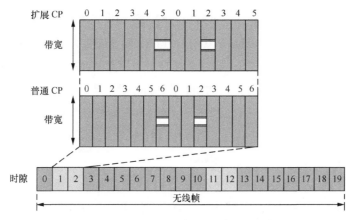

图3-29　PSS和SSS在时域资源上的映射

每个 SSS 序列由频域上两个长度为 31 的 BPSK 调制辅助同步码交错构成，即 SSC1 和 SSC2。SSS 序列具有良好的频域特性，在 PSS 存在的情况下，SSS 检测允许频偏至少 ±75kHz。时域上，由于扰码的影响，SSS 序列的任何循环移位的互相性没有传统的 M 序列好。从 UE 的角度来看，SSS 检测是在 PSS 检测之后完成的，因此，假设信道已经检测出 PSS 序列，对于 SSS 序列检测，UE 侧可以采用相干和非相干两种检测方法。

（3）PSS 和 SSS 的位置和映射

频域上，PSCH 和 SSCH 均占据整个带宽中央的 1.05MHz，即 6 个 PRB。62 个子载波均匀分布在数据中心两侧，剩余 10 个子载波作为 SCH 与其他数据 / 信令传输的保护间隔。

时域上，主同步信号与辅同步信号周期性传输，且二者位置偏移固定。主同步信号在每个无线帧 *GwPTS* 的第 3 个符号上传输，辅同步信号在每个无线帧的第一个子帧的最后一个符号上传输。小区同步检测是小区搜索中的第一步，基本原理是使用本地序列和接收信号进行同步相关，进而获得期望的峰值，根据峰值判断出同步信号位置。TD-LTE 系统中的时域同步检测分为两个步骤：步骤一是检测主同步信号，步骤二是在检测出主同步信号后，根据主同步信号与辅同步信号之间的固定关系，检测辅同步信号。

当终端处于初始接入状态时，始端对接入小区带宽是未知的。UE 在其支持的工作频段内以 100kHz 为间隔的频栅上进行扫描，并在每个频点上进行主同步信道检测。在这个过程中，终端仅检测 1.08MHz 的频带上是否存在主同步信号。当检测出 PSS 以后，可获得确定 5ms 定时。在 PSS 基础上，向前搜索 SSS，SSS 由两个伪随机序列组成，前半帧和后半帧映射相反，检测到两个 SSS 就获得了 10ms 定时，达到了帧同步的目的。由 PSS 和 SSS 确定的信号可以得到小区 ID，同时完成 CP 类型检测。

3.2.6　天线传输模式

在 TD-LTE Rel-8 版本中，适用于双端口天线的传输模式主要有传输模式 2（TM2）、传输模式 3（TM3）、传输模式 4（TM4）。其中，TM2 采用 SFBC 方式，属于 2 天线的发射分集方案，在用户无法进行可靠的信道质量反馈时使用，可以提高用户传输的可靠性。该模式也被作为多种传输模式的回退方案。TM3 采用循环时延（Cyclic Delay Diversity，CDD）的传输方案，该方案不需要信道信息反馈，通过循环移位时延获得信道复用，实现双流传输。其预编码矩阵的选择按照一种预先设定的顺序进行轮询。TM4 支持单双流自适应，UE 需要上报 PMI 和 RI 等信息。

多天线系统利用数字信号处理技术和信号传输的空间特性，调整各天线阵元上发送信号的权值，达到对信号传播特性的修正。波束赋形技术是通过修改信号的权值，产生空间定向的波束，该技术可以在不显著增加系统复杂度的情况下提高系统的容量。天线的主波束自适应地跟踪用户方向，达到充分利用移动用户信号的目的。使用 MU-MIMO 进行蜂窝小区容量改善的波束赋形如图 3-30 所示。

波束赋形将有用信号的能量对准服务用户，可以提高目标用户信号的质量。另外，波束赋形也可以通过权值的修改，形成空间相关性较低的多个波束，从而形成多个互不干扰的或者干扰较低的空间信道，在相同的物理资源上传输多份数据。因此，波束赋形可以形成下行的单用户多流波束赋形和下行的多用户多流波束赋形。用于蜂窝小区边缘性能改善的波束赋形如图 3-31 所示。

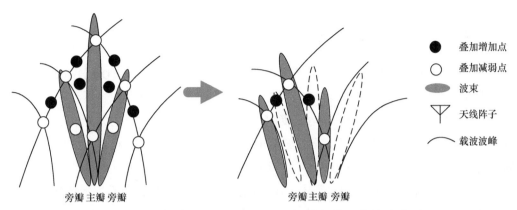

图3-30　使用MU-MIMO进行蜂窝小区容量改善的波束赋形

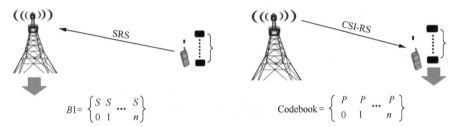

图3-31　用于蜂窝小区边缘性能改善的波束赋形

波束赋形技术可以根据信道信息的反馈方式分为基于码本（Codebook based）和基于信道互易性的两种方式。前者基于终端反馈的码本信息，由基站确定下一次传输采用的预编码码本；后者根据上行发送的探测参考信号（Sounding Reference Signal，SRS），利用信道互易性得到下行信道信息，并进行下行需要的预编码矩阵计算与选择。基于信道互易性的波束赋形方案，不需要终端进行专门的 PMI 反馈，更加适用于 TDD 系统。在 TDD 传输制式下，依据上下行互易性原理，基站根据 SRS 信息，从无穷个波束（Beam）中挑出最好的多个正交Beam，UE 根据信道状态信息参考信号（Channel State Information Reference Signal，CSI-RS）信息，从 Codebook 有限个 Beam 中，挑出最好的多个正交 Beam，并反馈给 Beam ID 基站。

目前，常用的波束赋形算法有两种：波束扫描法（Grid Of Beam，GOB）和基于特征值的波束形成（Eigen value Based Beam forming，EBB）（即特征向量算法）。其中，对于固定位置的用户，GOB 的波束指向是固定的，波束宽度也随天线阵元数目而确定。当用户在小区中移动时，它通过测向确定用户信号到达方向（Direction Of Arrival，DOA），然后根据信号 DOA 选取预先设定的波束赋形系数进行加权，将方向图的主瓣指向用户方向，从而提高用户的信噪比。EBB 算法是一种自适应的波束赋形算法，方向图没有固定的形状，随着信号与干扰而变化。其原理是期望用户接收功率最大的同时，还要满足对其他用户的干扰最小。实际设备中采用了 EBB 算法，需要说明的是，仅下行有波束赋形技术，上行手机天线无法进行波束赋形，基站多个天线此时主要用于分极接收。

●● 3.3 系统调度能力计算

在行业运用中，最典型的两种业务类型是语音和视频监控业务，TD-LTE 对于这两种业务类型的容量能力需要从两个维度进行考虑。一是系统吞吐量受限，当系统吞吐量不能满足业务最低速率需求时，会出现容量受限，例如，视频监控、P2P 的大流量业务等，这种场景的评估相对简单，主要是将各用户数的业务速率累计与系统峰值速率进行比较，判断是否满足业务需求。二是小流量多用户场景，支持的最大并发用户数会受到限制，这种场景下单用户吞吐量低但用户集中，此时就需要分析业务模式和系统参数配置，TD-LTE 同时能够得到调度的用户数目受限于控制信道的可用资源数目，例如，PDCCH（包括 PHICH、PCFICH）可用的 CCE 数及 PDSCH 和 PUSCH 业务信道。

以 12.2kbit/s 的标清语音为例，语音间隔 20ms，20MHz 带宽，子帧 3:1，特殊子帧 9:3:2。3:1 子帧配比如图 3-32 所示。

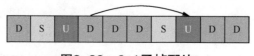

图3-32　3:1子帧配比

1. PDCCH 信道容量计算

普通时隙计算如下。

① 一般情况下，普通时隙 PDCCH 最多占用 3 个 OFDM 符号，则公共控制区域占用 1200×3=3600RE。

② 每个 RB 中的参考信号占用 4 个 RE，则 20MHz 带宽占用 400RE。

③ PHICH Group=Ng（100/8）（整数，取上限），如果设 Ng=1，则 PHICH Group=13，每个 PHICH Group 有 3 个 REG，则占用 RE 总数为 13×3×4=156。

④ 一般 PCFICH 占用 4 个 REG，占用的 RE 数为 4×4=16。

$$N_{CCE}=(N_{PDCCH}-N_{CRS}-N_{PCFICH}-N_{PCHICH})/36$$

其中，N_{CCE}——可用 CCE 总数。

N_{PDCCH}——PDCCH 占用的符号数。

N_{CRS}——参考信号 CRS 占用的符号数。

N_{PCFICH}——PCFICH 占用的符号数。

N_{PCHICH}——PCHICH 占用的符号数。

根据公式计算可用的 CCE 总数 =（3600 − 400 − 16 − 156）/36 ≈ 84，但现网中，PDCCH

不仅承载用户面资源的分配与调度，控制消息也需要占用 PDCCH，上文也提到了控制消息包括系统消息、寻呼消息、PRACH 接入响应、上行功控命令等。也就是说，实际调度的用户数肯定少于 84 个（因为控制消息的 CCE 聚合等级为 4 或者 8），如果公共开销比例为 20%，则可用于调度的 CCE 数量为 84×0.8 ≈ 67 个（聚合等级为 1）。

特殊时隙计算如下。

PDCCH 最多占两个 OFDM 符号，假设 PHICH Group 为 13，则 CCE=（2400 − 400 − 16 − 156）/36 ≈ 50；如果公共开销比例为 20%，则可用 CCE 为 50×0.8=40 个，可调度的上下行用户数为 34 个（聚合等级为 1）。

由此可知，第 3、8 时隙调度上行用户，其他时隙调度下行用户时，20ms 可调度总用户数为（67×3+40）×4=964 个，其中，20ms 可调度下行用户数约为 964×4/5 ≈ 771 个，上行调度用户数约为 964×1/5 ≈ 192 个。

2. PDSCH 和 PUSCH 容量计算

在基于 IP 的语音传输（Voice Over Internet Protocol，VoIP）调度系统中，互联网工程任务组规定 PDCP 子层支持健壮性报头压缩（Robust Header Compression，RoHC）协议来进行报头压缩。在 TD-LTE 中，因其不支持通过电路交换域传输的语音业务，为了在分组交换域提供语音业务且接近常规电路交换域的效率，必须对 IP/UDP/RTP 报头进行压缩，这些报头通常用于 VoIP 业务。

典型的对于一个含有 32bit 有效载荷的 VoIP 分组传输来说，IPv6 报头增加 60bit，IPv4 报头增加 40bit，即 188% 和 125% 的开销。为了解决这个问题，在系统中，设定在激活周期内 PDCP 子层采用 ROHC 报头压缩技术，在压缩实体初始化之后，这一开销可被压缩成 4 ～ 6 个字节，即 12.5% ～ 18.8% 的相对开销，从而提高了信道的效率和分组数据的有效性。标清和高清数据包头及 TBS 块见表 3-40。

表3-40　标清和高清数据包头及TBS块

VoIP 语音类型	Codec	IP/UDP/RTP	PDCP （ROHC压缩）	RLC 头 （ROHC压缩）	MAC 头压缩	总共 /bit	TBS
12.2K 标清语音	263	40	8	8	16	335	376
23.85K 高清语音	498	40	8	8	16	570	584

12.K 标清语音包块大小为 335bit，如果下行采用 MCS18，1RB 对应的块为 376，空分复用后还能翻倍，因此，特殊时隙 1RB 承载 1 个标清用户也足够，20ms 最大用户数

400×4=1600（100 个 RB，20ms 中含 4 个 5ms 的无线帧，每个无线帧含 4 个下行子帧，PBCH、CRS、PDCCH 块忽略不计）。对于 PUSCH，由于 PUCCH 还需传递 CQI 等信息，假设 PUCCH 占 10 个 RB，DMRS 占用一个符号，受终端能力的限制，上行采用最高 MCS 为 24，对应 1 RB 的数据块为 584bit，1 个标清用户需要 1 个 RB，则 20ms 对应用户数为 90×6/7×4 ≈ 308 个（100-10=90 个 RB，DMRS 每半帧占用一个 OFDM 符号）。

23.85K 高清语音下行采用 MCS24，1RB 对应的块为 584，MIMO 空分复用后对应 1168bit，1 个 23.85K 高清用户仍需 1 个 RB，20ms 最大用户数 400×4=1600（PBCH、CRS、PDCCH 块忽略不计）。由于 PUCCH 还需传递 CQI 等信息，假设 PUCCH 占 10 个 RB，上行采用最高 MCS 为 24，对应 1RB 的数据块为 520bit，1 个高清用户需要 2 个 RB，则 20ms 对应用户数为 90×6/7/2×4 ≈ 154 个。

3. PHICH 容量

PHICH 用于对 PUSCH 传输的数据回应 HARQ ACK/NACK。每个 TTI 中的每个上行 TB 对应一个 PHICH，也就是说，当 UE 在某小区配置了上行空分复用时，需要两个 PHICH，这取决于用户所在的无线环境。PHICH 组 =Ng×（100/8）向上取整，Ng 取值为 1/6、1/2、1、2，对应最小的组数为 3，最大的组数为 25，每组可应答的 ACK/NACK 上行用户数为 8 个。

4. PUCCH 容量

每组 PUCCH 可确认 ACK/NACK 下行用户最大数为 36，如果设置 10 组 PUCCH，则 20ms 对应用户数为 36×10×4=1440 个。

5. 业务特性参数对容量的影响

（1）半永久性调度

半永久性调度（Semi-Persistent Scheduling，SPS），又被称为半静态调度，引入 SPS 调度模式的主要目的是支持 VoIP 业务。SPS 调度方式可以减少控制信道的资源开销和时延抖动，但会增加 PDSCH 的开销；VoIP 业务用户语音包发送频率较大，SPS 周期调度时不需要每次都发送 PDCCH，减少了控制区 CCE 的占用量，理论上可以提高系统用户容量。从语音业务模型上看，可以知道 SPS 适用于语音业务。VoIP 业务的状态分为激活期和静默期，在激活期数据包的发包间隔为 20ms，每个数据包的大小固定为 35 ～ 47 字节。由于没有压缩暂态时的数据包大小，数据包大小为 92 字节，在静默期，静默插入描述符（Silence Insertion Descriptor，SID）包的发包间隔为 160ms，每个 SID 包的大小固定为 10 ～ 22 字节，此发送方式适用 SPS 调度。SID 静默周期如图 3-33 所示。

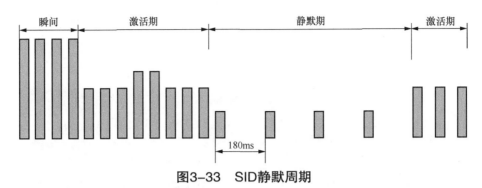

图3-33　SID静默周期

　　SID 静默期时，不管是否激活 RoHC，上行或下行语音包都仅需 1 个 RB 就可以承载，且周期为 160ms，静默期每 160ms 分配 1 个 PRB，其资源消耗约为通话期的标清语音的 1/8，高清语音的 1/16，可忽略不计。一般通话状态，静默因子取 0.4，综合起来相当于把原容量扩展 1.6 倍。

　　对 PDCCH 容量的影响：一次 SPS 可服务多次语音包调度，因此，PDCCH 容量增长的倍数取决于一次 SPS 服务的时长。例如，SPS 调度每 100ms 更新一次，则 PDCCH 容量增长 100/20=5 倍。

　　对 PDSCH、PUSCH 容量的影响：由于 SPS 信令格式的限制，使用 SPS 时可采用的最大 MCS 仅为 15，对应 1 个 RB 上行的数据块为 256bit，下行的数据块为 512bit。标清语音需要资源上行增加至 2 个 RB；高清语音资源上行需要增加至 3 个 RB。SPS 能成倍增加 PDCCH 容量，但减小了业务信道容量。因此，SPS 功能对容量的影响取决于无线环境质量。如果系统受限于上行 PUSCH，反而可能影响系统的总体容量。

　　（2）健壮性报头压缩协议

　　为了在分组交换域（PS）提供语音业务且到达接近常规电路交换域的效率，必须对 IP/UDP/RTP 报头进行压缩。对于话音数据包，其包长较小，封装成 IP 包后，采用头压缩技术能够有效提高频谱利用率，对于视频业务数据包，同样压缩后也可以提高频谱效率。在系统中，规定 PDCP 子层支持健壮性报头压缩协议（RoHC）来进行报头压缩，并且同时支持 IPv4 和 IPv6。对于一个含有 32 字节有效载荷的 VoIP 分组传输来说，IPv6 报头增加 60 字节，IPv4 报头增加 40 字节。为了解决这个问题，在系统中，PDCP 子层采用 RoHC 技术，可压缩成 4 ～ 6 字节，即 12.5% ～ 18.8% 的相对开销，从而提高了信道的效率和分组数据的有效性。RoHC 报文结构如图 3-34 所示。

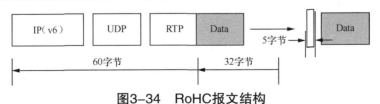

图3-34　RoHC报文结构

在 20MHz 带宽下，不同系统参数设置下的 VoIP 语音业务容量，新功能下最大支持的 VoIP 能力见表 3-41。

表3-41 新功能下最大支持的VoIP能力

业务类型	系统参数设置	信道容量（下行 / 上行）			
		PDCCH（3个 OFDM 符号）	PDSCH/PUSCH（PUCCH 占用 10 个 RB）	PHICH	PUCCH
12.2K 标清 语音	RoHC	761/191	1600/308	384	1440
	SID	761/191	2560/492	384	1440
	SPS	4760/1360	信道环境决定，容量下降	384	1440
23.85K 高清 语音	RoHC	761/191	1600/154	384	1440
	SID	761/191	2560/246	384	1440
	SPS	4760/1360	信道环境决定，容量下降	384	1440

通过上述分析，对于 VoIP 业务上行容量受制于 PUSCH 和 PDCCH，在 20MHz 带宽下，子帧 3:1；特殊子帧 9:3:2；在开启 RoHC 和 SID 功能的情况下，单个小区支持的最大标清 VoIP 用户数为 492 个，最大高清 VoIP 用户数为 246 个。

●● 3.4 业务承载能力解析

3.4.1 ITU-R M.2377 模型分析法

1. 带宽指配关键性因素

宽带集群系统中承载着语音、低速数据流、图像及高速视频流，针对不同的业务类型和调度模式，均需要计算出各自所占的带宽，通过典型覆盖城市频率需求测算、单小区业务需求测算和 PPDR 典型场景频率需求测算 3 个维度来计算专网总带宽需求。其中，语音业务对宽带集群系统的中小包调度能力要求较高，视频类业务占用系统带宽资源较多。在视频类业务中，传输速率是影响画面质量高低的主要因素，如果带宽过小，数据传输下载的速度小于视频流播放的速率，那么视频的播放将会经常出现停顿和缓冲，极大地影响客户观看的流畅性；而为了保证视频观看的流畅性，在小带宽的条件下，只能选择低品质、低码流的视频进行传输，这样又会影响客户的观看效果。目前，视频主流格式主要有 QCIF（176×144）、CIF（352×288）、HALF D1（704×288）、D1（704×576）、720P（1028×720）、1080P（1920×1080）等分辨率。视频采用哪种回传格式、调度方法和数量是影响系统设计和带宽资源的重要因素。

宽带集群系统支持语音、数据、视频等多媒体集群调度应用业务于一体的专网无线技术。各话务模型估算方法差异明显，例如，传统语音点对点的呼叫，更多需要考虑集群呼叫带来的点对多点的带宽需求，而视频等大包业务则更多考虑的是上行带宽需求，各类控制、传感器等中小包业务则需要重点评估系统调度能力和时延是否满足业务的需要。因此，需将不同业务类型按照 ITU-RM.2377 模型频谱测算方法，结合网络覆盖及专网的用户和业务发展情况，分别测算语音业务、窄带数据业务、图像业务和视频业务的频率需求，利用 B-TrunC 技术系统带宽灵活可变的特性，在 1.4MHz、3MHz、5MHz、10MHz、15MHz、20MHz 等可变带宽内，频谱管理者可在满足覆盖、容量需求的前提下，灵活地规划授权带宽，最大程度规避用户间干扰，提升频谱利用率。

2. 宽带集群业务带宽计算

宽带集群系统承载的业务类型可划分为语音业务（小包业务）、中包业务（图像类）、大包业务（视频类），将 3 项典型业务类型的上下行带宽需求进行累加，可得到系统总带宽需求。

（1）语音业务传输的带宽计算

$$B_{\text{Voice}} = \sum \{B_{\text{v-up}}, \ B_{\text{Down(p-p)}}, \ B_{\text{Down(p-m)}}\} \qquad \text{式（3-23）}$$

B_{Voice}——语音传输总带宽。

$B_{\text{v-up}}$——上行语音传输带。

$B_{\text{Down(p-p)}}$——下行语音点对点呼叫传输带宽。

$B_{\text{Down(p-m)}}$——下行语音点对多点呼叫传输带宽。

语音带宽包括上行的点对点带宽需求、下行点对点和下行点对多点的集群呼叫业务。

（2）数据业务传输的带宽计算

$$B_{\text{data}} = \sum (B_{\text{data-up}}, \ B_{\text{data-down}}) \qquad \text{式（3-24）}$$

B_{data}——短数据业务传输总带宽。

$B_{\text{data-up}}$——上行短数据业务传输带宽。

$B_{\text{data-down}}$——下行短数据业务传输带宽。

（3）视频业务包括上下行数据传输的带宽需求

$$B_{\text{media}} = \sum (B_{\text{media-up}}, \ B_{\text{media-down}}) \qquad \text{式（3-25）}$$

B_{media}——视频业务传输总带宽。

$B_{\text{media-up}}$——上行视频业务传输带宽。

$B_{\text{media-down}}$——下行视频业务传输带宽。

3. 语音集群业务带宽指配

在宽带集群系统语音业务带宽计算建模时，除了关注传统的忙时单小区用户总业务量，重点解决了集群语音呼叫中单呼、组呼和全网呼叫的比例，上下行频谱效率的取值计算过程如下。

（1）集群上行语音带宽 B_{v-up} 计算方法

$$B_{v-up} = (V_{BHCA} \times f \times N_{user} \times QoS) / (V_{kbit/s} \times 1000 \times 3600 \times \Phi) \times \alpha \times \beta \qquad 式（3-26）$$

$N_{user} = A/1.95 \times R^2$

$V_{BHCA} = n \times t$，其中，n 表示忙时单用户平均呼叫次数，t 表示忙时单次呼叫平均持续时间（秒）。

N_{user} 为单小区用户数，N 是目标区域内的集群语音用户总数。

A——覆盖目标区域面积，单位为 km^2。

R——基站覆盖半径，单位为 km。

QoS——服务等级，集群语音系统通常取 1.5。

f——激活因子，集群语音系统中通常取 1.0。

α——权重因子。

β——调整因子。

Φ——频谱效率（每赫兹在单位时间内承载的比特数），即宽带集群系统承载语音业务时的频谱效率，其计算方法如下。

$$\Phi = (V_p \times T) / (RB_n \times B_{RB}) \qquad 式（3-27）$$

RB_n 是语音调用所需的 RB 资源，如果下行采用 MCS18，1 个 RB 对应的资源块为 376 bit，空分复用后还能翻倍，因此，1 个 RB 资源块承载 1 个标清语音数据包是足够的。

B_{RB}——一个 RB 资源的带宽，取值 180000Hz。

V_p——语音包占用的比特数，12.2K 标清语音包块大小为 335bit。

T——语音包调用周期（s），一般情况下语音包调用周期为 20ms。

（2）下行点对点带宽 $B_{Down(p-p)}$ 计算方法

$$B_{Down（p-p）} = \partial \times B_{v-up} \qquad 式（3-28）$$

$B_{Down(p-p)}$——下行点对点语音通信带宽需求。

∂——宽带集群点对点呼叫的占比，依据工程经验，一般其取值为 10%。

（3）下行点对多点带宽 $B_{Down(p-m)}$ 计算公式如下。

$$B_{Down（p-m）} = \{ (1-\theta) \times B_{v-up} \times \{\delta \times (N_{Trunking}/N_{user}) + (1-\delta)\} + 1\} \times \delta \times n \qquad 式（3-29）$$

$N_{Trunking}$——组群内的用户数量。

δ 是组群呼叫比例，全网呼叫比例为"$1-\delta$"，按照"二八"原则取值，组群呼叫占比约为 20%，则全网的呼叫占比约为 80%。根据式（3-26）、式（3-28）、式（3-29）计算的上行带宽需求代入式（3-23）进行累加，即可得出宽带集群语音上下行带宽总量。以上方法是建立在集群组呼业务分布在不同小区上，一般情况下，组呼用户分布在多个小区内，空中接口适宜采用小区级的组播技术，即在组群用户所在的小区建立下行共享组播信道，最大限度地提高频谱的利用效率，因此，需要根据行业用户分布、站点建设规模等因素进行折算。

4. 窄带数据业务带宽指配

在行业运用中，宽带集群系统主要承载传感类、短信、图像及控制指令等信息，通过这类数据实现了设备的检测、管理和控制。这类中小包业务的突发性强、分布广、数量多，在此情况下，我们需要从两个维度来评估系统容量能力。一方面，系统整体吞吐率是否满足业务需求。在评估系统吞吐率时，窄带数据业务宽带计算过程与语音一致，二者的主要区别在于上下行数据业务的频谱效率变化。另一方面，宽带集群系统支持的最大并发用户数会受到限制，虽然单用户吞吐量低，但是用户集中，这就需要分析业务模式和系统参数配置，评估出系统最大的调度能力。宽带集群系统同时能够调度的用户数目受限于控制信道的可用资源数目，例如，PDCCH（包括 PHICH、PCFICH）可用的 CCE 数及 PDSCH 和 PUSCH 数量。受制因素较多，计算过程复杂，以 PDCCH 调度能力为例进行简单的评估。假设系统带宽为 20 MHz，上下行子帧配比为 3:1，特殊子帧 9:3:2 时，其普道时隙、特殊时隙、整体调度能力的计算过程与 3.3 节相同，对时延敏感的业务需要综合考虑上下行用户数量调度周期，用优化系统参数的方式来解决。

5. 视频业务带宽指配

传输视频需要多大的宽带，衡量指标主要有分辨率、帧速和视频格式。其中，帧速是确定每秒要传输多大的数据，在确定分辨率和帧速的前提下，再考虑视频文件压缩的压缩比，可以计算出单路传输所需的比特率。国内的可编程阵列逻辑电路（Programmable Array Logic，PAL）活动图像是每秒传输 25 帧，数字动态图像是由 I 帧、B 帧、P 帧构成。其中，I 帧是参考帧，可以认为其是一幅真实的图像照片，B 帧和 P 帧可以简单地理解为预测帧，主要是图像的增量变化数据，数据量一般较小，在极限情况下，25 帧为 I 帧，即每帧传输的图像完全不同。在视频监控的应用中，由于有固定场景，多数以传输增量数据为主（传输以 B 帧和 P 帧为主），一般在 10% ~ 40%。其中，40% 为变化较多的会议场景。以 720P 高清图像为例，每个图像用 24 个比特表示，则 720P（1280×720）单幅图像照片的数据量计算如下。

$$P_d=（1280×720×24）÷8÷1024=2700（KB）$$

其中，P_d 为单幅图像照片数据量。

（1）不同数据增量（10% ~ 40%）下的图像数据量

$$P_d（10\%）=2700×10\%×24+2700=9180\text{kbit/s}，9180×8÷1024 ≈ 72（Mbit/s）$$

$$P_d（20\%）=2700×20\%×24+2700=15660\text{kbit/s}，15660×8÷1024 ≈ 122（Mbit/s）$$

P_{d}（40%）=2700×40%×24+2700=28620kbit/s，28620×8÷1024 ≈ 224（Mbit/s）

（2）采用 H.264 压缩后的传输数据量

H.264 最大的优势是具有很高的数据压缩比率，在同等图像质量的条件下，H.264 的压缩比是 MPEG-2 的 2 倍以上，是 MPEG-4 的 1.5 ～ 2 倍。在视频会议中，对原始码流进行编解码压缩，采用 H.264，压缩比取 80:1。

在 P_{d}=10% 的情况下，压缩后的净荷数据量 =72÷80=0.9（Mbit/s）。

在 P_{d}=20% 的情况下，压缩后的净荷数据量 =122÷80 ≈ 1.5（Mbit/s）。

在 P_{d}=40% 的情况下，压缩后的净荷数据量 =224÷80=2.8（Mbit/s）。

加上网络传输开销，传输数据量 = 净荷数据量 ×1.3。

在 P_{d}=10% 的情况下，压缩后的传输数据量 =0.9×1.3=1.17（Mbit/s）。

在 P_{d}=20% 的情况下，压缩后的传输数据量 =1.6×1.3=2.08（Mbit/s）。

在 P_{d}=40% 的情况下，压缩后的传输数据量 =2.8×1.3=3.64（Mbit/s）。

经过上述计算，视频传输比特率见表 3-42。

表3-42　视频传输比特率

视频格式	分辨率	摄像头传输的比特率
CIF	352×288	512kbit/s
D1	720×576	1Mbit/s
720P（100 万像素）	1280×720	2Mbit/s
1080P（200 万像素）	1920×1080	4Mbit/s

视频业务可以采用两种方式进行评估：一种是将系统支持的最大峰值吞吐率与单路传输的比特率直接相除得出同时支持的视频传输路数，例如，系统峰值吞吐率为 100Mbit/s，1080P 视频格式每路传输所需要的带宽是 4Mbit/s，则支持最大 25 路视频传输；另一种则根据 ITU-R M.2377 模型进行测试，与语音和窄带数据业务评估方法相同，单小区业务量除以频谱效率，二者的区别是视频业务在上行链路上实时传输数据，对上行链路峰值吞吐率要求高。最后，将典型业务的带宽需求进行累加，结合宽带集群系统支持的 6 种带宽，确定用户最终的带宽需求。

3.4.2　单小区业务需求分析法

1. 单小区上行带宽需求测算

考虑公安等政府部门的业务需求，其大部分业务的带宽要求较高，采取 2.8km 站间距（1.4GHz）的组网，单小区（扇区）内有 10 路视频上传，因 720P 和 1080P 单路需要 2 ～ 4Mbit/s 的传输速率（取 2.5Mbit/s 作为单路视频传输速率的参考值），则上行带宽需要

25Mbit/s。根据"二八"定律，预计公安等政府部门的视频业务需求占所有用户视频业务需求的80%，因此，视频所需的上行带宽为31.25Mbit/s，再考虑同时并发的集群语音、数据和图片上传等业务，则总的上行带宽需求将超过30Mbit/s。

2.TD-LTE 峰值速率测算

在典型视频监控业务中占用上行业务资源较多，假如采用子帧配比为0（$D:U=1:3$），特殊时隙配比为10:2:2组网，子帧结构为DSUUUDSUUU。

下行公共开销信道组成如下。

物理下行控制信道（PDCCH）占用符号数为3600个，含物理控制格式指示信道、物理HARQ指示信道。

物理广播信道（PBCH）占用符号数约为288个。

SSS同步信道占用符号数72个。

CRS参考信号占用符号数1176个。

下行公共开销信道占比：（3600+288+72+1176）÷100÷12÷14×100% ≈ 30.6%。

上行公共开销信道组成如下。

解调参考信号（DMRS）约占2400个RE。

上行信道质量测量（SRS）假设在特殊子帧上报，不额外占用RE资源。

物理上行控制信道PUCCH约占1344个RE。

物理随机接入信道PRACH约占504个RE。

上行公共开销信道占比：（2400+1344+504）÷100÷12÷14×100% ≈ 25.3%。

3. 不同带宽下峰值速率

不同的公共开销信道参数设置影响单小区的峰值速率，不同带宽下TD-LTE峰值速率对比见表3-43。

表3-43　不同带宽下TD-LTE峰值速率对比

TD-LTE 子帧配比 0	下行峰值速率/（Mbit/s）	上行峰值速率/（Mbit/s）
MIMO，调制方式	2×2 64QAM[1]	1×2 16QAM
UE 等级	4	4
20MHz	44.27	26.29
15MHz	32.82	20.80
10MHz	21.62	12.68
5MHz	10.57	4.64

1. 正交调幅（Quadrature Amplitude Modulation，QAM）。

3.4.3 PPDR 典型场景分析法

参考 PPDR 宽带技术 AWG-14 输出在我国公共保护和抢险救灾场景下的分析模型和案例，例如，警方在暴力、爆炸事件应急处理过程中，频谱需求量最大的阶段正是特警小组采取突击行动的这段时间。为了保证此时段的带宽需求，经分析，专网系统的上行带宽至少需要 10MHz，下行带宽采用广播方式至少需要 5MHz，那么采用 20MHz FDD 系统或 20MHz 上下行配比为 3∶1 的 TDD 系统才能满足任务需求。

根据调研，相比其他专网用户，目前，公安等政府部门对宽带数字集群专网需求较大，日常工作产生的业务量较大。其业务量需求与上诉模型基本一致，从而得出公安等政府部门对宽带数字集群专网的带宽需求是 20MHz。

根据《工业和信息化部关于 1447—1467 兆赫兹（MHz）频段宽带数字集群专网系统频率使用事宜的通知》（工信部无〔2015〕59 号）文件要求，1.4GHz 宽带数字集群专网有 10MHz 或 20MHz 两种组网方式。如果采取 10MHz 组网，则在上述案例中无法满足公安等政府部门的任务需求，只能满足包括出勤巡逻及日常警务事件处理等任务。因此，其他方案是采用 20MHz 组网，这种组网方式可以满足公安等政府部门的任务需求，并且采取共网模式（在上诉案例中，极有可能需要为公安等政府用户设置专网的最高优先级，以保证公安等政府部门处置应急事件的带宽需求）。

●● 3.5 本章小结

本节致力于宽带集群系统接入技术理论研究，从 TD-LTE 公用移动通信技术原理入手，依托各厂商无线接入设备的性能资料，首先详细分析并解读了宽带集群系统性能指标，梳理出与覆盖、容量相关的系统参数，并对这些参数的性能和运用场景进行归类，在不同的场景、边缘速率和系统参数的配置下计算出单个小区的最大覆盖能力。在链路预算过程中，充分考虑行业运用的业务特点，剖析了可能影响覆盖能力的参数，优化系统参数，使系统与业务需求配合得更紧密。其次，本章深入探讨了无线宽带系统的容量能力，从大带宽和大连接两个方面阐述了宽带集群系统的容量能力，针对不同的公共开销信道配置，计算出在特定系统参数配置下的峰值速率。另外，针对用户集中的小包业务，分析了系统参数配置和技术特性，计算出无线宽带最大的调度能力。同时，本章剖析了行业运用中的视频和语音业务的传输模式，总结了不同的视频格式和调度模式下的物理层宽带需求，进而核查规划设计的小区数量是否能满足业务需求。最后，本章结合了系统覆盖能力和系统容量的约束条件，建立了宽带集群的覆盖、容量计算模型，为频谱管理机构的资源管理提供了决策依据。

参考文献

[1] 张守国，张建国，李曙海，等 .LTE 无线网络优化 [M]. 北京：人民邮电出版社，2014.

[2] 郭宝，张阳，李文冶 .TD-LTE 无线网络优化与运用 [M]. 太原：机械工业出版社，2014.

[3] 3GPP TS 36.211 v9.0.0 .3rd Generation Partnership Project；Technical Specification Group Radio Access Network；Evolved Universal Terrestrial Radio Access (E-UTRA)；Physical Channels and Modulation Universal Terrestrial Radio Access (E-UTRA)；Physical Channels and Modulation，2010：37-38.

[4] 3GPP TS 36.101 V9.2.0. 3rd Generation Partnership Project；Technical Specification Group Radio Access Network；Evolved Universal Terrestrial Radio Access (E-UTRA)；User Equipment (UE) radio transmission and reception (Release 9)：19-22.

[5] 3GPP TS 36.213 V9.0.1. 3rd Generation Partnership Project；Technical Specification Group Radio Access Network；Evolved Universal Terrestrial Radio Access (E-UTRA)；Physical layer procedures (Release 9)：28-34.

[6] 汤建东，李燕春 .1.8GHz 行业运用带宽指配技术研究 [J]，移动通信，2019，43（6）：86-89.

宽带集群系统频谱管理

Chapter 4

第4章

导读

　　我国社会经济快速发展，各行各业对无线接入系统带宽的需求越来越大，频谱资源较为稀缺的问题日渐凸显，为无线电频谱资源供给带来极大的压力。从国内看，民航、铁路、气象等行业在促进自身行业信息化、自动化、智能化建设和发展的过程中，越来越多地依赖无线电技术作为技术改造、提高生产效率、保障生产安全的重要手段。特别是随着5G牌照的发放，未来的移动通信带宽会更大，上网速度会更快，对无线电频谱资源的需求也将更大。正因为这种频谱资源的稀缺性，我国陆续出台了一些关于无线电频谱资源回收和无线电频谱使用许可期限的相关法律法规文件，在频谱资源的使用中，有的频谱资源利用率较低，或一直处于闲置状态，对其进行及时回收；在重新分配频谱资源时，充分利用认知无线电、多天线等新兴技术来提升频谱资源的利用率，从而更好地满足未来通信发展的需求。同时，本章深入分析了专网邻近频段运营的系统，以及它们之间的兼容性、共存性、干扰规避技术及保护机制，提出系统间需要的干扰隔离距离和规避原则，确保空中无线电波有序高效运行。

全球无线专网正在经历着从模拟 + 数字的窄带集群技术向宽带集群技术的跨越式发展，众所周知，信号的传输速率越高，需要占用的带宽就越大，从而使无线电频谱这一有限的资源越来越紧张。国际电信联盟日前发布的报告称，到 2030 年移动消费数据流量将呈现 30 倍以上的增长，从全球范围来看，无线频谱需要提高 10 倍的使用效率才能满足不断增长的移动宽带用户的需求。预计到 2030 年，全球发达地区市场的频谱需求为 1720MHz，发展中的地区市场的频谱需求也将达到 1280MHz。全球市场都将面临巨大的频谱缺口，特别是高频段开发不足，难度不断加大，这些都对无线电管理工作提出了新的要求和挑战。正因为无线电频谱资源的不可再生性，2016 年全国工业和信息化工作会议上提出，聚焦无线电频谱资源管理核心职能，以频率管理精细化和监管体系科学化为主要方向，抓住关键，精准发力，协调推进频率管理、台站管理、秩序维护等各项工作，切实提高用频效率，着力优化用频环境，助力"两化"深度融合，服务经济社会发展和国防建设。

近年来，频谱分配方面的不足之处主要表现在以下两个方面。

1. 已分配频谱资源的利用率低

长久以来，无线频谱资源一直由国家相关委员会采用静态的频谱分配及管理方式，将一段特定范围内的频谱资源固定授权给一个运营商或一个无线通信系统单独使用。这种管理方式使不同的无线通信系统各自使用不同的授权频段，这样虽然有效地避免频段相互干扰，但却造成了大量的授权频段闲置，整体频段利用率低下。2014 年 7 月，国家无线电监测中心和全球移动通信系统协会发布《450MHz—5GHz 关注频段频谱资源评估报告》，该报告给出了北京、成都和深圳等城市的部分无线电频谱占用统计数字。统计结果表明，5GHz 以下所关注频段大部分的使用率远远小于 10%，说明 5GHz 以下频段使用率有大量的提升空间。为了提高频谱利用率，授权的频带需要进一步细化管理，在满足业务需求的时候，尽可能少占用频段资源。

2. 无线接入技术认知不足

在授权的频段内，用户根据设备制造商提供的技术方案申请相应的宽带，频谱管理机构受制于设备性能特性的认知水平，很难评判用户申请的频段资源及组网方式是否合理，导致无线电管理机构在审批频率资源时往往很被动。在现代无线接入技术中，无线资源和无线接入技术之间具有足够的智能计算，能够根据已知业务通信需求改变系统参数和发射机参数（例如，传输功率、调制方式、干扰协调管理），并且能够提供最符合需求的无线资源和服务。目前，主流的无线接入技术引起了频谱管理机构的极大兴趣。当前，国内外学者对 4G/5G 蜂窝移动通信在特定场景下的无线接入技术研究较多，但在实际组网时，业务、环境、系统特性都是一个复杂的综合体，随着专业通信网的广泛运用，如何在特定的无线环境下使系统性能与业务需求实现最佳的匹配是未来重点研究的课题。

●● 4.1 政策法规

随着我国社会经济的快速发展，各行业对无线接入系统带宽的需求越来越大，频谱资源的稀缺性日趋严重，给无线电频谱资源供给带来极大的压力。从国内来看，民航、铁路、气象等部门在促进自身行业信息化、自动化、智能化建设和发展的过程中，越来越多地依赖无线电技术作为技术改造、提高生产效率、保障生产安全的重要手段。特别是随着 5G 牌照的发放，未来的移动通信带宽更大，上网速度更快，对无线电频率资源的需求也将更大。从国际上来看，世界各国已普遍意识到无线电频率和卫星轨道资源的稀缺性，对无线电频率和卫星轨道资源的争夺日益激烈，因此，工业和信息化部在 2015 年发布行业运用和政务专网的频谱规划通知，要求频谱管理机构在推行高效的行政管理的同时，提高技术管理能力，建立合理评估，开展事前管控、事后溯源性研究，探索运用市场机制分配频谱资源，努力通过市场规则、市场价格、市场竞争实现资源利用的效益最大化和效率最优化。

4.1.1 行业专网频段

为适应无线电通信技术的不断发展，满足无线接入业务的需要，根据我国频率划分和国际电联频率划分的有关规定，结合我国频率使用的实际状况，1998 年，工业和信息化部（原信息产业部）发布《关于 1800MHz 无线接入系统频率规划的通知》，将 1800 ～ 1805MHz 频段用户无线接入系统（TDD 方式），在该频段内可以使用我国自有知识产权的 SCDMA 技术。

2003 年，《关于扩展 1800MHz 无线接入系统使用频段的通知》（工信部无〔2003〕408 号）中指出，为适应本地无线接入业务的需求，促进无线接入技术的发展，提高频率利用率，将 1800MHz 时分双工方式无线接入系统的工作频率带宽由 1800 ～ 1805MHz 扩展为 1785 ～ 1805MHz。该频段的具体频率指配和无线电台站管理工作由各省（自治区、直辖市）无线电管理机构负责。为适应行业信息化应用，满足固定无线视频监控传输系统的频率需求，2008 年，无线电管理局发布了《关于固定无线视频传输系统使用频率的通知》（工信部无〔2008〕332 号），扩展了 1785 ～ 1805MHz 频段的业务应用范围，不仅可以开展语音、低速数据等窄带应用，也可以开展无线视频传输等宽带应用。该通知中明确提出，允许《关于扩展 1800MHz 无线接入系统使用频率的通知》（工信部无〔2003〕408 号）中无线接入系统的基站多载波合并使用，终端的载波间隔为 250kHz×n（n=1 ～ 4）。2009 年，国家发展和改革委员会、工业和信息化部联合发布了《电子信息产业技术进步和技术改造投资方向》，在通信设备领域，重点支持具有自主知识产权的宽带无线接入系统、终端及核心芯片的研发及产业化，推动新一代无线接入技术（含数字集群功能）在重点领域的行业应用。经过多年的发展，1.8GHz 频段已经在油田、电力、民航、水利、煤炭等多个行业得到应用。随着宽带无线通信技术的发展，尤其是 4G 技术在宽带无线专网的发展，以及我国 B-TrunC 标准的发布，专网市场对宽带无线通信系统需求的增加，1.8GHz 行业专网频谱也成为宽带专网技术的应用频谱之一。为满足交通（城市轨道交通等）、电力、石油等行业专用网和公众通信网的应用需求，《工业和信息化部关于重新发布 1785—1805MHz 频段无线接入系统频率使用事宜的通知》（工信部无〔2015〕65 号），该文件用于指导 1785—1805MHz 频段的分布和行业用频，标志着专网系统完成了 SCDMA 向长期演进（LTE）的政策转变，为近几年专网飞速发展提供了坚实的基础。

2017 年，宽带集群通信市场的政策环境进一步优化，标准化工作进展顺利，行业的宽带化发展规划更加清晰，国家对行业专网宽带化升级给予了大力支持，1.4GHz、1.8GHz 频率资源先后被确定为行业宽带专网的使用频段。2017 年 7 月，国务院办公厅发布了《国家突发事件应急体系建设"十三五"规划》，该规划明确指出，加快城市基于 1.4GHz 频段的宽带数字集群专网系统建设，满足应急状态下海量数据、大宽带视频传输和无线应急通信等业务需要。在国家政策、用户需求、标准发展、产业成熟等多重利好因素的拉动下，宽带专网应用越来越广泛。频谱资源短缺的矛盾突现。目前，用户在申请频谱资源时费用较低，申请单位往往按需求最大化申请宽带，在经济上无法有效地约束频率占用单位，造成 1.8GHz 宽带数字集群系统频率资源利用率低，造成无线电频谱资源极大的浪费。为充分发挥频谱资源使用效益，科学合理配置频谱资源，促进相关技术和产业发展，避免在频率、台站使用中与已有系统产生有害干扰，工业和信息化部下发了《无线电频率使用率要求及核查管理暂行规定》（工信部无〔2017〕322 号），明确 1400MHz、1800MHz 系统无线电频率使用率要求，即超过 2 年不使用或者使用率（频段占用率、用户承载率等）达不到无线电频率使用许可证规定要求的，可收回频率许可。这一政策的出台，极大地提高了频谱使用率。

4.1.2　政务专网频段

目前，国内各主要设备商陆续推出了基于 TD-LTE 技术的用于 1447 ～ 1467MHz（以下简称 1.4GHz）频段的相关产品及解决方案，并在政务、公共安全、应急通信等领域积极开展应用及客户群开发，产业发展进入快车道。为推动 TD-LTE 技术的广泛应用，探索政务专网的建设运营模式，自 2011 年北京申请政务物联数据专网得到工业和信息化部批复以来，天津、上海、南京等地也逐步申请并启动了 LTE 宽带集群试验网建设，并达到了不错的应用成效，大大提升了政府部门的信息化水平。2015 年 2 月，工业和信息化部印发《关于 1447—1467 兆赫兹（MHz）频段宽带数字集群专网系统频率使用事宜的通知》，标志着宽带数字集群逐步从试验阶段走向规模商用阶段。2016 年 1 月，工业和信息化部再次印发《关于 1447—1467 兆赫兹（MHz）频段宽带数字集群专网系统频率管理有关事宜的通知》，标志我国大中城市将开始 1.4GHz 频段 TD-LTE 政务专网的正式商用。

4.1.3 频谱管理策略

根据《工业和信息化部关于加强 1447—1467MHz 和 1785—1805MHz 频段无线电频率使用管理的通知》（工信部无〔2018〕197 号），各省（自治区、直辖市）无线电管理机构结合当地实际需求和应用特点，充分考虑了 1800MHz 系统的部署和运营模式、频率协调等情况，按要求制定本地区频率使用规划方案。

1. 严格行政许可审查

各省（自治区、直辖市）无线电管理机构负责本辖区 1800MHz 系统无线电频率、台站行政许可工作。在做出许可时，应进一步加强审查，明确许可主体，确保系统部署方式、使用模式、与其他系统的兼容共存等符合相关要求，充分体现无线电频率资源使用效益。

1.8GHz 频率许可：明确许可主体，确保系统部署方式、使用模式、与其他系统的兼容共存等符合相关要求。

2. 明确使用对象和部署方式

1800MHz 系统主要用于满足城市轨道交通、机场、煤炭等行业专用通信需求，可由申请用频单位自行建设使用。

3. 提高频谱使用效率

应进一步优化 1800MHz 系统信道带宽配置，提高频谱使用效率。1800MHz 系统建议优先考虑 1.4MHz、3MHz、5MHz、10MHz 等信道带宽配置。能用有线方式或公众移动通信系统解决的通信业务，原则上不使用 1800MHz 系统。应充分考虑系统使用模式，尽量采用地理隔离等方式，对系统频率进行复用，提高使用效率。

4. 做好系统间频率台站协调

例如，在小城市、农村及偏远地区部署建设 1800MHz 无线接入系统应采取相应兼容性措施，做好与邻频、同频等系统的共存。

5. 鼓励引入市场化竞争机制

当多个单位申请 1800MHz 系统无线电频率使用许可时，鼓励各地无线电管理机构制定和引入竞争规则，采用竞争性方式进行无线电频率使用许可工作。竞争规则由各地根据频率使用的必要性、合理性，以及频率使用率，预计可产生的社会效益和经济效益、技术体制、技术力量等方面综合考虑确定。

6. 规范频率台站管理

各省（自治区、直辖市）无线电管理机构应当根据《中华人民共和国无线电管理条例》《无线电频率使用许可管理办法》（工业和信息化部令 第 40 号）等法规、规章要求，实施无线电频率和台站使用许可，向申请人颁发《中华人民共和国无线电频率使用许可证》和《无线电台执照》，并按要求载明相关内容。

在《中华人民共和国无线电频率使用许可证》启用前以批文形式做出的 1800MHz 系统无线电频率使用许可，各省（自治区、直辖市）无线电管理机构应在频率使用有效期届满后，换发《中华人民共和国无线电频率使用许可证》，并明确相应使用要求。

7. 健全频率使用率核查机制

根据《无线电频率使用率要求及核查管理暂行规定》（工信部无〔2017〕322 号），明确 1400MHz、1800MHz 系统无线电频率使用率要求。

① 频段占用度不低于 70%。

② 区域覆盖率不低于 50%。

③ 用户承载率不低于 50%。

④ 年时间占用度不低于 60%。

各省（自治区、直辖市）无线电管理机构应进一步健全无线电频率使用率核查机制，开展频率使用率核查，确保无线电频率使用率达到有关要求。

8. 建立无线电频率收回机制

各省（自治区、直辖市）无线电管理机构应建立无线电频率回收机制，对除因不可抗力外，取得无线电频率使用许可后超过 2 年不使用或者频率使用率达不到无线电频率使用许可证规定要求的，可由无线电管理机构限期整改；逾期不整改或整改后仍不符合要求的，做出许可决定的无线电管理机构可撤销无线电频率使用许可，收回无线电频率。

●● 4.2 干扰规避技术

4.2.1 带外干扰

工业和信息化部发布的 1785 ～ 1805MHz 作为城市轨道交通、电力、石油等行业运用的专用频段，技术体系为 TDD 的方式，与此相邻的 1.8GHz 商用运用的频段有 DCS1800（上行）1710 ～ 1735MHz，DCS1800（下行）1805 ～ 1830MHz 为中国移动 DCS1800 工作频段，1735 ～ 1755MHz（上行），1830 ～ 1850MHz（下行）为中国联通 DCS1800 工作频段。1.8GHz 频段分布示意如图 4-1 所示。

中国移动 DCS1800（上行）1710～1735MHz	FDD扩展频段 1755～1785MHz	行业运用专用频段 1785～1805MHz	中国移动 DCS1800（下行）1805～1830MHz

图4-1 1.8GHz频段分布示意

1785 ～ 1805MHz 频段介于 1.8GHz 上下频段之间，其下方是 1755 ～ 1785MHz 的 FDD 上行频段（即手机发射频率），上方是 1805 ～ 1830MHz 的 DCS1800 下行频段（即基站发射频率），上述频段之间完全相邻，其中，1830MHz 频段以上的间隔较大，本节主要研究 TDD 与 DCS1800 系统间的干扰。

中国移动 1805 ～ 1830MHz 的 DCS1800 基站下行发射频率对 1785 ～ 1805MHz 的 TD-LTE 基站上行接收干扰。

中国移动 1805 ～ 1830MHz 的 DCS1800 基站下行发射频率对 1785 ～ 1805MHz 的 TD-LTE 基站下行接收干扰；同样，1785 ～ 1805MHz 的 TD-LTE 基站下行发射频段和上行发射频段 1805 ～ 1830MHz 的 DCS1800 下行接收机的干扰也同样存在。

系统间的隔离需要隔离带，通过各自滤波器对干扰系统的功率进行抑制可实现干扰隔离。滤波器的抑制边带是一条滚降曲线，一般为保证生产的可实现性，在通带边的 1 ～ 2MHz 处是没有抑制作用的，只有偏离 5MHz 以上，才会获得 40dB 以上的衰减，因此，一般情况下，至少需要 5MHz 隔离带，精细化分配宽带集群行业运用频带尤为重要，在满足业务需求前提下分配 10MHz、5MHz 甚至 3MHz 的带宽可以充分避开邻频干扰。例如，分配给地铁、轨道交通使用 1790 ～ 1800MHz 频段，利用 1800 ～ 1805MHz 的 5MHz 频率作为系统隔离带，相应的 DCS1800 系统仍然可以从 1805MHz 开始配置载波，其发射滤波器的边带从 1805MHz 开始，与现网使用的设备相同。

1. DCS1800 基站对 TD-LTE 的 eNodeB 的杂散干扰

DCS1800 发射功率按 40W（46dBm）考虑，根据 GSM 规范（3GPP TS 0.5/0.5），对 DCS1800

发射机的杂散电平应 ≤ –96dBm/100kHz。

系统工作信道带宽内热噪声功率计算公式如下。

P_r=10×log(kTB)，系统接收灵敏度一般以 10log×(kTB)+NF 计算，kTB 为 1Hz 带宽的热噪声功率，NF 为系统噪声系数。干扰容限以接收机灵敏度下降 0.8dB 计算，即干扰比系统接收灵敏度低 7dB。

要使 DCS1800 基站对 TD-LTE 基站的干扰不受影响，TD-LTE 基站所容忍的干扰容限一般设为 –109dBm。

用最小耦合损耗（Minimum Coupling Loss，MCL）计算法计算干扰源系统发射指标和被干扰系统接收指标之间的隔离度要求如下。

MCL=P_r–$BWAF$–(P_x+NF–7)。其中，P_r 为干扰系统的杂散干扰信号强度，$BWAF$ 表示带宽调整因子，其公式定义如下。

$$BWAF = 10\log\left(\frac{BandWidth\_R_x}{BandWidth\_Measure}\right) \qquad 式（4-1）$$

$BandWidth\_R_x$——被干扰接收机工作带宽。

$BandWidth\_Measure$——干扰电平可测量带宽。

当被干扰系统的工作带宽与测量带宽不一致时，需要进行带宽转换。

地面基站共存按照 MCL 为 67dB 的隔离度要求，$BWAF$=10log50=17dB，则 DCS1800 发射机的杂散电平应为 –96dBm/100kHz= –79dBm/5MHz，隔离度 = –79–（–109）=30dB。当 MCL=67dB 时，DCS1800 与 TD-LTE 专网共站址时能满足杂散隔离度要求。

2. DCS1800 基站对 TD–LTE 的 eNodeB 的阻塞干扰

阻塞干扰是将接收机的低噪放大器推向饱和区，使其不能正常工作的强功率带外干扰。与邻道和杂散干扰信号不同，阻塞干扰并不是直接落在被干扰系统接收带宽内，而是在接收带宽和邻频带宽外，用于描述远离接收信道的干扰，在远离接收机工作频带部分，虽然阻塞与杂散有频率上的重叠，但阻塞干扰一般是指干扰信号为窄带信号或确定系统的调制信号。其要求阻塞干扰功率比低噪放大器的 1dB 压缩点低 10dB。

DCS1800 基站的发射功率按照 40W（46dBm）考虑，TD-LTE 的带外抗阻塞能力为 – 47dBm（3GPP Table7.5），类似杂散干扰的情况，阻塞隔离度的公式如下。

MCL=P_r – F_s – P_B。其中，P_r 为干扰系统的发射功率，P_B 为 TD-LTE 带外阻塞电平，F_s 为滤波器抑制能力。

TDD 与 DCS1800 共存时，按照 MCL=67dB，则隔离度要求如下。

67=46 – F_s–（– 47），F_s=26

在 5M 隔离带下，加装滤波器可以满足 TD-LTE 带外阻塞电平要求。

3. DCS1800 基站对专网的 eNodeB 的互调干扰

互调干扰是由传输信道中非线性电路产生的，当两个或多个不同频率的信号输入非线性电路时，由于非线性器件的作用，会产生很多谐波和组合频率分量。其中，与所需要的信号频率 ω_0 相接近的组合频率分量会顺利通过接收机而形成干扰。这种干扰被称为互调干扰。互调干扰特性取决于收发机的非线性器件，两个频率以上的作用，互调产物的频率落入接收机内才造成干扰，使信噪比下降。如果干扰的信号频率为 f_1、f_2、f_3，其互调产物的频率为 $f=p_{f_1}+q_{f_2}+r_{f_3}+\cdots$，$|p|+|q|+|r|$ 为互调产物的阶次，据此可列出干扰频率 f_1、f_2 的两个干扰信号的互调产物。

二阶互调：$f_1\pm f_2$ 或 $f_2\pm f_1$。

三阶互调：$2\times f_2\pm f_1$ 或 $2\times f_1\pm f_2$。

四阶互调：$2\times f_1\pm 2\times f_2$ 或 $3\times f_1\pm f_2$。

其中，三阶互调影响最大。

接收端的互调产物强度：$P_{IM}=3\times P_i-2\times P_3$，其中，$P_{IM}$ 是接收端收到的互调产物信号强度，P_3 是三阶输入截取点，一般直接给出接收机所允许的互调干扰源强度指标。P_i 是第 i 个干扰信号的强度指标。三阶互调干扰分布如图 4-2 所示。

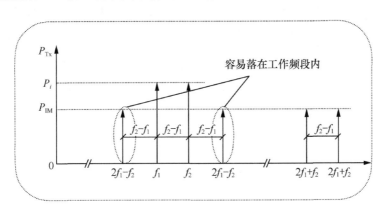

图4-2　三阶互调干扰分布

DCS1800 基站的工作频率为 1805～1830MHz，例如，DCS1800 低频中心频率 $f_1=1810$MHz，最高中心频率为 $f_2=1830$MHz，则 $2f_1-f_2=1790$MHz，落在专用频段 1785～1805MHz 内，根据 3GPP 25.105 协议标准中，GMSK 基站对 GMSK 互调干扰的要求，在对应 –115dBm 所需要信号功率水平，单频（CW）干扰信号不能高于 –47dBm，由于 DCS1800 信号带宽与专网信号带宽接近，可参考 GSMK 基站对宽带集群基站的互调要求，MCL 应满足 $46-MCL \leqslant -47$dBm，则 MCL 要求大于 83dBm。在共址 $MCL=67$dB，5M 隔离带下，加装滤波器可以满足宽带集群系统的带外阻塞电平要求。

4.2.2 带内干扰

在传统的移动通信系统中，经常使用上行最大比合并（Maximum Ratio Combining，MRC）技术来提高上行信号增益；而在系统中，采用先进的上行干扰抑制合并（Interference Rejection Combining，IRC）技术可以更有效地改善上行信号质量，降低干扰，提高小区容量。需要注意的是，IRC算法有一定的局限性，与MRC技术的应用场合不同，二者存在一定的优劣互补关系。MRC的输出信噪比等于各路信噪比之和，因此，即使当各路信号都很差、没有一路信号可以被单独解出时，MRC算法仍有可能合成一个不仅可以满足SNR要求，还可以被解调的信号。

1. MRC 原理

MRC原理是指各条支路接收信号加权系数与该支路信噪比呈正比。在LTE中，即各个天线接收到的信号，信噪比越大，加权系数越大，从而对合并后的信号贡献也越大。把噪声和干扰统一看作高斯白噪声来处理，认为各个天线接收到的信号互相干扰很小，即互相关为0。设定系统为两天线时，两路天线接收到的信号的表达式如下。

$$y_1 = H_1 x + n_1 \qquad \text{式（4-2）}$$
$$y_2 = H_2 x + n_2 \qquad \text{式（4-3）}$$

在式（4-2）、式（4-3）中，可以得到信道估计值（在LTE中常用的信道估计方式有LS和MMSE），信道共轭分别为H_1^*和H_2^*，再与接收到的信号相乘得到如下公式。

$$z_1 = H_1^* y_1 = \|H_1\|^2 x + H_1^* n_1 \qquad \text{式（4-4）}$$
$$z_2 = H_2^* y_2 = \|H_2\|^2 x + H_2^* n_2 \qquad \text{式（4-5）}$$

MRC抗干扰消除方式如图4-3所示。

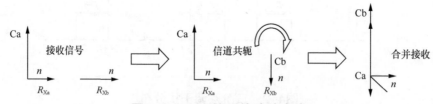

图4-3 MRC抗干扰消除方式

最终信号为Ca+Cb，该算法提高了信号的方差，但噪声的方差没有改变。

2. IRC 原理

IRC算法具有多种形式，但本质上都是利用干扰噪声信号的协方差矩阵对接收信号进行处理的，从而提高了系统的性能。在多天线（大于1天线）下实现，利用一个权值矩阵对不同天线接收到的信号进行线性合并，抑制信道相关性导致的干扰，天线数越多其消除干扰的能力越强。需要说明的是，MRC 方法是将高斯白噪声和干扰信号统一看成高斯白噪声。然而事实上，干扰信号的频谱并不是全带宽均匀分布的，而是与各个 UE 信号具有相类似频谱分布的干扰。因此，在无干扰或者干扰较小时采用 MRC，但是在强干扰时采用 IRC。IRC 抗干扰消除方式如图 4-4 所示。

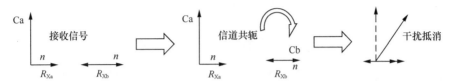

图4-4　IRC抗干扰消除方式

IRC 属于接收分集技术，可在接收天线数目大于 1 的条件下实现，利用一个权值矩阵对不同天线接收到的信号进行线性合并，抑制信道相关性导致的干扰，接收天线越多，其消除干扰的能力越强。从用户感知的角度来说，IRC 技术的应用提升了上行质量，上行传输速率普遍得到提高，特别是在进行海量数据上传时，用户体验感明显得到改善。从运营商的角度出发，IRC 技术的应用可提升小区内平均数据的吞吐率，特别是对于小区边缘速率的改善，IRC 比较适合干扰用户相对集中、低速、建筑物相对简单的室外场景，而不太适合室内分布场景。

增强型干扰消除（Enhanced Interference Rejection Combining，EIRC）算法，在 IRC 算法的基础上，同时考虑了干扰信号的空域和时域相关性，更准确地估计干扰特征，从而更有效地消除干扰，提升上行链路质量。在典型的城区无线环境中，如果小区能够很好地同步，而且在服务小区的 TS 和干扰源小区的训练序列码（Train Sequence Code，TSC）的相异性得到保证的情况下，IRC 能够获得 5dB 左右的增益。TSC 规划的优劣对于发挥 IRC 的作用有着重要的影响。如果小区的同步性不佳时，IRC 获得的增益在 2 ～ 3dB。一般来说，增益的大小从全网的平均水平来评估才能获得一个较为准确的结论，但是并不是说，使用 IRC 就一定会获得比现在要高得多的增益，有些时候会弱化增益，例如网络中的干扰是来自若干个干扰源，这些干扰在时间上具有同时性，同时在功率上具有相等性；网络中的同频小区的 TSC 相同的情况也会弱化 IRC 带来的增益。增加型 IRC 干扰消除如图 4-5 所示。

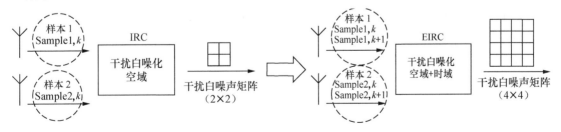

图4-5　增加型IRC干扰消除

3. 软频率复用技术分析

（1）分数频率复用

随着业界对软频率复用技术的研究越来越多，许多与之相关的概念也随之涌现，但在使用上并没有形成统一的定义，造成其与"分数频率复用""部分频率复用"等概念在一定程度上的混淆。这里将所有把小区分成内区（Interior）和外区（Exterior）两个部分，并相应地将一部分频率资源完全分配给内区用户进行复用，而另一部分使用一个大于1的信道复用因子进行复用的方法统称为软频率复用。软频率复用技术如图4-6所示。其中，图4-6（a）表示频率资源在空间上的分配，图4-6（b）是不同小区频率资源的划分。

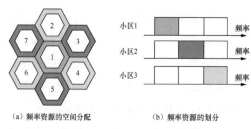

（a）频率资源的空间分配　　　　　（b）频率资源的划分

图4-6　软频率复用技术

设 S 为 OFDM 系统所使用的带宽内所有子载波的集合，按照图4-6（b）的频率资源划分方案，S 被分为3个子集 S_1、S_2 和 S_3，并且这3个子集内的子载波互不重叠。图4-6（a）中每个小区被划分为内外两层，划分的依据可以使无线链路的质量相同。子载波集 S_1、S_2 和 S_3 分配到系统的各小区，例如，S_1 对应小区1，S_2 对应小区2，S_3 对应小区3等。在资源分配阶段确定用户使用的传输子载波组。对于内层区域的一个终端来说，可以被分配得到子载波组是集合 S 中的任意子载波或子集，也就是说，小区内层区域的频率复用因子可以为1。而对于外层区域的一个终端来说，它能被分到的子载波组只能是一个子集，即频率复用因子只能达到3。同时，把 S_1、S_2 和 S_3 匹配到每个对应的小区时应遵守的一个原则是确保相邻的3个小区匹配得到子集合组必须是 S_1、S_2 和 S_3 的一个排列组合。

这种频率划分方法和频率资源空间分配方案，可以确保相邻小区的边缘区域被分配到的子载波互不重叠。由此可见，软频率复用技术的主要目的是提高 LTE 系统对于小区边缘终端的服务质量。图4-6所示的是小区边缘复用因子为3的情况，如果采用更高的小区边缘复用因子（例如7、9等），则可以进一步降低小区间的干扰，但是会导致频谱利用率的降低。在以上算法中，整个系统的频率复用因子将是一个大于1而小于外区复用因子的分数，因此，这种算法又称为分数频率复用算法。

（2）改进型软频率复用算法

① 采用动态频率复用因子的软频率复用算法

这种软频率复用算法继承了分数频率复用的优点，同时采用动态的频率复用因子，可以比较明显地提高频率利用率。在该算法中，所有的频段被分成两组子载波，一组称为主子载波，另一组称为辅子载波。主子载波可以在小区的任何地方使用，而辅子载波只能在小区中心使用。不同小区之间的主子载波相互正交，在小区边缘有效地抑制了干扰；而辅子载波由于只在小区中心使用，相互之间干扰较小，则可以使用相同的频率。

② 增强的软频率复用方案

虽然软频率复用对于抑制小区边缘干扰的情况，以及灵活分配子载波已有了一定的考虑，但是其仍然会对分配给不同小区的相互正交的主子载波带来一定程度的资源浪费，尤其是当小区边缘的业务量较大时，会导致小区之间的频率复用因子增高、频谱利用率下降等后果。增强的软频率复用方案继承了传统的软频率复用思想，又在其基础上对于在业务量变化时可能带来的资源浪费等问题进行了改进。

以上主要对软频率复用算法及改进方法进行了分析。这里将通过数学计算和推导进一步研究该算法主要受哪些参数的影响，并给出软频率复用的最优频率分配准则及计算方法。

在 TD-LTE 下行系统中，最小资源映射单位为一个资源块（RB）。一般来说，一个 RB 由时域 7 个 OFDM 符号、频域 12 个子载波组成。而在进行资源调度时，时域上一般是以传输时间间隔 TTI 作为基本单位。假设 TD-LTE 网络由 J 个小区组成，每个小区包含 K 个用户，所有用户可在每个 TTI 中共享 N 个 RB。对于用户 k，要求达到一个最小传输速率。如前所述，每个小区都被分为内区和外区。内区频率服用系数为 1，即每个小区的内区用户都仅对其他小区分配到相同 RB 的用户产生干扰。因此，在第 t 个 TTI 中第 k 个激活用户在第 n 个 RB 上的信噪比的定义如式（4-6）所示。

$$SNR_n^{k,j}(t) = \frac{P_j^n G_{k,j}^j \left| h_{k,j}^n(t) \right|^2}{\delta^2(n) + \sum_{l=1,L \neq J}^{J} P_j^n G_{k,j}^j} \qquad \text{式（4-6）}$$

其中，P_j^n 表示小区 j 在第 n 个 RB 上的传输功率，$G_{k,j}^j$ 是基站 1 和用户 k 之间的信道增益，而 $\delta^2(n)$ 表示第 n 个 RB 上的接收机噪声。$h_{k,j}^n(t)$ 表示基站 1 和用户 k 之间的信道冲激响应。由文献可知，用户向基站汇报的信道信息并非瞬时 SNR，而是由平均 SNR 来确定，因此，可以利用信道冲激响应的长期统计特性 $E = \left(\left| h_{k,j}^n(t) \right|^2 \right) = 1$，其中，$E(x)$ 表示随机变量 x 的期望。由香农定理可知，处于激活小区 j 中内区用户的传输速率如式（4-7）所示。

$$r_n^{k,j}(I) = B \log_2 \left(1 + SNR \right) = B \log_2 \left(1 + \frac{P_j^n G_{k,j}^j}{\delta^2(n) + \sum_{l=1,L \neq J}^{J} P_j^n G_{k,j}^j} \right) \qquad \text{式（4-7）}$$

对于外区用户来说，干扰将受到频率复用因子的影响。由传统频率复用理论可知，当频率复用因子为 M 时，则其相邻的 $M-1$ 个小区都对小区无干扰。令 $u(j)$ 表示小区 j 及其相邻的可以无小区间干扰的 $M-1$ 个小区，而 $\bar{u}(j)$ 表示剩下的相邻小区。

在 TD-LTE 系统中，频率复用的目的是在保证每个用户服务质量（Quality of Service，QoS）的前提下，达到系统吞吐量最大。在这里，用户服务质量将通过达到最小传输速率来保证。将小区 j 的内区和外区分别表示为 $In(j)$ 和 $Ex(j)$，所有 N 个 RB 被分为 N_{In} 和 N_{Ex}，分别分配给内区用户和外区用户（已知 $N_{In}+N_{Ex}=N$）。由软频率复用算法的描述可知，N_{In} 将在所有的小区完全复用，而 N_{Ex} 将在 $\bar{u}(j)$ 中的不同相邻小区间复用，复用系数大于 1。

由于 TD-LTE 协议规定下行链路不使用动态功率控制，所以可以认为每个 RB 的发送功率是相同的。因此，对于每个 N_{In} 来说，公式的最优化问题可以退化为一个传统的线性最优化问题，并通过原始对偶内点算法进行求解。由于在 TD-LTE 中的 RB 数是受限的（最大 RB 数为 100），所以可以通过对所有 N_{In} 进行遍历并将其所对应的最优解进行比较，进而得到整个系统的最优频率配置解。

4.2.3　邻频干扰

我国标准化组织 CCSA TC5 WG8 已研究了 L 波段（1427～1525MHz）共 98M 多系统共存问题。1.4G 频段分布使用情况示意如图 4-7 所示。

图4-7　1.4G频段分布使用情况示意

其中，1427～1435MHz 规划用于点对点通信业务，1430～1446MHz 规划用于无人机系统下行遥测与信息传输链路；1430～1434MHz 频段应优先保证警用无人驾驶航空器和直升机视频传输使用；1447～1467MHz 规划用于政务专网；1471.8～1476.8MHz 规划用于卫星广播业务。

① 在 1447～1467MHz 频段邻近的 1467～1492MHz 频段，2004 年原信息产业部批准中国卫通集团有限公司使用世广国际有限公司的亚洲之星东北波束，建立国内数字声音广播传输系统，批复使用的频率为 1471.814～1476.814MHz，由此可见，1447～1467MHz 与 1467～1492MHz 的业务之间存在保护间隔，使用时可通过相关的射频技术指标规定以及相关措施保证系统间兼容共存。

② 1430～1444MHz 频段可用于无人驾驶航空器系统下行遥测与信息传输链路。其中，1430～1438MHz 频段可用于警用无人驾驶航空器和直升机视频传输，其他无人驾驶航空器使用 1438～1444MHz 频段，1430～1444MHz 与 1447～1467MHz 频段邻近。无人驾驶航空器在市区部署时，应使用 1442MHz 以下频段，在市区与 1.4GHz 专网形成 5M 的隔离带。如果无人驾驶航空器升空 500m，覆盖 30km 的圆形区域，则与 1.4GHz 频段宽带数

字集群专网也可共存。现场实施可通过垂直隔离度实现系统共存，即如果垂直隔离度大于 3.7m，则两个系统可以正常运行。

综上所述，结合频率需求测算结果，1.4GHz 频段宽带数字集群专网频率如果按照 20MHz 信道带宽进行分配，则可以满足系统间兼容共存。

●●4.3 系统间兼容性分析

根据《工业和信息化部关于加强 1447—1467MHz 和 1785—1805MHz 频段无线电频率使用管理的通知》（工信部无〔2018〕197 号）中的相关规定，需做好系统间频率台站协调，主要针对 TD-LTE 专网系统与 1710 ～ 1735MHz 和 1805 ～ 1830MHz 频段干扰问题，系统间兼容性要求如下。

1. TD-LTE 专网系统受 1805 ～ 1830MHz 频段 GSM 系统的干扰

在紧邻频部署情况下，建议部署时，两个系统隔离度大于 86dB。根据实际工程部署经验，两个系统基站的水平间隔距离大于 400m 或垂直间隔距离大于 26m 则可满足隔离度要求。

如果实际工程部署无法满足上述条件，则需评估 TD-LTE 专网系统上行覆盖收缩影响，可适当考虑增加 TD-LTE 专网站点数，满足覆盖要求。

2. TD-LTE 专网系统可能受 1805 ～ 1830MHz 频段 FDD 系统的干扰

在紧邻频部署情况下，建议部署时，两个系统隔离度大于 92.3dB。根据实际工程部署经验，两个系统基站的水平间隔距离大于 2.2km 或垂直间隔距离大于 40m 即可满足隔离度要求。在非紧邻频（5MHz 保护间隔）部署情况下，两个系统隔离度要求为 87dB，工程部署要求同上。

如果实际工程部署无法满足上述条件，则须评估 TD-LTE 专网系统上行覆盖收缩影响，可适当考虑增加 TD-LTE 专网站点数，满足覆盖要求。

3. TD-LTE 专网系统对 1710 ～ 1785MHz 频段 FDD 系统的干扰

要求 TD-LTE 专网基站的带外无用发射满足 –65dBm/MHz 指标。

在紧邻频部署情况下，建议部署时，两个系统隔离度大于 50dB。根据实际工程部署经验，两个系统基站的水平间隔距离大于 100m 或垂直间隔距离大于 3.5m 则可满足隔离度要求。

4. 不同 TD-LTE 专网系统不同频率间的邻频干扰

不同的 TD-LTE 专网系统要求所有系统基站时钟同步，采用相同子帧 / 时隙配比，可以实现系统间共存。由于业务特性不一致，所以无法配置相同时隙配比的情况，建议两个系统隔离度须大于 80dB。根据实际工程部署经验,两个系统基站的水平间隔距离大于300m 或垂直间隔距离大于 34m 则可满足隔离度要求。

如果实际工程部署无法满足上述条件,则须评估 TD-LTE 专网系统上行覆盖收缩影响,可适当考虑增加 TD-LTE 专网站点数,满足覆盖要求。

4.3.1　不同带宽下的干扰分析

只有确保拥有一定的频带作为保护带宽,1.8GHz 无线接入系统才能良好运行。针对不同的保护带宽做出了定量化分析,其中,系统的发射特性出自 3GPP 相关标准,1.8GHz 无线接入系统发射特性出自《关于重新发布 1785—1805GHz 频段无线接入系统频率使用事宜的通知》。本节仅针对有保护带宽的频率分配方式进行分析,1.8GHz 无线接入系统使用 20M 带宽无保护带宽的情形暂不予分析。

1. 使用 5MHz 带宽组网

(1)使用 1790 ～ 1795MHz

无线接入系统使用 1790 ～ 1795MHz 示意如图 4-8 所示。

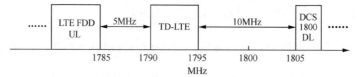

图4-8　无线接入系统使用1790～1795MHz示意

此时,在 1785 ～ 1790MHz 预留 5MHz 保护带宽,在 1795 ～ 1805 预留 10MHz 保护带宽。在这种情况下,分析其他系统对 1.8GHz 无线接入系统(采用 TD-LTE 技术)的干扰类型和需要的隔离距离。1.8GHz 专网使用 1785 ～ 1790MHz 时的隔离距离见表 4-1。

表4-1　1.8GHz专网使用1785～1790MHz时的隔离距离

施扰	受扰	干扰类型	隔离距离 /km
TD-LTE eNB	DCS1800 MT	杂散	0.01
TD-LTE UE	DCS1800 MT	杂散	0.003
DCS1800 BTS	TD-LTE eNB	杂散	1.7
DCS1800 BTS	TD-LTE UE	杂散	0.07
TD-LTE eNB	FDD eNB	邻频	0.06
TD-LTE UE	FDD eNB	邻频	0.22
FDD UE	TD-LTE eNB	邻频	0.14
FDD UE	TD-LTE UE	邻频	0.003

（2）使用 1795 ～ 1800MHz

无线接入系统使用 1795 ～ 1800MHz 示意如图 4-9 所示。

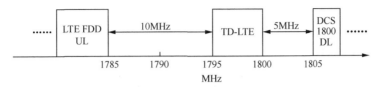

图4-9　无线接入系统使用1795～1800MHz示意

此时，在 1785 ～ 1795MHz 预留 10MHz 保护带宽，在 1800 ～ 1805MHz 预留 5MHz 保护带宽。在这种情况下，分析其他系统对 1.8GHz 无线接入系统（采用 TD-LTE 技术）的干扰类型和需要的隔离距离。1.8GHz 专网使用 1795 ～ 1800MHz 时的隔离距离见表 4-2。

表4-2　1.8GHz专网使用1795～1800MHz时的隔离距离

施扰	受扰	干扰类型	隔离距离 /km
TD–LTE eNB	DCS1800 MT	邻频	0
TD–LTE UE	DCS1800 MT	邻频	0.004
DCS1800 BTS	TD–LTE eNB	杂散	2.27
DCS1800 BTS	TD–LTE UE	杂散	0.07
TD–LTE eNB	FDD eNB	杂散	0.06
TD–LTE UE	FDD eNB	杂散	0.07
FDD UE	TD–LTE eNB	杂散	0.07
FDD UE	TD–LTE UE	杂散	0.005

2. 使用 10MHz 带宽

无线接入系统使用 1790 ～ 1800MHz 示意如图 4-10 所示。

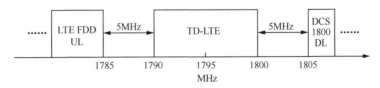

图4-10　无线接入系统使用1790～1800MHz示意

使用 10MHz 带宽，即使用 1790 ～ 1800MHz，两边各留 5MHz 保护带宽。在这种情况下，分析其他系统对 1.8GHz 无线接入系统（采用 TD-LTE 技术）的干扰类型和需要的隔离距离。1.8GHz 专网使用 1790 ～ 1800MHz 时的隔离距离见表 4-3。

表4-3　1.8GHz专网使用1790～1800MHz时的隔离距离

施扰	受扰	干扰类型	隔离距离 /km
TD-LTE eNB	DCS1800 MT	邻频	0
TD-LTE UE	DCS1800 MT	邻频	0.003
DCS1800 BTS	TD-LTE eNB	杂散	2.27
DCS1800 BTS	TD-LTE UE	杂散	0.07
TD-LTE eNB	FDD eNB	邻频	0.06
TD-LTE UE	FDD eNB	邻频	0.18
FDD UE	TD-LTE eNB	邻频	0.14
FDD UE	TD-LTE UE	邻频	0.003

3. 使用 15MHz 带宽

（1）使用 1787.5 ～ 1802.5MHz

无线接入系统使用 1787.5 ～ 1802.5MHz 示意如图 4-11 所示。

使用 15MHz 带宽，此时频段两段各保留 2.5MHz 保护带宽，在这种情况下，分析其他系统对 1.8GHz 无线接入系统（采用 TD-LTE 技术）的干扰类型和需要的隔离距离。1.8GHz 专网使用 1787.5 ～ 1802.5MHz 时的隔离距离见表 4-4。

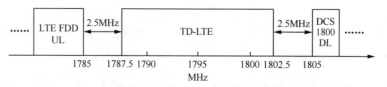

图4-11　无线接入系统使用1787.5～1802.5MHz示意

表4-4　1.8GHz专网使用1787.5～1802.5MHz时的隔离距离

施扰	受扰	干扰类型	隔离距离 /km
TD-LTE eNB	DCS1800 MT	邻频	0
TD-LTE UE	DCS1800 MT	邻频	0.003
DCS1800 BTS	TD-LTE eNB	杂散	2.27
DCS1800 BTS	TD-LTE UE	杂散	0.07
TD-LTE eNB	FDD eNB	邻频	0.06
TD-LTE UE	FDD eNB	邻频	0.16
FDD UE	TD-LTE eNB	邻频	0.14
FDD UE	TD-LTE UE	邻频	0.003

（2）使用 1785 ～ 1800MHz

无线接入系统使用 1785 ～ 1800MHz 示意如图 4-12 所示。

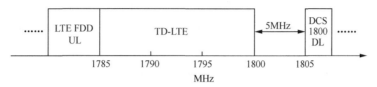

图4-12　无线接入系统使用1785～1800MHz示意

使用 15MHz 带宽，此低端 FDD UL 相邻，高端与 DCS1800 DL 保留 5MHz 保护带宽。在这种情况下，分析其他系统对 1.8GHz 无线接入系统（采用 TD-LTE 技术）的干扰类型和需要的隔离距离。1.8GHz 专网使用 1785 ～ 1800MHz 时的隔离距离见表 4-5。

表4-5　1.8GHz专网使用1785～1800MHz时的隔离距离

施扰	受扰	干扰类型	隔离距离 /km
TD-LTE eNB	DCS1800 MT	邻频	0
TD-LTE UE	DCS1800 MT	邻频	0.003
DCS1800 BTS	TD-LTE eNB	杂散	2.27
DCS1800 BTS	TD-LTE UE	杂散	0.07
TD-LTE eNB	FDD eNB	邻频	0.07
TD-LTE UE	FDD eNB	邻频	0.19
FDD UE	TD-LTE eNB	邻频	0.17
FDD UE	TD-LTE UE	邻频	0.003

在此 15MHz 带宽使用情况下，如果 1785 ～ 1800MHz 基站的带宽外发射指标不满足要求（《关于重新发布 1785—1805MHz 频段无线接入系统频率使用事宜的通知》规定在 1710 ～ 1785MHz 的基站带外发射功率 ≤ –65dBm/MHz），则需要考虑在 1785MHz 以上预留 25MHz 的保护带。

4. 结论及建议

综上所述，结合 1.8GHz 的发射频谱模板和相邻系统的隔离距离计算，如果在 1.8GHz 频段使用 TD-LTE 系统，可得出以下结论。

① 为了满足 1785MHz 侧的 –65dBm/MHz 指标，FDD 与 1.8GHz 系统之间预留足够的保护带宽（至少 2.5MHz）。

② DCS1800 对 1.8GHz 的杂散影响较大（主要是 DCS1800 基站对 TD-LTE 基站的影响），为了 DCS1800 系统和 1.8GHz 系统共存，二者之间需要预留足够的隔离距离，或者预留足够的保护带宽（至少 2.5MHz）。

③ 考虑预留足够的保护带宽，1.8GHz 系统的可用带宽为 15MHz，同时需要较强的发射邻频抑制能力。

基于 1.8GHz 的现状，为了进一步提高 1.8GHz 的频率资源利用率，给出以下建议。

① 在分配频段时需要进行与已有 1.8GHz 系统（例如，McWiLL）的共存和兼容（例如，后进系统需要与已有系统的时隙对齐）等方面的考虑。

② 1.8GHz 带宽分配策略，应该优先考虑 5MHz 带宽，这样既可以提高 1.8GHz 的利用率，又容易满足与已有系统的兼容性。

③ 1.8GHz 频段设备品种繁多，类型多样，并广泛分布在全国各地，因此，建议对不符合要求的系统和设备进行整顿和清理。

4.3.2　发射限值及隔离度要求

1447 ～ 1467MHz 频段专网系统基站通用频段杂散发射限值见表 4-6。1447 ～ 1467MHz 频段专网系统基站特殊频段杂散发射限值见表 4-7。1785 ～ 1805MHz 频段专网系统基站无用发射技术指标见表 4-8。

表4-6　1447～1467MHz频段专网系统基站通用频段杂散发射限值

频率范围	最大电平	测量带宽
9 ～ 150kHz	-36dBm	1kHz
150kHz ～ 30MHz	-36dBm	10kHz
30MHz ～ 1GHz	-36dBm	100kHz
1GHz 以上	-36dBm	1MHz

表4-7　1447～1467MHz频段专网系统基站特殊频段杂散发射限值

频点 /MHz	1467.5	1468.5	1469.5	1470.5	1471.5	1472 ～ 1492
限值要求（每通道 dBm/MHz）	-20	-23	-26	-33	-40	-47

表4-8　1785～1805MHz频段专网系统基站无用发射技术指标

	频率范围	最大电平	测量带宽
通用频段	30MHz ～ 1GHz	-36dBm	100kHz
	1 ～ 12.75GHz	-30dBm	1MHz
特殊频段	806 ～ 821MHz	-61dBm	100kHz
	825 ～ 835MHz	-61dBm	100kHz
	851 ～ 866MHz	-57dBm	100kHz

续表

	频率范围	最大电平	测量带宽
	870～880MHz	−57dBm	100kHz
	885～915MHz	−61dBm	100kHz
	930～960MHz	−57dBm	100kHz
	1920～1980MHz	−49dBm	1MHz
特殊频段	2010～2025MHz	−52dBm	1MHz
	2110～2170MHz	−52dBm	1MHz
	2300～2400MHz	−52dBm	1MHz
	2500～2690MHz	−52dBm	1MHz
	3300～3600MHz	−52dBm	1MHz

注：基站带外发射功率在1710～1785MHz要求≤每通道−65dBm/MHz。

根据以上指标，结合 3GPP TS 36.104 "*Evolved Universal Terrestrial Radio Access（E-UTRA）Base Station（BS）Radio Transmission and Reception*"（演进通用陆地无线接入系统基站无线发送和接收）中 BAND 45 系统的杂散辐射限值，以及公众移动通信网各制式无线系统射频技术要求计算的专用宽带集群系统在其他系统频段内的杂散限值要求的隔离度和专用宽带集群系统对其他系统阻塞限值要求的隔离度。专网系统与公众移动通信网系统的相关隔离度指标见表4-9。

表4-9 专网系统与公众移动通信网系统的相关隔离度指标

系统制式		上行频段/MHz	下行频段/MHz	专网系统在其他系统频段内的杂散限值要求隔离度/dB				专网系统对其他系统频段的阻塞限值要求的隔离度/dB			
				1447～1467频段/MHz		1785～1805频段/MHz		1447～1467MHz基站最大发射功率46dBm下所需隔离度		1785～1805MHz基站最大发射功率43dBm下所需隔离度	
				共存	共址	共存	共址	共存	共址	共存	共址
中国电信	CDMA800	825～835	870～880	62	25	66		63	33	60	30
	NB-IoT/LTE800	824～835	869～880	66	29	68		61	30	58	27
	LTE-FDD 1.8G	1765～1785	1860～1880	66	29	63		61	30	86	27
	LTE-FDD 2.1G	1920～1940	2110～2130	66	29	66		61	30	58	27
	5G 3.5G	3400～3500		64	30	64		61	30	58	27

系统制式		上行频段 /MHz	下行频段 /MHz	专网系统在其他系统频段内的杂散限值要求隔离度 /dB				专网系统对其他系统频段的阻塞限值要求的隔离度 /dB			
				1447～1467频段 /MHz		1785～1805频段 / MHz		1447～1467MHz基站最大发射功率46dBm下所需隔离度		1785～1805MHz基站最大发射功率43dBm下所需隔离度	
				共存	共址	共存	共址	共存	共址	共存	共址
中国联通	GSM900	904～915	949～960	62	25	66		38	38	35	35
	NB-IoT/LTE 800	904～915	949～960	66	29	68		61	30	58	27
	GSM1800	1735～1750	1830～1845	62	25	61		46	46	68	68
	LTE-FDD 1.8GHz	1750～1765	1845～1860	66	29	63		61	30	58	27
	WCDMA2.1G	1940～1965	2130～2155	66	29	63		61	30	58	27
	TD-LTE 2.3G 室内		2300～2320	63	29	63		61	30	58	27
	5G 3.5G		3500～3600	64	30	64		61	30	58	27
中国移动	GSM900	889～904	934～949	62	25	66		38	38	35	35
	NB-IoT/LTE 900	889～904	934～949	66	29	68		61	30	58	27
	GSM1800	1710～1735	1805～1830	62	25	61		46	46	68	68
	TD-SCDMA 2.1G		2010～2015	63	29	63		61	30	58	27
	TD-LTE1.9G		1885～1915	63	29	85		61	30	58	27
	TD-LTE2.3G 室内		2320～2370	63	29	63		61	30	58	27
	TD-LTE2.6G 室内		2575～2635	63	29	63		61	30	58	27
中国移动	5G 2.6G		2515～2675	64	30	64		61	30	58	27
	5G 4.9G		4800～4900	64	30	86		61	30	58	27

注：杂散干扰计算中各系统杂散干扰对接收机灵敏度的影响取值为0.8dB，即杂散干扰功率比接收机底噪低7dB，接收机噪声系数取5dB，馈线损耗CDMA和GSM系统取3dB，5G系统取0dB，其他系统取3dB。

频谱资源是宝贵的不可再生资源，随着移动宽带技术的快速发展，频率资源日益紧张，通过增加频段保护间隔的方法，会造成频谱资源的极大浪费。近年来，随着介质滤波器工艺的不断进步，介质工艺逐渐成熟，成本也逐渐降低。对于一些杂散发射抑制要求较高的场合，建议考虑介质滤波器并辅以必要的工程技术手段,从而保证专网系统的工作的可靠性。

●● 4.4 与其他专网共存分析

本节主要分析不同行业 TD-LTE 专网系统与其他专网系统的共存条件(即 TD-LTE 与 SCDMA、McWiLL 的共存条件),包括异频共存分析和同频共存分析。由于历史的原因,在 1.8GHz 频段使用的无线系统还有 SCDMA 和 McWiLL 系统,系统之间采用的技术体制不同,所以这两种系统和 TD-LTE 专网系统在相同和临近频段使用时会存在较大干扰。

4.4.1 与 SCDMA 异频共存分析

由于 TD-LTE 和 SCDMA 载波之间是异频关系,所以 TD-LTE 与 SCDMA 之间不会直接发生远距离交叉时隙干扰,两个网络之间的干扰本质是异频信号的杂散和阻塞。因为 SCDMA 下行距离 TD-LTE 上行的 GP 间隔远远大于 TD-LTE 下行距离 SCDMA 上行的 GP 间隔,所以干扰主要为 TD-LTE 下行对 SCDMA 上行之间的干扰。

基于 YD/T 1487—2006《400/1800MHz SCDMA 无线接入系统:频率间隔为 500kHz 的系统技术要求》)标准规定的 SCDMA 系统相关无线发射特性和接收机特性,并参考 1.8GHz 频段 TD-LTE 的无线发射特性和接收机特性,计算得到 SCDMA 与 TD-LTE 异频共存需要的保护距离。SCDMA 与 TD-LTE 异频共存隔离距离见表 4-10。

表4-10 SCDMA与TD-LTE异频共存隔离距离

施扰	受扰	干扰类型	空间隔离/dB	保护带宽/MHz	水平隔离距离/km	垂直隔离距离/m
TD-LTE 基站	SCDMA 基站	邻频	135	0	8	14
		邻频	110	2.5	1.9	3.3
SCDMA 基站	TD-LTE 基站	杂散	117	0	2.8	5
TD-LTE 基站	SCDMA 基站	带内阻塞	104	0	1.3	2.4
		带内阻塞	79	2.5	0.3	0.6
SCDMA 基站	TD-LTE 基站	窄带阻塞	111	0	2	3.5
		窄带阻塞	86	2.5	0.5	0.8
TD-LTE 基站	SCDMA 基站	邻道选择性	114	0	2.4	4.2
		邻道选择性	89	2.5	0.6	1

从表 4-10 可知,如果 SCDMA 与 TD-LTE 之间不加 2.5MHz 保护带宽(即保护带宽为 0MHz),则为了这两个系统之间共存,SCDMA 基站与 TD-LTE 基站之间需要约 8km 的水平隔离,或者 14m 的垂直隔离;如果 SCDMA 与 TD-LTE 之间加上 2.5MHz 保护带

宽，则它们之间只要约 1.9km 的水平隔离，或者 3.3m 的垂直隔离即可。因此，SCDMA 与 TD-LTE 系统之间建议设置 2.5MHz 保护带宽。

4.4.2 与 McWiLL 异频共存分析

与 SCDMA 系统相类似，基于《1800MHz SCDMA 宽带无线接入系统 系统技术要求》（YD/T 2115—2010）标准得到 McWiLL 系统相关无用发射特性和接收机特性参数进行与 TD-LTE 的异频共存分析计算。McWiLL 与 TD-LTE 异频共存隔离距离见表 4-11。

表4-11 McWiLL与TD-LTE异频共存隔离距离

施扰	受扰	干扰类型	保护带宽 /MHz	MCL/dB	农村场景水平隔离距离 /km	垂直隔离距离 /m
TD-LTE 基站	McWiLL 基站	邻频	0	135	8	14
		邻频	2.5	110	1.9	3.3
McWiLL 基站	TD-LTE 基站	邻频	0	135	8	14
		邻频	2.5	110	1.9	3.3
TD-LTE 基站	McWiLL 基站	带内阻塞	0	136	8.5	14.8
		带内阻塞	2.5	111	2	3.5
McWiLL 基站	TD-LTE 基站	带内阻塞	0	111	2	3.5
		带内阻塞	2.5	89	0.6	1

从表 4-11 可知，如果 McWiLL 与 TD-LTE 之间不加 2.5MHz 保护带宽（即保护带宽为 0MHz），则为了这两个系统之间共存，McWiLL 基站与 TD-LTE 基站之间最大需要约 8km 的水平隔离，或者 14m 的垂直隔离；如果 McWiLL 与 TD-LTE 之间加上 2.5MHz 的保护带宽，则它们之间最大只要约 2km 的水平隔离，或者 3.5m 的垂直隔离即可。因此，McWiLL 与 TD-LTE 系统之间需要 2.5MHz 的保护带宽。

4.4.3 与 McWiLL 同频共存分析

使用相同参数，由于 McWiLL 与 TD-LTE 之间上下行时隙无法严格对齐。所以计算分析 McWiLL 与 TD-LTE 同频共存需要隔离距离，McWiLL 与 TD-LTE 同频共存隔离距离见表 4-12。

表4-12 McWiLL与TD-LTE同频共存隔离距离

施扰	受扰	干扰类型	MCL/dB	农村场景水平隔离距离 /km	垂直隔离距离 /m
TD-LTE 基站	McWiLL 基站	同频	180	107.1	187
McWiLL 基站	TD-LTE 基站	同频	180	107.1	187

如果 McWiLL 与 TD-LTE 进行同频组网，则需要水平隔离距离约 107km，或者垂直隔离距离约 187m。

工业和信息化部在 2015 年发布了《关于重新发布 1785—1805MHz 频段无线接入系统频率使用事宜的通知》（工信部无〔2015〕65 号），用于指导 1785—1805MHz 频段的分布和行业用频。目前，部分行业已获得 1.8GHz 频段用于 TD-LTE 行业组网，未来如果将 1.8GHz 频段分配给采用 SCDMA 和 McWiLL 技术的行业用户时，由于 SCDMA 或 McWiLL 技术的用户不能与临近的 TD-LTE 用户使用相同的频率（即不能同频共存），原则上考虑通过经济补偿等方式进行频率清理，所以将使用 1785—1805MHz 频段的其他系统重耕到其他频点上，从而建立有效的频率保护机制。

•• 4.5 同频距离保护分析

本节主要分析不同行业 TD-LTE 专网系统在同频情况下的保护隔离距离。传统的同频干扰可以通过优化频点配置、干扰白噪化、功率控制、干扰协调、波束赋形等方式来对抗。对于 TDD 系统，要求基站保持严格的时间同步。不同基站之间的时间同步包括帧同步和上下行转换同步。同时，由于 TDD 系统的上行和下行传输共享同样的频率，TDD 系统中除了存在传统的小区间的干扰，还存在远端基站的下行信号干扰目标小区上行信号的情形。TDD 系统的远距离同频干扰会发生在相距很远的基站间。随着传播距离的增加，远端发射源的信号经过传播延迟到达近端同频的目标基站后，可能会进入目标基站的其他传输时隙，从而影响近端目标系统的正常工作。基站的发射功率远大于终端的发射功率，因此，远距离同频干扰主要表现为远端小区下行信号干扰近端目标基站的上行接收，这就需要同频站点满足 TD-LTE 系统的保护隔离距离的要求。同频干扰示意如图 4-13 所示。

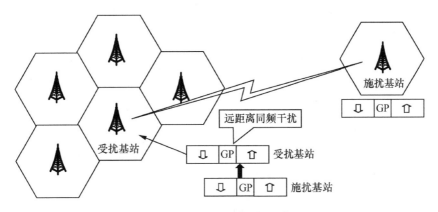

图4-13 同频干扰示意

在 TDD 无线通信系统中，在某种特定的气候、地形、环境条件下，无线信号的传输会形成大气波导效应，远端基站下行信号经过长距离传输后仍然具有较大的强度，因此会对本地基站的上行时隙接收信号产生干扰。这里的"长距离传输"通常是指传输时延超过 TDD 系统上下行保护时隙 GP（对于 TD-LTE 的两个 OFDM 符号长度的 GP 而言，相当于约 43km 的距离）。这就是 TDD 系统特有的"远距离同频干扰"。

产生远距离同频干扰必然是发生了超过保护间隔以上的超远距离传输。商用 TD-LTE 系统和 TD-SCDMA 系统均已证实远距离同频干扰的存在性。远距离同频干扰的发生与信号传输环境和基站高度等相关。

4.5.1　低空大气波导干扰影响

"低空大气波导"是一种在特殊气候条件下形成的大气对电磁波折射的效应。在 TD-LTE 无线通信中，涉及的大气波导主要是表面波导。形成表面波导的天气条件是在晴朗无风或微风的夜晚，地面应辐射冷却降温，与地面接近的气层冷却降温最强烈，而上层的空气冷却降温缓慢，因此，低层大气产生逆温现象，或者雨后造成近地层大气又冷又湿。

在"低空大气波导"效应下，电磁波好像在波导中传播一样，传播损耗很小（近似于自由空间传播），可以绕过地平面实现超视距传输。当远处基站达到一定的基站高度级别，且存在"低空大气波导"现象，远处基站的大功率下行信号可以产生远距离传输到达近处基站。由于远距离传输时间超过 TDD 系统的上下行保护间隔，远处基站的下行信号在近处基站的接收时隙被近处基站收到，所以近处基站的上行接收会出现同频干扰现象。

对于 TDD 系统，严格的时间同步是保障基站正常工作的基本要求。基站间的时间同步包括两个部分的要求：一是无线时隙的帧头同步；二是无线时隙在上下行转换位置的同步。传统的同频干扰可以通过优化频点配置、干扰白噪化、功率控制、干扰协调、波束赋形等方式来对抗。同时，由于 TDD 系统的上行和下行传输共享同样的频率，TDD 系统除了存在传统的小区间干扰，还存在远端基站的下行信号干扰目标小区上行信号的情形。TD-LTE 在时域上划分的帧结构中，有 3 种子帧类型：上行、下行和特殊子帧。其中，特殊子帧又分为上行时隙、下行时隙和保护间隔。保护间隔是 TDD 系统的特殊设计，不传送任何信号，避免在非设定的时隙内发送或接收信号。由于传输时延，在超远距离传输时，远端基站的下行无线信号会干扰本端基站上行无线信号，即，传输时延超出了配置的保护间隔 GP。在 3GPP 36.211 中提到的上行发送时间如式（4-8）所示。

$$T=(N_{\text{TA}}+N_{\text{TA}}\,\text{offset})\times T_s \qquad\qquad 式（4-8）$$

上下行时间关系如图 4-14 所示，固定为 624 个，也就是 $\dfrac{1}{30720}\times 624 = 20.3125(\,\mu s\,)$。

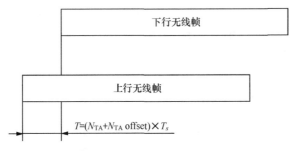

图4-14　上下行时间关系

TD-LTE 中的 GP 配置如图 4-15 所示。

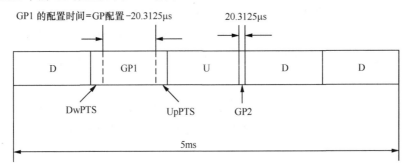

图4-15　TD-LTE中的GP配置

当特殊子帧配比 GP 符号数为 X 时，由于特殊子帧的符号数是 14 个，且特殊子帧总时长为 1ms，则 GP1 的最小传输时间 t（单位为 μs），此处的 t 为 20.3125μs，则基站间距离计算如式（4-9）所示。

$$s = \left(\frac{X}{14} \times 1000 - 20.3125 \right) \times c \qquad 式（4-9）$$

式（4-9）中，c 为光速，X 为特殊子帧 GP 符号数。

根据 TD-LTE 系统大气波导干扰形成条件与原因分析，常用的解决方案如下。

1. 调整天线下倾角

对天线高度和俯仰角关系进行分析，如果要消除 TD-LTE 系统的大气波导干扰，可以控制发射源的位置和俯仰角，即控制实际发射天线的俯仰角。但由于产生大气波导的区域多为农村广袤区域，而现实中建设专网需要进行广域覆盖，下调倾角会影响基站的覆盖范围，所以此方法只针对个别现象严重的基站进行调整，适用范围受限。

2. 增加保护间隔

在无线信号的传播中，传播距离越远，传播时延越大，在一定的传输时间内，可以通过增加保护间隔时间，以规避一定距离内的干扰。目前，TD-LTE 部署的特殊子帧配置为 6(9:3:2)、GP 符号数为 3，可以将配置修改为 5(3:9:2)，GP 符号数为 9，增加保护间隔。根据 GP 与覆盖距离的分析，需要对附近基站做统一修改，工作量较大，同时也会影响基站性能降低。

3. 基站实现抗干扰版本升级

此方案的主要目的是在目前网络结构基站上，通过版本算法优化，以有效判断大气波导干扰类型，对此类型的大气波导干扰进行算法抑制，稳定系统指标，减少对用户感知的影响。

TD-LTE 大气波导干扰的主要原因是大气波导环境中超远距离同频信号造成的 TDD 交叉时隙干扰。TD-LTE 帧结构时隙划分标准，使系统能够有效地判断基站间信息交换的分析思路，借助 TD-LTE 系统的协议规定，实现自动配置相关小区，以减弱远距离干扰。具体过程如下。

① 在 UpPTS 上增加功率测量，用测得的结果与预先限定的门限进行比较，判断是否存在大气波导干扰。如果存在远距离干扰，则设置小区级参数 HinterFLG 为 1，以此标识检测到大气波导干扰。

② 当干扰发生时，特别是强干扰会导致测量数据异常，从而导致调度出现问题，此时需要根据 UpPTS 和 U 帧上行干扰检测结果对上报测量进行调整，从而让调度更加稳定。

③ 当小区级参数 HinterFLG 为 1 时，依据 PHY 测量上报的干扰水平对上行信道进行功率控制调整，以保证上行解调性能。

为进一步分析干扰特性及对上行解调性能的影响，在干扰水平上升时，采集并分析每次干扰发生时 UpPTS 子帧空载数据。针对干扰较为严重的农村、沿海区域的基站进行版本升级，对配合干扰消除、提升解调性能、提升调度性及功控性能参数等方面进行优化，从而使无线接通率有效提升，掉线率得到较好的抑制。

4.5.2 地理环境及参数设置影响

造成同频干扰的诱因比较复杂，例如，地形地貌对信号的影响、单个干扰源和多个干扰源对信号接收的影响及部分无线参数的设置造成系统内干扰。

① 地理位置：基本要求处于平原地带，有利于无线电磁波的超远距离传输。

② 发射与接收天线高度：基站的发射天线与接收天线要高于周围的建筑物，否则信号很容易被建筑物阻挡。当天线高度足够高时，远端基站的下行信号在"抵抗大气波导"效应下可能会发生超远传输干扰近端的上行信号。发射与接收天线的高度较低，终端不会产生超远距离传输，这也是基站下行超远距离传输后不会干扰到近端下行信号的原因之一。

③ 发射功率：基站发射功率高，终端发射功率低，因此，只有基站发射的下行信号才

有可能经过远距离传输后干扰近端上行。终端设备的发射功率是很低的,往往在低空大气波导效应下不会发生超远传输。基站发射功率一般较高,天线接收灵敏度也高,基站发射的下行信号经过远距离传输后,有可能干扰近端基站的上行接收。经过远距离传输后,可以忽略远处基站发射功率对近端基站的下行干扰。

④ 发射天线下倾角:大量网络优化试验数据表明,天线下倾的设置对此类干扰有一定的抑制作用,下倾5°以上对干扰的抑制作用比较明显。

受制于1.8GHz频段资源,在20MHz频率都已分配的情况下,如果有新用户申请频率资源,主要通过空间复用的方式来满足其频率需求,则新老用户专网系统的共存需要满足TD-LTE系统的保护隔离距离条件,根据TD-LTE系统的实际情况,TD-LTE同频隔离距离计算参数见表4-13。

表4-13 TD-LTE同频隔离距离计算参数

序号	参数类型	典型值
1	基站最大发射功率	43dBm(5MHz)
		46dBm(20MHz)
2	基站天线增益	18dBi
3	基站噪声系数	2～3dB
4	基站馈线损耗	1～4dB
5	终端最大发射功率	23dBm
6	终端天线增益	0dBi
7	终端噪声系数	7～9dB
8	终端馈线损耗	0dB

TD-LTE系统采用了干扰随机的技术,它可以将来自其他TD-LTE系统的干扰看作高斯白噪声。如果来自其他TD-LTE系统的干扰小于TD-LTE系统自身的噪声,则基本上可以认为这种干扰是可以接受的。根据TD-LTE系统的特性,在时钟同步且时隙比一致时,其他TD-LTE系统对下行干扰带来的影响最大,特别是针对小区边缘的用户。如果其他TD-LTE系统对小区边缘的用户基本没有影响,则认为其带来的干扰是可以忽略的。

根据TD-LTE典型参数,当带宽为5MHz时,基站的最大发射功率是43dBm,当带宽为20MHz时,基站的最大发射功率是46dBm。因此,带宽为5MHz时,单位带宽内基站的发射功率最大。目前,专网的频率资源考虑了多种情况,主要按照5MHz带宽发放,因此,考虑带宽为5MHz时的空间复用条件是合适的。

如果使用COST-231模型(使用频率范围1500～2000MHz)进行计算,取基站天线高度30m,终端天线高度1.5m,则隔离距离约为675m。TD-LTE同频隔离距离见表4-14。

表4-14　TD-LTE同频隔离距离

基站天线高度 /m	需要的隔离距离 /m
20	585
30	675
40	750
50	820

根据新建同频 TD-LTE 基站天线高度的不同，只有新建基站与已建设同频 TD-LTE 系统的覆盖边缘的距离为 600m 到 800m 不等，才能忽略其带来的影响（此保护距离主要是根据理论计算得到的，在实际台站建设时应根据实测结果进行调整）。新建同频基站需要满足的隔离距离如图 4-16 所示。

新建其他同频专网基站与已建基站的距离应该大于隔离距离加上已建基站的覆盖半径，且新建基站到已建基站的覆盖边缘的距离应大于隔离距离，隔离距离应随新建基站天线的高度增加而增加。

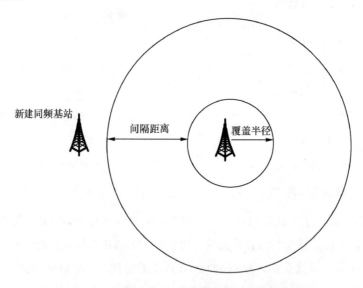

图4-16　新建同频基站需要满足的隔离距离

TDD 系统的远距离同频干扰发生在相距很远的基站间，在"低空大气波导"效应下，远端基站的下行信号可以实现超视距传输到达近端，从而导致干扰近端基站上行接收。TD-LTE 系统对抗远距离同频干扰的协议支持包括特殊时隙配比、PRACH 配置、上行自适应调制编码（Adaptive Modulation and Coding，AMC）、上行频选调度等。根据干扰距离的不同，在满足间隔距离的条件下，TD-LTE 系统在准确定位干扰源后，采用不同的特殊时隙配比和 PRACH 配置，可以基本解决远距离同频干扰的问题。

1. 上行传输算法

当上行受扰时，基于可探测的上行 AMC 技术和上行频选调度分配资源时，避开受扰部分或采用低阶调制和低码率可减少干扰带来的性能损失。

2. PRACH 自适应

当基站受到远距离同频干扰后，或者在远距离同频干扰多发地区可以自适应地在非 $UpPTS$ 时隙传输上行 PRACH 信号（非 Format 4 格式），可将基站的 PRACH 移到不会受到干扰的其他上行时隙，以避免远距离同频干扰对随机接入的影响。

3. 网规网优措施

尽量限制站高，可以在一定程度上降低甚至消除干扰。如果系统支持电调天线，可采用自动调整方式，系统由受扰基站定位出施扰基站后，通过 X2 接口信息交互确认为施扰基站下倾角设置问题，则可以通过 X2 接口通知施扰基站（或网管系统）自动调整下倾角并加大施扰基站的下倾角角度。同时，受扰基站的下倾角如果设置过小，可调整变大以消除远距离同频干扰。下倾角自动调整以消除远距离同频干扰的方法不仅适用于 TD-LTE 系统，而且也适用于其他 TDD 系统，但可能会影响单个小区的边缘覆盖。

4. 特殊时隙自动配置

缩短 $DwPTS$ 数据部分可以增大 GP 时长，从而加大远距离同频干扰的保护距离。在保护距离内不会产生远距离同频干扰，但是下行吞吐量会有一定的损失。同时涉及施扰基站和受扰基站的自动配置。

① 施扰基站：对于 GP 较短的配置，例如，$DwPTS:GP:UpPTS=10:2:2$ 可以改成 3:9:2 或其他 GP 较大的配置。如果不能更改特殊时隙配比，则可根据干扰情况将其特殊时隙 $DwPTS$ 后面的数据部分，自右向左闭锁某些 OFDM 符号（不分配给用户、不发送 RS），从而消除可能产生的远距离同频干扰，精细地调整避免远距离同频干扰的能力。

② 受扰基站：在远距离干扰易发生地区的特殊时隙自动调成 3:9:2 或其他 GP 较大配置，以避免远距离同频干扰的影响。如果不能更改特殊时隙配比，则可针对受扰基站采用上行传输算法优化和 PRACH 自适应解决。

上述 4 种方案是根据 TD-LTE 系统的可用资源 TD-LTE 的帧结构特点提出的，具有易实现性，且不需要更改已有的系统结构。其中，第 1 种方法并不能直接消除此类干扰，仅能缓解干扰带来的影响；第 2 种方法不会影响任何系统性能但仅能解决 PRACH 受扰问题；第 3 种方法在一定程度上会影响网络覆盖范围但应用得当可以消除此类干扰；第 4 种方法造成下行时隙资源减少，虽然可以基本消除干扰的产生，但需要准确定位施扰基站，技术难度较大。在实际应用中建议结合干扰强度与网络实际状况选择性使用。

●●4.6 本章小结

本章主要介绍了几种常见的干扰，用一种比较简单易懂的方式叙述，帮助读者更快地理解学习宽带集群通信系统的干扰形成原因和常用的规避方法。首先，从频谱管理策略出发，合理的分配频谱资源是规避系统内干扰的基本手段，不同的业务对系统能力的需求差异是巨大的，而申请单位往往按需求最大化申请宽带，这就需要频谱管理人员根据用频单位提供的业务需求类型、终端规模、网络架构和技术特性等，评估合适的带宽需求，在满足覆盖、容量需求的前提下，在 5MHz、10MHz、15MHz、20MHz 等可变带宽内灵活地规划授权带宽，最大限度地规避用户间干扰，提升频谱利用率。其次，从干扰的分布规律和产生原因进行分析，结合各系统工作频段、设备参数，提出系统间的带内同频干扰和带外阻塞干扰的隔离度要求，对不同带宽组网场景下的多系统共存、同频距离保护进行分析，提出系统间需要的干扰隔离距离和规避策略，为后续的宽带集群网络建设提供有效支撑和参考。

参考文献

[1] 黄标，王坦 . 基于热点城区测算中国 2020 年移动通信频谱需求 [J]. 中兴通信技术，2014，20（2）：5-6.

[2] 中华人民共和国工业和信息化部无线电管理局 . 工业和信息化部关于印发《无线电频率使用率要求及核查管理暂行规定》的通知 [Z]. 工信部无〔2017〕322 号 .

[3] 郎保真，王晓峰 . 我国宽带专网频率需求和可用频段探讨 [J]. 电信网技术，2015.

[4] 樊成军，杨乾等 . 1.8GHz 行业应用频段干扰规避方法研究 [J]. 数字技术与应用 .2019.39(1)：34-36.

[5] 张炎炎，赵旭淞 . TD-LTE 系统软频率复用及其最优化研究 [J]. 移动通信 . 2010，34(Z1)：39-43.

宽带集群直连通信技术

Chapter 5

第 5 章

导读

随着移动通信的不断发展，用户通信需求不断增加，5G 以下的频谱资源已十分拥挤，同时在特殊情况下，基础设施遭到破坏，终端要具备应急通信能力。为了解决这一问题，业界在移动通信网络中提出了许多新技术，例如，设备到设备（Device to Device，D2D）技术为突破频谱资源对通信系统的束缚而设计。D2D 设想将流量从蜂窝网络卸载到对等网络（Peer-to-Peer，P2P），利用移动终端之间的直通链路来减轻基站负担、减少移动终端的电池消耗、增加比特速率、提高网络设施故障的健壮性等，它还能支持新型的小范围内点对点的数据服务。D2D 通信在 3GPP 的术语中被称为邻近服务（Proximity Services，ProSe），设备和设备时间的接口被称为 PC5 接口，PC5 接口之间的通信在 3GPP 术语中被称为直连通信。ProSe 是在 Rel-12 中引入的功能，主要用来部署在商业和公共安全服务的场景。在 Rel-14 中，邻近服务得到了增强，可用来支持 LTE 中关于车联网（Vehicle to Everything，V2X）的服务。在 5G 网络中，基于邻近服务的各种应用得到进一步发展，在 Rel-16 版本中，将基于 PC5 的架构进一步拓展，以此来支持更多的 V2X 服务。实际上，NR 直连通信也可以用来支持 V2X 服务之外的其他服务，例如，因地震、台风、暴雨等导致通信基站退服后的应急通信服务。

●●5.1　直连通信简介

在传统蜂窝业务中，基站通过上行链路和下行链路与终端进行信令和数据通信。直连通信使用新定义的 PC5 接口执行邻近终端之间的直接通信，并且数据不需要通过基站，终端可以自主组网，具有网络健壮性强、吞吐量大等优点。终端拥有有效授权和配置时，将被授权执行 5G 直接通信。

5.1.1　直连通信的整体架构

支持 PC5 接口的下一代无线接入网（Next Generation-Radio Access Network，NG-RAN）架构如图 5-1 所示。当 UE 在 NG-RAN 覆盖范围区内时，不管 UE 是在 RRC 的哪个状态，PC5 接口都支持直连通信的发射和接收；当 UE 在 NG-RAN 覆盖区范围外时，PC5 接口也都支持直连通信的发射和接收。UE 和 gNB（gNodeB）之间使用 NR Uu 接口，即使用 5G 的空中接口；UE 和下一代 eNodeB 之间使用 LTE Uu 接口，即使用 4G 的空中接口；gNB 与 ng-eNB 之间使用 Xn 接口；UE 和 UE 之间的直通链路使用 PC5 接口。

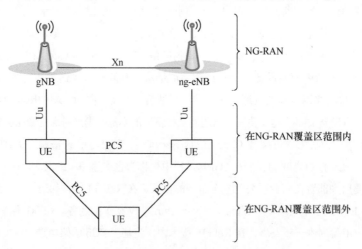

图5-1　支持PC5接口的NG-RAN架构

直连通信支持单播模式、组播模式和广播模式，直连通信的传输模式如图 5-2 所示。3 种模式的直连通信支持 IPv4、IPv6、以太网、非结构化的数据单元类型。

单播（Unicast）模式。 直连通信的目标是一个特定的接收终端，信息的传递和接收只在两个终端之间进行。两个终端之间建立 PC5 单播链路，PC5 单播链路可以根据应用层通信进行维护、修改和释放。单播模式的功能包括支持控制信息和用户数据的发送和接收、支持直通链路（Side Link，SL）混合自动重传（Hybrid Automatic Repeat reQuest，HARQ）反馈、支持直通链路的功率控制、直通链路确认模式传输、检测 PC5-RRC 连接失败。

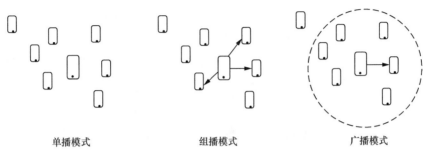

图5-2　直连通信的传输模式

组播（Multicast）模式。组播模式仅能对特定对象传递数据。组管理由应用层与应用层服务器协同进行。对于商业服务，应用层组 ID（Identity）由应用服务器提供；对于公共安全服务，预先配置的应用层组 ID 将用于组播通信。如果应用层提供组大小和成员 ID 信息，则可将其用于组播控制。组播模式的功能包括支持控制信息和用户数据的发送和接收、支持直通链路 HARQ 反馈。

广播（Broadcast）模式。直连通信的目标是在传输范围内的任何终端，广播模式都能够实现一次传送所有目标的数据。广播通信中的广播终端通过配置可得到广播的目的地址，接收终端通过配置可得到用于广播接收的目的地址。广播模式的功能支持控制信息和用户数据的发送和接收。

单播模式的优点是接收终端能够及时响应，很容易实现个性化服务；其缺点是对每个目的地终端都发送一次数据，占用资源多，通常造成网络不堪重负。组播模式的优点是节省了网络负载；其缺点是与单播模式相比没有纠错机制，发生丢包后难以弥补，但能够通过一定的容错机制和服务质量（QoS）加以弥补。广播模式的优点是网络设备简单、成本低、网络负荷极低；广播模式的缺点是无法针对每个目的地客户的要求及时提供个性化、多样化的服务。

直连通信的部署场景如图 5-3 所示。

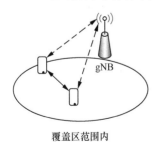 

覆盖区范围内　　　　　　　　覆盖区范围外　　　　　　　　部分覆盖区

图5-3　直连通信的部署场景

在覆盖区范围内的操作场景中，直连通信终端在覆盖的蜂窝网络覆盖范围内，依赖于具体的操作模式，蜂窝网络能够或多或少地控制直通链路的通信。

在覆盖区范围外的操作场景中，直连通信终端不在蜂窝网络覆盖范围内。

另外，还有一种"部分覆盖"场景，该场景仅仅是覆盖区范围内的特殊操作场景。

在覆盖区范围内的操作场景中，直连通信可以共享蜂窝网络的载波频率，或者直连通信发生在特定的直连通信载波频率上，该频率不同于蜂窝网络的频率。通常，在蜂窝网络覆盖区范围内，终端将配置一组参数用于适当的直连通信。在网络覆盖范围外，直连通信至少需要部分参数，这些参数可以固定地写入终端本身，或存储在终端的 SIM 卡内，在 3GPP 术语中，这种方式被称为"预配置"，以便区分传统网络覆盖范围内配置的参数。

5.1.2　直连通信的无线协议结构

PC5 接口控制面协议栈 for SCCH[1] for RRC 如图 5-4 所示。PC5 接口控制面协议栈 for SCCH for RRC 由 RRC、PDCP、RLC、MAC 子层和物理层（PHY）组成，RRC 过程包括直连通信 RRC 重配置、直连通信无线承载管理、直连通信终端能力传输、直连通信无线链路失败相关活动。

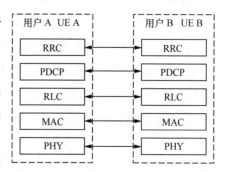

图5-4　PC5接口控制面协议栈 for SCCH for RRC

PC5 接口控制面协议栈 for SCCH for PC5-S 如图 5-5 所示。PC5-S 位于 PDCP、RLC、MAC 子层和物理层（PHY）之上。PC5-S 信令消息包括直连通信请求、链路标识更新请求 / 响应 / 确认、分离请求 / 响应、链路更新请求 / 接受、Keep-alive/Ack。

PC5 接口控制面协议栈 for SBCCH[2] 如图 5-6 所示。PC5 接口控制面协议栈 for SBCCH 由 RRC、RLC、MAC 子层和物理层（PHY）组成。

PC5 接口用户面协议栈 for STCH[3] 如图 5-7 所示，PC5 接口用户面协议栈 for STCH 由 SDAP[4]、PDCP、RLC、MAC 子层和物理层（PHY）组成。

每层（子层）都以特定的格式向上一层提供服

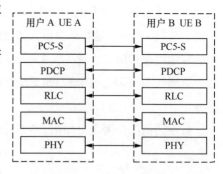

图5-5　PC5接口控制面协议栈 for SCCH for PC5-S

---

1. SCCH（Sidelink Control CHannel，直连控制信道）。

2. SBCCH（Sidelink Broadcast Control CHannel，直连广播控制信道）。

3. STCH（Sidelink Traffic CHannel，直连业务信道）。

4. SDAP（Service Data Adaptation Protocol，服务数据自适应协议）。

务，物理层（PHY）以传输信道的格式向 MAC 子层提供服务；MAC 子层以逻辑信道的格式向 RLC 子层提供服务；RLC 子层以 RLC 信道的格式向 PDCP 子层提供服务；PDCP 子层以无线承载的格式向 SDAP 子层提供服务。直连无线承载（Side Link Radio Bearer，SLRB）可以分为两类：直连数据无线承载（Side Link Data Radio Bearer，SL-DRB）用于传输用户面的数据；直连信令无线承载（Side Link Signalling Radio Bearer，SL-SRB）用于传输控制面的信令。

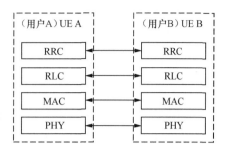

图5-6 PC5接口控制面协议栈for SBCCH

MAC 子层在 PC5 接口上提供以下服务和功能。

- 逻辑信道和传输信道之间的映射。
- MAC SDU 的复用 / 解复用，即把属于相同或不相同的逻辑信道的 MAC SDU 复用成传输块后以传输信道的格式发送给物理层，或者把来自物理层的传输块解复用为属于相同或不相同的逻辑信道的 MAC SDU。

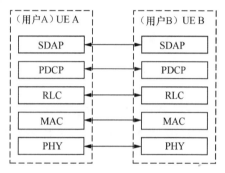

图5-7 PC5接口用户面协议栈for STCH

- 信息报告的调度。
- 通过 HARQ 进行差错纠正。
- 针对不同的 UE，通过动态调度的方式，处理 UE 之间的优先级。
- 针对同一个 UE，通过逻辑信道优先级，处理 UE 内部的逻辑信道优先级。
- 无线资源选择。
- 包过滤。
- 直通链路的信道状态信息（Channel State Information，CSI）报告。
- 填充。

当 MAC 子层受逻辑信道优先级限制时，对于与某个目的地相关联的一个单播、组播、广播，只有属于同一个目的地的直通链路的逻辑信道才能被复用。NG-RAN 能够控制直通链路的逻辑信道是否分配给具有授权类型 1 的资源。

RLC 子层支持透明模式（Transparent Mode，TM）、非确认模式（Unacknowledged Mode，UM）、确认模式（Acknowledged Mode，AM）3 种传输模式。RLC 子层的配置基于逻辑信道，独立于物理层的参数集、传输持续时间等，即 RLC 子层的配置与物理层配置无关。对于 SBCCH，仅使用透明模式；对于单播传输，可以使用非确认模式和确认模式；对于组播和广播传输，仅使用非确认模式，仅支持单方向传输。

241

RLC 子层的功能与传输模式有关，RLC 子层在 PC5 接口上可以提供以下服务和功能。

- 上层 PDU 的转发。
- 维护 RLC 层的序列号（Sequence Number，SN）（UM 和 AM 模式）。
- 通过自行重传请求（Automatic Repeat reQuest，ARQ）进行差错纠正（AM 模式）。
- RLC SDU 的分段（AM 和 UM 模式）和再分段（AM 模式）。
- SDU 的重组（AM 和 UM 模式）。
- 重复包检测（AM 模式）。
- RLC SDU 丢弃（AM 和 UM 模式）。
- RLC 子层的重建。
- 协议差错检查（AM 模式）。

分组数据汇聚协议（Packet Data Convergence Protocol，PDCP）子层用户面的主要服务和功能如下。

- 维护 PDCP 的 SN。
- 头压缩和解压缩，仅支持 RoHC 方式。
- 用户数据的转发。
- 重新排序（仅单播模式支持）。
- 当存在分离承载时，负责 PDCP PDU 路由。
- PDCP SDU 的重传。
- 加密、解密和完整性保护。
- 基于定时器的 PDCP SDU 丢弃。
- 对于 RLC AM 模式，PDCP 重建和数据恢复。

PDCP 子层控制面的主要服务和功能如下。

- 维护 PDCP 的 SN。
- 加密、解密和完整性保护。
- 控制面信令的转发。
- 重新排序（仅单播模式支持）。
- PDCP PDU 的重复报丢弃。

服务数据自适应协议（Service Data Adaptation Protocol，SDAP）子层位于 PDCP 子层之上，只在用户面存在，主要服务和功能如下。

- 负责 QoS 流和直连数据无线承载之间的映射。
- 对于与某个目的地相关联的一个单播、组播、广播，每个目的地都有一个 SDAP 实体，在 PC5 接口上，不支持反射 QoS。

PC5 接口的 RRC 子层的主要服务和功能如下。

- 在对等的 UE 之间传输 PC5-RRC 消息。
- 在两个 UE 之间维持和释放 PC5-RRC 连接。
- 基于来自 MAC 子层或 RLC 子层的指示，删除 PC5-RRC 的直连无线链路失败。

PC5-RRC 连接是两个 UE 之间的逻辑连接，在对应的 PC5 单播连接建立后，这两个 UE 通过一对"源层 -2 ID（Source Layer -2 ID）"和"目的地层 -2 ID（Destination Layer-2 ID）"相关联，PC5-RRC 连接和 PC5 单播链路之间是一对一的关系。一个 UE 可以有多个 PC5-RRC 连接，对应不同的源层 -2 ID 和目的地层 -2 ID。对于向对端 UE 传输 UE 能力和直连配置（包括 SL-DRB 配置）的 UE，可以使用分离的 PC5-RRC 过程和消息。两个对等 UE 都能够使用分离的双向流程交换各自的 UE 能力和直连配置。如果对直连传输没有兴趣，或如果在 PC5-RRC 连接上的直连无线链路失败，或已完成层 -2 连接释放流程，则 UE 会释放 PC5-RRC 连接。

5.1.3　逻辑信道、传输信道和物理信道

逻辑信道是 MAC 子层向 RLC 子层提供的服务，表示传输什么类型的信息，通过逻辑信道标识对传输的内容进行区分。逻辑信道分为控制信道和业务信道两类。控制信道仅用于传输控制面信息，直连通信中定义的逻辑信道如下。

- 直连控制信道（SCCH）：从一个 UE 向另一个 UE 传输控制信息，例如，PC-5 RRC 信息和 PC5-S 信息。
- 直连广播控制信道（SBCCH）：从一个 UE 向另一个 UE 广播直连系统消息。

业务信道仅用于传输用户面信息，在直连通信中，定义的逻辑信道如下。

- 直连业务信道（STCH）：从一个 UE 向另一个 UE 传递用户面信息。

传输信道是物理层向 MAC 子层提供的服务，定义了在空中接口上数据传输的方式和特征，传输信道也分为公共信道和专用信道两类。直连通信中定义的传输信道如下。

- 直连广播信道（Side Link Broadcast CHannel，SL-BCH）：采用预先定义的传输格式。
- 直连共享信道（Side Link Shared CHannel，SL-SCH）：支持单播、组播和广播传输。

当通过 NG-RAN 分配资源时，SL-SCH 支持动态和半静态资源分配，支持 HARQ，通过调整传输功率、调制和编码的方式支持动态链路自适应。

物理信道是一组对应特定的时间、载波、扰码、功率、天线端口等资源的集合，即信号在空中接口传输的载体，映射到具体的时频资源上。物理信道主要用于传输特定的传输信道。直连通信中定义的物理信道如下。

- 物理直连控制信道（Physical Sidelink Control CHannel，PSCCH）：指示 PSCCH 使用的资源和其他传输参数，PSCCH 与 DM-RS 相关联。
- 物理直连反馈信道（Physical Sidelink Feedback CHannel，PSFCH）：用于承载 HARQ

反馈，该反馈是接收侧 UE 反馈给发射侧 UE 的，PSFCH 在频域上占用 1 个 PRB，在时域上占用两个正交频分复用（Orthogonal Frequency Division Multiplexing，OFDM）符号，两个 OFDM 符号传输的内容相同，PSFCH 在 1 个时隙的直连通信资源的最后面。

• 物理直连广播信道（Physical Sidelink Broadcast CHannel，PSBCH）：与直连主同步信号（Sidelink Primary Synchronization Signal，S-PSS）和直连辅同步信号（Sidelink Secondary Synchronization Signal，S-SSS）一起，组成直连同步信号块（Sidelink Synchronization Signal Block，S-SSB），用于终端同步。

• 物理直连共享信道（Physical Sidelink Shared CHannel，PSSCH）：用于传输本身的数据传输块信息及用于 HARQ 过程和 CSI 反馈触发的控制信息；在一个时隙内，至少 6 个 OFDM 符号用于 PSSCH 传输；PSSCH 与 DM-RS 相关联，还有可能与相位跟踪参考信号（Phase Trasking-Reference Signal，PT-RS）相关联。

直连通信的逻辑信道、传输信道、物理信道映射关系如图 5-8 所示。逻辑信道和传输信道的映射关系：SCCH 映射到 SL-SCH 上，STCH 映射到 SL-SCH 上，SBCCH 映射到 SL-BCH 上。传输信道和物理信道的映射关系：SL-BCH 映射到 PSBCH 上，SL-SCH 映射到 PSSCH 上。另外，MAC 控制信息映射到 SL-SCH 上，第 1 阶段的直连控制信息（Sidelink Control Information，SCI）映射到 PSCCH 上，第 2 阶段的 SCI 映射到 PSSCH 上，直连反馈控制信息（Sidelink Feedback Control Information，SFCI）映射到 PSFCH 上。

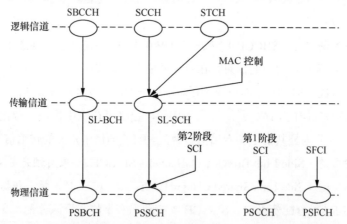

图5-8　直连通信的逻辑信道、传输信道、物理信道映射关系

●●● 5.2　直连通信的物理层

直连通信的物理层主要包括波形和参数、时频资源、物理信道和信号结构等。本节针对各个部分的设计进行具体介绍。

5.2.1 波形和参数

对于 LTE 和 NR，调制波形大体上可以分为单载波和多载波两类。目前，NR Uu 接口中两种波形共存，一种为多载波带有循环前缀的 OFDM（Cyclic Prefix-OFDM，CP-OFDM），一种为单载波的 DFT 扩频的 OFDM（DFT Spread OFDM，DFT-S-OFDM）。DFT-S-OFDM 的优点是峰值平均功率比（Peak-to-Average Power Ratio，PAPR）低，接近单载波，功率更高，因此增加了覆盖范围；其缺点是对频域资源有约束，只能使用连续的频域资源。直连通信系统采用 CP-OFDM 波形，其主要原因在于单一波形实现复杂度低，不需要对使用的波形进行额外的指示。

为了对抗多径时延扩展带来的子载波正交性破坏的问题，通常在每个 OFDM 符号之前增加循环前缀（Cyclic Prefix，CP），以消除多径时延带来的符号间干扰和子载波间干扰。在设计系统时，要求 CP 长度远大于无线多径信道的最大时延扩展，但是由于 CP 占用了系统资源，CP 长度过大将导致系统开销增加，吞吐量下降。与 NR Uu 接口一致，直连通信定义了两种 CP，即正常 CP 和扩展 CP。从 CP 负荷角度来看，扩展 CP 将导致传输效率降低，但它可以在带有明显增大时间扩展的特定场景下受益，例如，在大覆盖半径小区里即使时延扩展非常显著，扩展 CP 也不一定能从中受益，这是因为随着循环前缀的增长，功率损失增大，信号失真，带来更多的负面影响。

参数集（Numerology）设计部分主要是子载波间隔（Sub-Carrier Spacing，SCS）及 CP 长度的选择。其中，子载波间隔的大小决定了符号的时域长度，随着子载波间隔的增加可以降低传输时延，同时符号时域长度的减少，导致两列解调参考信号（Demodulation Reference Signal，DM-RS）之间的时间间隔变短，因此，可以增强对于信道变化速度的容忍程度，即抵抗高速运动带来的信道变化的能力更强，可以用更少的 DM-RS 开销带来更好的信道估计性能。另外，较大的子载波间隔能减少系统对子载波间干扰（Inter-Carrier Interference，ICI）的敏感度，有利于系统使用高阶调制方式。但是过大的子载波间隔也会对接收端的处理能力提出更高的要求，例如，需要控制信息的盲检时间更短。

虽然不同参数集的子载波间隔不同，但是每个物理资源块（Physical Resource Block，PRB）包含的子载波数都是固定的，即由 12 个连续的子载波组成，这意味着不同参数集的 PRB 占用的宽带随着子载波间隔的不同而扩展。

直连通信支持的子载波间隔和 CP 配置如下。

① FR1 支持的子载波间隔为 {15kHz，30kHz，60kHz}。

② FR2 支持的子载波间隔为 {60kHz，120kHz}。

③ FR1 支持的 CP 配置为普通 CP{15kHz，30kHz，60kHz}，扩展 CP 60kHz。

④ FR2 支持的 CP 配置为普通 CP{60kHz，120kHz}，扩展 CP 60kHz。

5.2.2　时频资源

时频资源的结构主要包含时隙结构和频域配置两个部分。

直连通信的无线帧和子帧的长度都是固定的，1 个无线帧的长度固定为 10ms，1 个子帧的长度固定为 1ms。根据子载波间隔的不同，1 个子帧由 1、2、4、8 个时隙组成，直连通信支持的子载波间隔和 CP 配置见表 5-1。对于普通 CP，1 个时隙由 14 个 OFDM 符号组成；对于扩展 CP，1 个时隙由 12 个 OFDM 符号组成。每个无线帧都有一个系统帧号（System Frame Number，SFN），SFN 周期等于 1024，即 SFN 经过 1024 个帧（10.24 s）后重复 1 次。

表5-1　直连通信支持的子载波间隔和CP配置

FR	子载波间隔 /kHz	CP	每时隙符号数	每帧时隙数	每子帧时隙数
FR 1	15	普通	14	10	1
	30	普通	14	20	2
	60	普通	14	40	4
	60	扩展	12	40	4
FR 2	60	普通	14	40	4
	60	扩展	12	40	4
	120	普通	14	80	8

由表 5-1 可知，所有的子载波间隔都支持正常 CP，只有 SCS=60kHz 支持扩展 CP，主要原因是扩展 CP 的开销相对较大，在大多数场景下，扩展 CP 在 LTE 和 NR 中的应用很少，预计在直连通信中应用的可能性也不高，但是作为一个特性，协议中还是定义了扩展 CP，由于 FR1 和 FR2 都支持 SCS=60kHz，所以只有 SCS=60kHz 支持扩展 CP。

由表 5-1 可知，在不同子载波间隔配置下，每个时隙中的符号数是相同的，即都是 14 个 OFDM 符号（扩展 CP 是 12 个 OFDM 符号），但是每个无线帧和每个子帧中的时隙数不同，随着子载波间隔的增加，每个无线帧 / 子帧中所包含的时隙数也成倍增加。这是因为子载波间隔 Δf 和 OFDM 符号长度 Δt 的关系为 $\Delta t=1/\Delta f$，因此，频域上子载波间隔增加，时域上的 OFDM 符号长度相应地缩短。直连通信的无线帧结构如图 5-9 所示。

对于直连通信来说，发送端和接收端的距离变化具有不确定性，对于自动增益控制（Automatic Gain Control，AGC）的时延要求较高，同时，引入了较大的子载波间隔，使符号长度变短，因此，存在单个符号无法完成 AGC 或者收发转换过程，需要占用额外的有用符号，从而导致性能下降。

目前，直连通信对于时隙结构的设计思路如下。

① 每个时隙中的第一个符号作为 AGC 符号，是同一个时隙中第二个符号的完全复制映射。

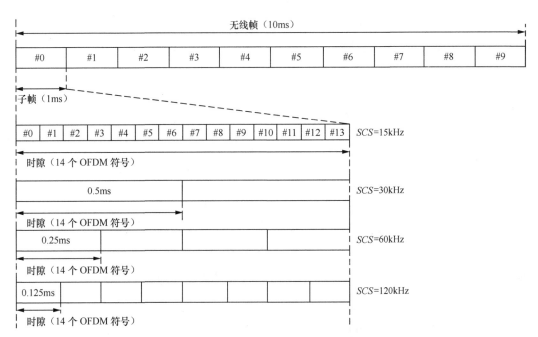

图5-9 直连通信的无线帧结构

② 每个时隙中，PSSCH 的起始符号为时隙中的第二个符号。

③ 采用一个符号作为 PSSCH 和 PSFCH 之间的保护间隔（Guard Period，GP）符号。

时隙结构示意如图 5-10 所示，其中，图 5-10 中的左图为不含 PSFCH 的时隙结构，右图为含有 PSFCH 的时隙结构。

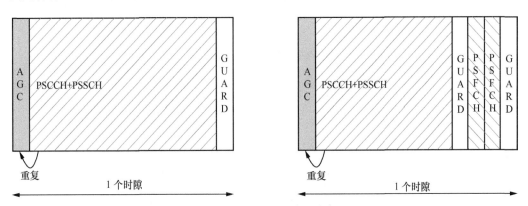

图5-10 时隙结构示意

直连通信的频域配置大部分沿用了 NR Uu 接口的配置方式。直连通信的一个 PRB 也是由频域上的 12 个连续子载波组成。资源单元（Resource Element，RE）在频域上占用 1 个载波、在时域上占用 1 个 OFDM 符号，RE 是直连通信资源的最小粒度。1 个 PRB 在频域上有 12 个子载波，在时域上有 14 个 OFDM 符号（扩展 CP 是 12 个 OFDM 符号），因此，1 个 PRB 共有 168 个 RE 或 144 个 RE。

直连通信在频域上的最小资源分配单位是子信道，Sidelink 资源池包括 m 个子信道，每个子信道由 $n_{SubCHsize}$ 个 PRB 组成，$n_{SubCHsize}$ 取值为 10、12、15、20、25、50、75 或 100，PSCCH 和其相关联的 PSSCH 在时间重叠但是频率非重叠的资源上传输，PSSCH 的另一部分和 PSCCH 在时间非重叠的资源上传输，PSCCH 在时隙的开始位置传输有助于 Sidelink UE 尽早解调 PSCCH 信道，Sidelink UE 提前获得 PSCCH 可以降低 UE 功耗。Sidelink 的 SCI 由两个部分组成，第 1 阶段 SCI 在 PSCCH 上传输，第 2 阶段 SCI 在 PSSCH 上传输。Sidelink 资源池示意如图 5-11 所示。

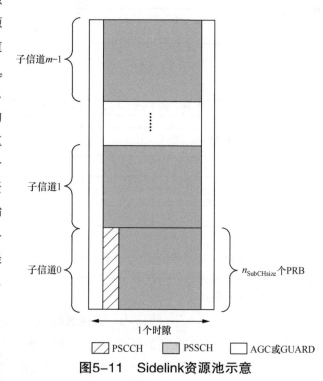

图 5-11 Sidelink 资源池示意

NR 支持的信道带宽为 5 ～ 100MHz（FR1）和 50 ～ 100MHz（FR2），PC5 接口的直通链路支持的信道带宽是 10MHz、20MHz、30MHz 和 40MHz，不同的子载波间隔和系统带宽对应的 RB 数见表 5-2。

表5-2　不同的子载波间隔和系统带宽对应的RB数

子载波间隔 /kHz	10MHz	20MHz	30MHz	40MHz
	N_{RB}	N_{RB}	N_{RB}	N_{RB}
15	52	106	160	216
30	24	51	78	106
60	11	24	38	51

需要注意的是，对于相同系统带宽的无线资源，当配置的子载波间隔不同时，PRB 数是不同的，每个子帧的 OFDM 长度和数量也是不同的，但是在相同时频资源内包含的 RE 数是近似相同的。以 40MHz 的系统带宽为例，当子载波间隔是 15kHz 时，频域上有 216 个 PRB（2592 个子载波）、1 个子帧上有 14 个 OFDM 符号，共有 36288 个 RE；当子载波间隔是 30kHz 时，频域上有 106 个 PRB（1272 个子载波）、1 个子帧上有 28 个 OFDM 符号，共有 35616 个 RE；当子载波间隔是 60kHz 时，频域上有 51 个 PRB（612 个子载波）、1 个

子帧上有 56 个 OFDM 符号，共有 34272 个 RE。在相同的带宽下，随着子载波间隔的增加，可用的 RE 数变少，主要原因是，随着子载波间隔的增大，信道两侧的最小保护带变大，导致可用的频率资源减少。例如，对于 40MHz 的系统带宽，当子载波间隔分别是 15kHz、30kHz 和 60kHz 时，两侧的最小保护带分别是 552.5kHz、905kHz 和 1610kHz。

部分带宽（Bandwidth Part，BWP）是 NR 提出的新概念，可以理解为终端的工作带宽，引入 BWP 的目的是可以对接收机带宽小于整个载波带宽的终端提供支持，通过不同带宽大小的 BWP 之间的转换和自适应来降低终端的功耗及载波中可以配置不连续的频段。与 NR Uu 接口类似，终端在直通链路上使用 BWP，在一个载波上最多有一个激活的 BWP，收发两端使用相同的 BWP。对于 RRC Idle 态与覆盖区外的终端，在 1 个载波上也只配置或预配置一个 SL BWP（对于覆盖区外的 UE，预配置 1 个 SL BWP；对于 RRC Idle 态，则通过系统消息配置 1 个 SL BWP）。RRC 连接态终端在 1 个载波上只激活 1 个 BWP。激活和未激活的 BWP 之间不进行信令交互。

5.2.3　物理信道和信号结构

物理信道是一组对应特定的时间、载波、扰码、功率、天线端口等资源的集合，即信号在空中接口传输的载体，映射到具体的时频资源上。物理信道可用于传输特定的传输信道。在直连通信中，定义的物理信道如下。

●物理直连控制信道（Physical Sidelink Control CHannel，PSCCH）。PSCCH 包括扰码、调制映射、映射到物理资源等物理层过程；支持的调制方式是 QPSK，即每个 OFDM 符号传输两个 bit 的信息。

●物理直连反馈信道（Physical Sidelink Feedback CHannel，PSFCH）。PSFCH 包括序列产生、映射到物理资源等物理层过程。

●物理直连广播信道（Physical Sidelink Broadcast CHannel，PSBCH）。PSBCH 包括扰码、调制映射、映射到物理资源等物理层过程；支持的调制方式是 QPSK。

●物理直连共享信道（Physical Sidelink Shared CHannel，PSSCH）。PSSCH 包括扰码、调制映射、层映射、预编码、映射到虚拟资源块（Virtual Resource Block，VRB）、从 VRB 映射到 PRB 等物理层过程；支持的调制方式是 QPSK、16QAM、64QAM 和 256QAM，即每个 OFDM 符号分别传输 2 个、4 个、6 个和 8 个 bit 的信息；支持 1 层或 2 层数据传输。

传输信道映射示意如图 5-12 所示。

其中，SCI 和 SFCI 没有对应的传输信道，在物理层内部产生。SCI 分两个阶段进行传输：第 1 阶段 SCI 传输 sensing（传感）操作和 PSCCH 资源配置相关信息；第 2 阶段 SCI 传输识别和解码相关信息，以及 HARQ 控制和触发 CSI 反馈的相关信息。PSSCH 资源分配有 Mode1 和 Mode2 两种模式，不同模式的具体介绍见 5.4 节。PSFCH 传输的是一个 ZC 序列，通过两个重复的 OFDM 符号进行传输，其中，第一个符号用于 AGC。PSFCH 映射在 Sidelink 时隙资源的结尾符号。

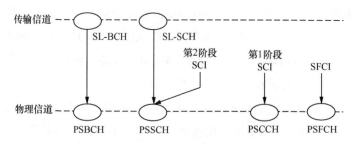

图5-12 传输信道映射示意

直连通信的物理信号从功能上可以划分为以下几种类型。

- 解调参考信号（Demodulation Reference Signal，DM-RS）。
- 信道状态信息参考信号（Channel State Information Reference Signal，CSI-RS）。
- 相位跟踪参考信号（PhaseTracking-Reference Signal，PT-RS）。
- 直连主同步信号（Sidelink Primary Synchronization Signal，S-PSS）。
- 直连辅同步信号（Sidelink Secondary Synchronization Signal，S-SSS）。

DM-RS 可用于各物理信道（PSBCH、PSCCH、PSSCH）的信道估计，实现相干解调，为了使 DM-RS 在频域上有小的功率波动，DM-RS 采用基于 Gold 序列的伪随机序列。

CSI-RS 可用于信道状态信息的测量，与 DM-RS 一样，CSI-RS 也是采用基于 Gold 序列的伪随机序列。与 NR Uu 接口的 CSI-RS 相比，直连通信的 CSI-RS 只支持 1 个和 2 个天线端口，频域密度只支持 1，不支持零功率的 CSI。

PT-RS 配合 DM-RS 使用，可以将其看作 DM-RS 的扩展，二者具有紧密的关系。PT-RS 的主要作用是跟踪相位噪声的变化，用于估计公共相位误差，进行相位补偿，相位噪声来自射频器件在各种噪声等作用下引起的系统输出信号相位的随机变化，由于频率越高，相位噪声越高，所以 PT-RS 主要应用在高频段，例如毫米波波段。

主辅同步信号 S-PSS 和 S-SSS，与 PSBCH 一起共同组成同步信号块 S-SSB。

PSCCH 在时域上占用 2 个或 3 个 OFDM 符号，在频域上占用 10 个、12 个、15 个、20 个或 25 个 PRB；PSCCH 和其相关联的 PSSCH 在时间重叠但是频率非重叠的资源上传输，PSSCH 的另一部分和 PSCCH 在时间非重叠的资源上传输。PSCCH 与其伴随的 DM-RS 是频分复用关系，1 个 PRB 在频域上有 12 个子载波，对应 12 个 RE。其中，3 个 RE 用于 DM-RS，剩余 9 个 RE 用于 PSCCH。PSCCH 采用 QPSK 调制，1 个 PRB 可用的比特数是 18 个。PSCCH 上承载的是第 1 阶段的直连控制信息，包括优先级、频域资源分配、时域资源分配、第 2 阶段 SCI 格式、Beta 偏移指示、DM-RS 端口数、调制编码方案等信息。包含 PSFCH 时隙的物理信道映射示意如图 5-13 所示。

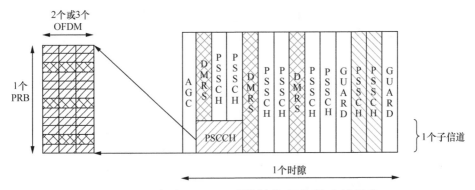

图5-13 包含PSFCH时隙的物理信道映射示意

PSSCH 与其相关联的 DM-RS 是时分复用关系，PSSCH 的 DM-RS 端口数量是 1 个或 2 个，DM-RS 在频域上与 PSSCH 相同，时域上可配置。当时隙内包含 PFSCH 时，1 个时隙内可以配置 2 个或 3 个 OFDM 符号为 DM-RS；当时隙内不包含 PFSCH 时，1 个时隙内可以配置 2 个、3 个或 4 个 OFDM 符号为 DM-RS。PSSCH 的 DM-RS 配置示意如图 5-14 所示。

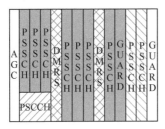 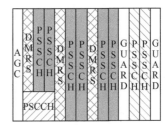

含有 PSFCH

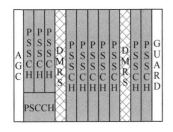 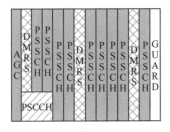 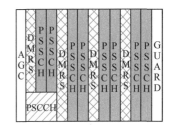

不含有 PSFCH

图5-14 PSSCH的DM-RS配置示意

PSSCH 的 DM-RS 采用配置类型 1，由于最多只有 2 个天线端口，对于 DM-RS 信号所在的 OFDM 符号，1 个 RB 内的 12 个 RE，只有 6 个 RE 用于 DM-RS 传输，其余 6 个 RE 用于 PSSCH 传输。1 个 PRB（时域上 1 个时隙，频域上 12 个子载波）上的 DM-RS 可以通过高层参数 sl-PSSCH-DM-RS-TimePattern 配置。1 个 PRB 内的 DM-RS 数量（RE）见表 5-3。

表5-3　1个PRB内的DM-RS数量（RE）

sl-PSSCH-DM-RS-TimePattern （时间模式）	1个 PRB 内的 DM-RS 数量（RE）
{2}	12
{3}	18
{4}	24
{2，3}	15
{2，4}	18
{3，4}	21
{2，3，4}	18

直连通信的物理层资源还包括天线端口（Antenna Ports）。天线端口的定义为同一个天线端口传输的不同信号所经历的信道环境是一样的。每个天线端口都对应一个资源网格，天线端口与物理信道或者信号有着严格的对应关系。对于 PSSCH，天线端口定义为 1000 和 1001；对于 PSCCH，天线端口定义为 2000；对于 CSI-RS，天线端口定义为 3000 和 3001；对于 S-SSB（PSBCH），天线端口定义为 4000；对于 PSFCH，天线端口定义为 5000。

准共址（Quasi Co-Located，QCL）的定义是某个天线端口上的符号所经历的信道的大尺度属性可以从另一个天线端口上的符号所经历的信道推断出来。换一种表达方式就是，如果两个天线端口的大尺度属性是一样的，则这两个天线端口被认为是准共址的。大尺度属性包括时延扩展（Delay Spread）、多普勒扩展（Doppler Spread）、多普勒频移（Doppler Shift）、平均增益（Average Gain）、平均时延（Average Delay）、空间接收参数（Spatial Rx Parameters）中的一个或者多个。

●●5.3　直连通信的物理层设计

直连通信物理层过程研究主要包含直连通信 HARQ 操作、直连通信功率控制、直连通信 CSI 的测量和反馈、直连通信同步过程 4 个关键的技术方向。

5.3.1　直连通信 HARQ 操作

直连通信重传方式分为两种：一种是盲重传方式，终端根据自己的业务需求或者配置，预先确定重传的次数和重传的资源；另一种是基于 HARQ 反馈的自适应重传方式，根据反馈的肯定确认（Acknowledgement，ACK）/ 否定确认（Negative Acknowledgement，NACK）信息确定是否需要进行数据重传。在资源池配置了 PSFCH 资源的情况下，SCI 显示指示是否采用基于 HARQ 反馈的传输。

对于直连通信 HARQ 反馈，单播采用 ACK/NACK 的模式进行反馈。组播支持两种 HARQ 反馈模式：一种是基于 NACK 的反馈模式，所有接收终端共享相同的 PSFCH 资源；另一种是基于 ACK/NACK 的反馈模式，每个接收终端使用独立的 PSFCH。

直连通信组播分为两种传输类型：一种是面向连接的组播，有明确的组 ID 信息，以及组内成员信息；另一种是无连接的组播，是基于距离的动态建组的组播，需要明确指示当前业务的通信距离，通信距离通过系统消息或预配置方式提供给终端，取值范围是 20 ~ 1000m。针对无连接的组播，为提升可靠性和资源利用率，终端支持基于收发距离的 HARQ 反馈机制，且采用基于 NACK 的 HARQ 反馈模式。

在直连通信终端基于感知的自主资源选择中，由于没有中心节点的控制，所以 PSFCH 的选择方法是一种完全分布式的资源选择方法。为了避免不同终端之间的 PSFCH 资源选择产生冲突，PSFCH 候选资源由关联的 PSCCH/PSSCH 的时频资源编号映射确定。

5.3.2　直连通信功率控制

直连通信功率控制主要包含基于 DL-Pathloss 和 SL-Pathloss 的两种开环功率控制机制。基于 DL-Pathloss 的开环功率控制机制可以用于广播、组播和单播的通信模式，从而降低上行和补充上行共载波时对上行的干扰。基于 SL-Pathloss 的开环功率控制机制仅用于单播的通信模式。直连通信功率控制可以对 S-SSB、PSSCH、PSCCH、PSFCH 分别进行功率控制。

开环功率控制是指终端根据接收到的链路信号功率的大小来调整自己的发射功率。开环功率控制可用于补偿信道中的平均路径损耗及慢衰落，因此，它有一个很大的动态范围。开环功率控制的前提是假定接收链路和发射链路的衰落情况是一致的。如果接收信号较强，则表明信道环境较好，将降低发射功率；如果接收信号较弱，则表明信道环境差，将增加发射功率。开环功率控制的优点是简单易行，不需要发射端和接收端之间交互信息，控制速度快。开环功率控制对于降低慢衰落是比较有效的。

直连通信支持部分路径损耗补偿，即终端通过使用特定类型的资源来测量参考信号接收功率（Reference Signal Received Power，RSRP），然后终端使用 RSRP 来导出终端与 gNB 或另一个终端之间的路径损耗。通过考虑估计的路径损耗，来自终端的传输功率得到完全或者部分补偿。首先，全路径损耗补偿可以最大化小区边缘终端的公平性，换句话说，gNB 侧从小区边缘终端接收到的功率将与从小区中心终端接收到的功率相当。另外，如果使用部分路径损耗补偿，则来自小区中心终端的 gNB 侧接收功率将远高于来自小区边缘终端的接收功率。通过调整其他功率参数或偏移来补偿小区边缘终端的路径损耗，可以适当地控制从小区边缘 UE 接收的功率，而从小区中心终端接收到的功率通常由于接收功率足够而可能是冗余的。

5.3.3　直连通信 CSI 的测量和反馈

直连通信 CSI 的测量和反馈仅在单播通信中得到支持，其中，直连通信 CSI-RS 传输的资源和天线端口的个数通过 PC5-RRC 信令进行交互。为了减少对资源选择的影响，直连通信 CSI 不支持周期性 CSI-RS 的传输，只支持非周期性 CSI-RS 的传输。CSI 反馈信息伴随着 PSSCH 的传输反馈给发送终端，如果接收终端没有 PSSCH 传输，可通过复用 PSSCH 资源选择机制的 CSI-only 方式进行传输，并且 CSI 反馈皆通过 MAC-CE 携带，CSI-RS 传输过程如图 5-15 所示。

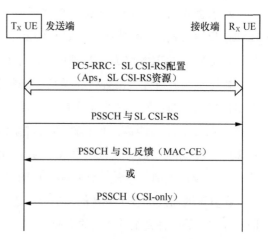

图5-15　CSI-RS传输过程

终端上报的 CSI 包括信道质量指示（Channel Quality Indicator，CQI）和秩指示（Rank Indicator，RI），且 CQI 和 RI 总是在一起上报。其中，CQI 不支持子带 CQI 报告，只支持宽带 CQI 报告，即终端针对整个系统带宽上报一个 CQI。

5.3.4　直连通信同步过程

终端 A 与终端 B 在进行直连通信之前，彼此之间需要在时间和频率上保持同步并获取广播信息，同步可以减少不受控制的干扰带来的风险，也可以减少对在同频段传输的蜂窝网络的干扰。终端开机后会根据 RRC 信令配置或预配置的同步优先级进行同步源搜索，候选的同步源包括全球定位导航系统（Global Navigation Satellite System，GNSS）、gNB、eNB 和 UE 等。当终端搜索到优先级最高的同步源并与其建立同步之后，会将同步信息以 S-SSB 的形式发送出去。UE 不在网络覆盖区，且没有检测到足够强的直连同步信号（Sidelink Synchronization Signal，SLSS），会自动发射 SLSS，以便被其他 UE 检测到。

3GPP 协议对同步源的定时精度要求如下。

① 当采用 GNSS 作为同步源时，发射定时误差是小于或等于 $\pm12\times64\times T_c=\pm3.906\mu s$。

② 当采用 gNB 作为同步源时，如果 gNB 的 SSB 的子载波间隔是 15kHz，则直连通信的子载波间隔是 15kHz、30kHz 和 60kHz 时，发射定时误差小于或等于 $\pm14\times64\times T_c=\pm4.557\mu s$、$\pm12\times64\times T_c=\pm3.906\mu s$、$\pm12\times64\times T_c=\pm3.906\mu s$；如果 gNB 的 SSB 的子载波间隔是 30kHz，则直连通信的子载波间隔是 15kHz、30kHz 和 60kHz 时，发射定时误差小于或等于 $\pm10\times64\times T_c=\pm3.255\mu s$、$\pm12\times64\times T_c=\pm3.906\mu s$、$\pm9\times64\times T_c=\pm2.930\mu s$。

③ 当采用 eNB 作为同步源时，eNB 的带宽要求大于 3MHz，发射定时误差小于或等

于 $\pm14\times64\times T_c=\pm4.557\mu s$。

④ 当采用 UE 作为同步源时，对于 Sidelink 的 SCS 是 15kHz、30kHz 和 60kHz 时，发射定时误差小于或等于 $\pm12\times64\times T_c=\pm3.906\mu s$、$\pm8\times64\times T_c=\pm2.604\mu s$、$\pm5\times64\times T_c=\pm1.623\mu s$。

$T_c=1/(\Delta f_{max}\times N_f)$ 是时域的基本时间单元，其中，最大的子载波间隔 $\Delta f_{max}=480\times10^3 Hz$，FFT 的长度是 $N_f=4096$，故 $T_c=1/(48000\times4096)=0.509ns$。

直连通信引入了 S-SSB 机制，以支持同步信号的波束重复或波束扫描。一个 S-SSB 在频域所占用的 RB 个数与子载波间隔无关，其带宽固定为 11 个 RB。一个 S-SSB 在时域上占用一个时隙（不包括位于最后一个符号上的 GP）。S-SSB 中包括 S-PSS、S-SSS 及 PSBCH 3 类信号或信道，并在 S-SSB 所在时隙的最后一个符号上放置保护间隔（GP）。S-SSB 的结构如图 5-16 所示。

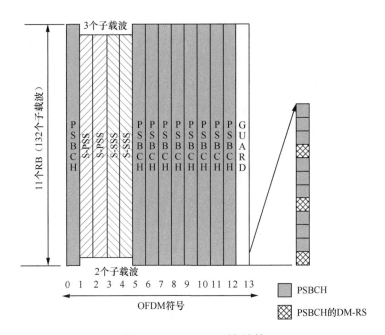

图5-16　S-SSB的结构

为了获得更好的频偏抵抗能力，尽量复用 NR Uu 的同步信号序列设计方案，Sidelink 中使用了 m 序列和 Gold 序列分别作为 S-PSS 和 S-SSS 的序列类型。S-PSS 使用的是 m 序列，长度是 127，可以取值 0 或 1；S-SSS 使用的 Gold 序列，长度是 127，取值 0 ～ 336。为了提高检测成功率，S-PSS 和 S-SSS 分别传输 2 次，即同步信号 S-PSS 和 S-SSS 在一个时隙中分别占用两个连续的 OFDM 符号，并且 S-PSS 或 S-SSS 所占用的两个符号中分别使用了相同的同步信号序列。S-PSS 和 S-SSS 组成 SLSSID，SLSSID 的取值是 0 ～ 671，分为两组，id_net 由 0 ～ 335 组成，用于网络覆盖范围内的 UE；id_oon 由 336 ～ 671 组成，用于网络覆盖范围外的 UE，可以用于区分是否与网络保持同步。S-PSS 和 S-SSS 两边分别有 2 个、3 个子载波不传输任何信号，这样的设计使 S-PSS 和 S-SSS 与其他信号之间有较大的频率隔离，便于终端把 S-PSS 和 S-SSS 与其他信号区分出来。

直连通信 S-SSB 的第一个符号上放置 PSBCH，既可以使接收端在该符号上进行 AGC 调整，又可以降低 PSBCH 的码率，提升 PSBCH 的解码性能。S-SSB 所在时隙的最后一个符号用作 GP，GP 采用打孔的方法进行 RE 的映射。为了尽可能地提升 PSBCH 的解码性能，Rel-16 规定在一个 S-SSB 中，除了分配给 S-PSS 和 S-SSS 的 4 个符号，其余符号全部被 PSBCH 占用，在普通 CP 的情况下，PSBCH 占用了 9 个 OFDM 符号；在扩展 CP 的情况下，PSBCH 占用了 7 个 OFDM 符号。在频域上，PSBCH 占满了 11 个 RB 的 132 个子载波。PSBCH 的解调参考信号 DM-RS 采用长度为 31 的 Gold 序列。PSBCH 和与其相关联的 DM-RS 是频分复用关系，在时域上，所有 PSBCH 符号上都配置了 DM-RS，每 4 个 RE 配置 1 个 DM-RS RE。

PSBCH 用于向覆盖范围外的终端通知直通链路定时信息、NR Uu 的 TDD 时隙配置信息，以及覆盖指示信息等，具体内容如下。

① *sl-TDD-Config*：用于指示 NR Uu 接口的 TDD 配置，包括时隙模式（单周期或双周期）、TDD 周期、子载波间隔、参考子载波间隔、上行时隙数、特殊子帧的上行符号数等信息，采用联合编码的方式，共计有 12 个 bit。

② *inCoverage*：取值为"*true*"指示发射 MIBSidelink 的 UE 在网络覆盖范围内，或 UE 选择 GNSS 定时作为同步参考信号源，共计有 1 个 bit。

③ *directFrameNumber*：指示发射 S-SSB 所在的帧号，共计有 10 个 bit。

④ *slotIndex*：指示发射 S-SSB 的时隙索引，共计有 7 个 bit，当子载波间隔是 60kHz 时，1 个帧内有 10 个子帧，每个子帧内有 8 个时隙，共有 80 个时隙，因此，需要 7 个 bit 才能指示。

关于直连通信中的 S-SSB 周期值，为了降低配置复杂度，仅仅配置了 1 个周期值。对于所有的 S-SSB 子载波间隔，仅配置一个长度为 160 ms 的 S-SSB 周期值。

为了提升 S-SSB 的检测成功率，扩大 S-SSB 的覆盖范围，Rel-16 中规定在 1 个 S-SSB 周期内，支持重复传输多个 S-SSB，并且为了保持 S-SSB 配置的灵活性，1 个周期内 S-SSB 的数量是可配置的。1 个周期内 S-SSB 的数量配置见表 5-4。

表5-4　1个周期内S-SSB的数量配置

频率范围	子载波间隔 /kHz	1 个周期内 S-SSB 的数量
FR1	15	1
	30	1, 2
	60	1, 2, 4

续表

频率范围	子载波间隔 /kHz	1个周期内 S-SSB 的数量
FR2	60	1, 2, 4, 8, 16, 32
	120	1, 2, 4, 8, 16, 32, 64

对于 FR1,1 个周期内最多支持传输 4 个 S-SSB。对于 FR2,1 个周期内最多支持传输 64 个 S-SSB,因此需要指示在 1 个周期内传输的多个 S-SSB 所占用的时域资源。

由于 S-SSB 的时域资源需要保持一定的灵活性,以适应 NR Uu 灵活的 TDD 上下行时隙配置,所以 S-SSB 的时域资源配置不能采取固定设置的方式,而是可配置的。同时,为了简化配置参数,Rel-16 规定预配置或配置参数 1 和参数 2 来指示 S-SSB 时域资源配置,并且 1 个 S-SSB 周期内 2 个相邻的 S-SSB 的时间间隔相同,1 个周期内 S-SSB 资源配置示意如图 5-17 所示。

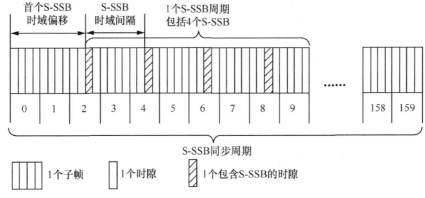

图5-17 1个周期内S-SSB资源配置示意

① 参数 1:首个 S-SSB 时域偏移量,表示 1 个 S-SSB 周期内第一个 S-SSB 相对于该 S-SSB 周期起始位置的偏移量。该偏移量以时隙数量为单位,取值范围为 0 ~ 1279。

② 参数 2:2 个相邻 S-SSB 时域间隔,表示 1 个 S-SSB 周期内 2 个相邻的 S-SSB 之间的时间间隔,该时间间隔以时隙数量为单位,取值范围为 0 ~ 639。

候选的同步源包括 GNSS、gNB/eNB 和 UE 等,候选的同步源具有不同的优先级。候选的同步源的优先级见表 5-5。

表5-5 候选的同步源的优先级

优先级	基于 GNSS 的同步 (gNB/eNB 可以作为同步源)	基于 GNSS 的同步 (gNB/eNB 不作为同步源)	基于 gNB/eNB 的同步
P0	GNSS	GNSS	gNB/eNB
P1	直接同步到 GNSS 的所有 UE	直接同步到 GNSS 的所有 UE	直接同步到 gNB/eNB 的所有 UE

优先级	基于 GNSS 的同步 （gNB/eNB 可以作为同步源）	基于 GNSS 的同步 （gNB/eNB 不作为同步源）	基于 gNB/eNB 的同步
P2	间接同步到 GNSS 的所有 UE	间接同步到 GNSS 的所有 UE	间接同步到 gNB/eNB 的所有 UE
P3	gNB/eNB	其他任何 UE	GNSS
P4	直接同步到 gNB/eNB 的所有 UE	N/A	直接同步到 GNSS 的所有 UE
P5	间接同步到 gNB/eNB 的所有 UE	N/A	间接同步到 GNSS 的所有 UE
P6	其他任何 UE	N/A	其他任何 UE

以下以基于 gNB/eNB 的同步为例来说明同步的优先级顺序。

优先级 P0：Sidelink UE 以覆盖范围内的 gNB/eNB 作为同步源，当有多个 gNB/eNB 都是优先级 P0 时，选择 RSRP 最强的 gNB/eNB。

优先级 P1：Sidelink UE 以直接同步到 gNB/eNB 的 UE 作为同步源，当有多个 UE 都是优先级 P1 时，选择 PSBCH-RSRP 最强的 UE 作为同步源。优先级为 P1 的 UE 判断标志为：SLSSID 定义在覆盖区范围内，即 SLSSID 的取值为 1 ～ 335；MasterInformationBlock Sidelink 消息中的 inCoverage 字段设置为"true"。

优先级 P2：Sidelink UE 以间接同步到 gNB/eNB 的 UE 作为同步源，当有多个 UE 都是优先级 P2 时，选择 PSBCH-RSRP 最强的 UE 作为同步源。优先级为 P2 的 UE 判断标志为：SLSSID 定义在覆盖区范围内，即 SLSSID 的取值为 1 ～ 335；MasterInformationBlock Sidelink 消息中的 inCoverage 字段设置为"false"。

优先级 P3：Sidelink UE 以 GNSS 作为同步源。

优先级 P4：Sidelink UE 以直接同步到 GNSS 的 UE 作为同步源，当有多个 UE 都是优先级 P4 时，选择 PSBCH-RSRP 中最强的 UE 作为同步源，优先级为 P4 的 UE 判断标志为：SLSSID 取值为 0；MasterInformationBlockSidelink 消息中的 inCoverage 字段设置为"true"，或者 SLSS 在 sl-SSB-TimeAllocation3 指定的时隙上传输。

优先级 P5：Sidelink UE 以间接同步到 GNSS 的 UE 作为同步源，当有多个 UE 都是优先级 P5 时，选择 PSBCH-RSRP 中最强的 UE 作为同步源。优先级为 P5 的 UE 判断标志为：SLSSID 取值为 0；MasterInformationBlockSidelink 消息中的 inCoverage 字段设置为"false"。

优先级 P6：Sidelink UE 以其他 UE 作为同步源，当有多个 UE 都是优先级 P6 时，选择 PSBCH-RSRP 中最强的 UE 作为同步源。优先级为 P6 的 UE 判断标志为：SLSSID 取值为 338 ～ 671；MasterInformationBlockSidelink 消息中的 inCoverage 字段设置为"false"。

基于 gNB/eNB 的同步示意如图 5-18 所示。

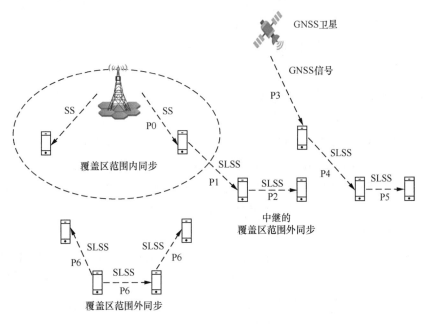

图5-18　基于gNB/eNB的同步示意

••5.4　直连通信的资源分配过程

Sidelink UE 在 PC5 接口上，支持 NG-RAN 调度资源分配（Mode 1 资源分配）和 Sielink UE 自主资源选择（Mode 2 资源分配）两种资源分配模式。对于 NG-RAN 调度资源分配模式，Sidelink UE 需要先和 NG-RAN 建立 RRC 连接，由 NG-RAN 分配 PC5 接口上的时频资源；对于 Sidelink UE 自主资源选择模式，在 NG-RAN 覆盖区范围内和 NG-RAN 覆盖区范围外，Sidelink UE 均可传输数据，Sidelink UE 从资源池中自主选择 PC5 接口上的时频资源。

5.4.1　NG-RAN 调度资源分配过程

NG-RAN 调度资源分配又被称为 Mode 1 资源分配或基站调度资源分配，即直通链路的通信资源全部由基站分配，与自主资源选择相比，基站调度模式大大降低了资源选择碰撞的概率，提高了系统的可靠性。用户根据直通链路的业务情况，向基站发送调度请求，等待基站分配资源。

NG-RAN 调度资源分配模式涉及两个空中接口，分别是 Sidelink UE 与 NG-RAN 之间的 NR Uu 接口及 Sidelink UE 之间的 PC5 接口。NG-RAN 可以通过多种方式分配 PC5 接口上的时频资源。

第一种是 NG-RAN 动态分配资源方式，即 NG-RAN 通过 NR Uu 接口的物理下行控制信道使用直连无线网络临时标识（Side Link Radio Network Temporary Identifier，SL-RNTI）对 CRC 进行扰码，动态为 Sidelink UE 分配 PC5 接口上的时频资源，一条控制信令给用户分配一次或多次传输块所需的资源，而且每个传输块的发送资源都需要通过基站来指示。

第二种是配置授权方式，配置授权分为类型 1 和类型 2。其中，配置授权类型 1 通过 RRC 信令直接为 Sidelink UE 提供配置授权，或由 RRC 信令定义周期性的配置授权，RRC 信令给用户提供所有传输参数，包括时频资源、周期，一旦正确接收到 RRC 信令配置，直通链路的传输会立即生效。配置授权类型 2 由 RRC 信令给用户配置传输周期，由 NR Uu 接口的 PDCCH（使用 V-RNTI 对 CRC 进行扰码）激活或去激活直通链路上的连续传输。配置授权由基站给用户分配一个周期性重复的资源集合。针对不同的业务类型，基站可以为用户提供多个配置授权。

基站会为用户提供上行资源用于上报直通链路的反馈情况，通过分配重传资源来提供系统的可靠性。用户根据直通链路上的传输和反馈情况，决定向基站上报哪些信息。对于动态调度，用户在被调度资源集合之后，向基站上报 1bit 的 ACK 或 NACK 信息。对于配置授权，用户在每个周期之后，向基站上报 1bit 的 ACK 或 NACK 信息。当基站收到的信息为 NACK 时，会为对应的传输块分配重传资源。当基站收到的信息为 ACK 时，就认为对应的传输块成功传递。动态调度和配置授权类型 2 的上行资源由下行控制信令指示，配置授权类型 1 的上行资源由 RRC 信令提供。

MCS 信息由基站通过 RRC 信令来配置确定的等级或者一个范围。当基站没有提供 RRC 信令配置信息时，发送用户根据待发送的传输块的信息自行选定一个合适的 MCS 进行发送。

NG-RAN 动态分配 PC5 接口上的时频资源由 4 个步骤组成，NG-RAN 动态分配 PC5 接口上的时频资源示意如图 5-19 所示。

第 1 步：NG-RAN 通过系统消息 SIB12 或 RRC 重配置过程，把资源池配置信息发送给 Sidelink UE，资源池配置信息包括 PSCCH 配置、PSSCH 配置、子信道尺寸及子信道数量、资源池在时域上的位图等信息。

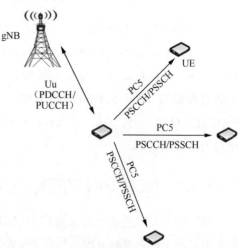

图5-19　NG-RAN动态分配PC5接口上的时频资源示意

第 2 步：Sidelink UE 在 NR Uu 接口上，解调 DCI 格式 3_0 的 PDCCH，DCI 格式 3_0 的 PDCCH 用于调度 PSCCH 和 PSSCH，DCI 格式 3_0 包括资源池索引、时间间隔、子信

道分配的最低索引及 SCI 格式 1-A 的部分信息（包括频域配置指配和时域配置指配）。

第 3 步：Sidelink UE 根据接收到的 DCI 格式 3_0 信息，在 PC5 接口上发送 SCI 格式 1-A 的 PSCCH 及 PSSCH，SCI 格式 1-A 承载的是第 1 阶段 SCI，用于调度 PSSCH，SCI 格式 1-A 包括优先级、频率资源指配、时域资源指配、DM-RS 模式、MCS、DM-RS 端口数量等信息，为了增加传输的可靠性，1 个 PSCCH 可以调度 1 个、2 个或 3 个 PSSCH。

第 4 步：Sidelink UE 根据 SCI 格式 1-A 信息，解调 PSSCH，Sidelink UE 首先解调 PSSCH 上承载的控制信息，即 SCI 格式 2-A 信息，SCI 格式 2-A 承载的是第 2 阶段 SCI，SCI 格式 2-A 包括 HARQ 进程号、源地址和目的地址等信息。如果该消息是发送给 Sidelink UE 的，则 Sidelink UE 继续接收 PSSCH 上承载的数据信息。

5.4.2　UE 自主资源选择分配

自主资源选择分配（Mode 2）机制满足更低时延、更大覆盖范围、多种业务类型混合等更严苛的需求。根据业务需求，对自主资源选择分配进行以下 4 类机制的研究。

① Mode 2-（a）：UE 自主选择发送的资源。

② Mode 2-（b）：UE 辅助其他 UE 进行资源选择。

③ Mode 2-（c）：类似 NR 中的配置授权，UE 根据配置信息进行直通链路的资源选择。

④ Mode 2-（d）：UE 调度其他 UE 进行直通链路（PC5 接口）传输。

自主资源选择分配是 UE 基于感知自主进行资源分配，由于没有中心节点的控制，PSSCH 资源的选择方法是完全分布式的。Sidelink 支持周期性业务和非周期性业务，需要对混合业务场景考虑增强设计，主要包含资源感知、资源排除、资源选择、资源抢占及资源重选。

资源感知通过感知机制可确定其他 UE 的资源占用情况，并根据感知结果进行资源选择。通过 SCI 的调度指示，资源感知为传输块的盲（重）传或基于 HARQ 反馈的（重）传输保留资源。资源选择窗可以是 1100ms 或 100ms 两种长度，分别对应周期性业务和非周期性业务。资源选择窗的结束时间点为资源选择触发时间点之前。UE 在 PSCCH 上传输的第 1 阶段 SCI 会指示 UE 预约的时频资源，感知 UE，排除 SCI 中指示的资源，从而降低资源碰撞概率。UE 在感知过程中，还会测量感知窗口中资源的 RSRP，以此来判断资源的占用情况或干扰情况。相比于完全随机的资源选择机制，具有资源感知的机制可以提高资源利用率，降低资源碰撞概率。资源感知方案具体有 Long-term sensing（长期感知）和 Short-term sensing（短期感知）两种。Long-term sensing 方案在一定程度上可以避免碰撞，但是无法避免由非周期性业务导致的碰撞。Short-term sensing 方案通过持续感知及资源重选可以避免非周期性业务导致的碰撞，Short-term sensing 时序如图 5-20 所示。在 n 时刻资源选定之后，UE 持续进行感知，通过解码 SCI 并测量 RSRP，确定其他 UE 预约的时频资源，并判断是否发生碰撞，如果发生碰撞，则对碰撞资源进行重选。

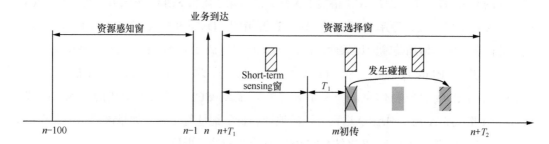

图5-20　Short-term sensing时序

资源排除是根据资源感知的结果，排除资源选择窗内不能用于资源选择的资源，形成候选资源集合。对于资源选择窗内的资源，UE 首先排除 skip 子帧对应的候选子帧，然后根据感知到的资源预约信息，与相对应的 RSRP 门限值比较，排除已预约的资源，得到候选资源集。当剩余可选资源比例大于或等于资源选择窗总资源的 20% 时，资源排除过程结束；当剩余可选资源比例小于 20% 时，提高当前收发节点功率门限值，直到满足可选资源比例大于或等于 20%，完成资源排除过程。

资源选择主要是为待发送业务包传输块选择适合发送的时频资源。直连通信的资源选择采用半静态和动态资源选择机制，这是由于直连通信除了具有周期性业务，还需要支持非周期性业务。半静态资源选择机制选择出的资源用于多个不同传输块的发送，动态资源选择机制选出的资源仅用于单个传输块的一次发送（包含初重传）。目前，直连通信的资源选择方案是在资源排除后的剩余资源中进行随机选择，并且一次性选出全部初重传资源。

资源重选在 UE 选择的资源发生碰撞时进行资源调整。非周期性的突发业务可能会增加资源碰撞概率，通过 Short-term sensing 方案及重选机制可以降低资源碰撞的概率。由于非周期高优先级的业务在原感知窗口结束后就开始传输，此时 SCI 还未到达，所以 UE 可以在预约资源上传输之前对选择的资源集进行重评估，以检查在预约资源上传输是否适合。如果此时预约的资源不在资源选择的候选集合中，那么将从更新的资源选择窗中进行资源重选。资源重选还需要考虑接收端进行 HARQ 反馈需要的时间间隔对资源重选的时间限制。

资源抢占机制为了满足直连通信业务严苛的低时延、高可靠性能要求，允许高优先级 UE 抢占低优先级 UE 的资源，低优先级 UE 通过解码 SCI 避让高优先级 UE 占用的资源，从而降低对高优先级 UE 的干扰，保证传输的可靠性。资源抢占根据发送和接收优先级，设置不同的 RSRP 门限影响感知结果，高优先级业务设置的门限值更高，可以获得更多的候选资源。

●●5.5 直连通信的容量能力

5.5.1 直连通信的峰值速率分析

在进行峰值速率分析时，涉及的信道有 PSSCH、PSCCH、PSFCH 和 PSSCH 的 DM-RS。对于广播模式，不配置 PSFCH；对于单播模式和组播模式，需要配置 PSFCH。PSSCH 的 DM-RS 采用配置类型 1，由于最多只有两个天线端口，对于 DM-RS 信号所在的 OFDM 符号，1 个 PRB 内有 12 个 RE，只有 6 个 RE 用于 DM-RS 传输，其余 6 个 RE 用于 PSSCH 传输。

Sidelink 的峰值速率与 PSSCH 传输的传输块尺寸密切相关。根据 3GPP TS 38.214 协议，TBS 的计算过程共有 4 个步骤，分别如下。

第 1 步：计算 1 个时隙内的 RE 数，第 1 步包括以下两个步骤。

首先，根据式（5-1）确定 1 个 PRB 内分配给 PSSCH 的 RE 数。

$$N_{\text{RE}}' = N_{\text{SC}}^{\text{RB}}\left(N_{\text{symb}}^{\text{sh}} - N_{\text{symb}}^{\text{PSFCH}}\right) - N_{\text{oh}}^{\text{PRB}} - N_{\text{RE}}^{\text{DMRS}} \qquad \text{式（5-1）}$$

在式（5-1）中，$N_{\text{SC}}^{\text{RB}}$ =12 是 1 个 PRB 内的子载波数；1 个时隙内的第 1 个 OFDM 符号用于重复传输，最后 1 个 OFDM 符号用于保护间隔，因此，$N_{\text{symb}}^{\text{sh}}$ =sl-$lengthSLsymbols$ - 2，sl-$lengthSLsymbols$ 是 1 个时隙内 Sidelink 的 OFDM 符号数，可以取值 7 ～ 14 个 OFDM 符号；$N_{\text{symb}}^{\text{PSFCH}}$ 是 PSFCH 占用的符号数，取值 0 或 3 个 OFDM 符号；$N_{\text{oh}}^{\text{PRB}}$ 是配置的 CSI-RS 和 PT-RS 的负荷，可以取值 0、3、6 或 9；$N_{\text{RE}}^{\text{DMRS}}$ 是一个 PRB 内 DM-RS 信号占用的符号数，当 sl-$PSSCH$-$DMRS$-$TimePattern$ 取值为 {2}、{3}、{4}、{2，3}、{2，4}、{3，4}、{2，3，4} 时，$N_{\text{RE}}^{\text{DMRS}}$ 的值分别是 12、18、24、15、18、21、18。

根据式（5-2）确定分配给 PSSCH 的 RE 数 N_{RE}，其算法如下。

$$N_{\text{RE}} = N_{\text{RE}}' \times n_{\text{PRB}} - N_{\text{RE}}^{\text{SCI,1}} - N_{\text{RE}}^{\text{SCI,2}} \qquad \text{式（5-2）}$$

在式（5-2）中，n_{PRB} 是分配给 PSSCH 的 PRB 总数；$N_{\text{RE}}^{\text{SCI,1}}$ 是 PSCCH 及 PSCCH 的 DM-RS 占用的 RE 数；$N_{\text{RE}}^{\text{SCI,2}}$ 是第 2 阶段的 SCI 调制编码占用的 RE 数。

第 2 步：计算中间的信息比特 N_{info}。

$$N_{\text{info}} = N_{\text{RE}} \times R \times Q_m \times v \qquad \text{式（5-3）}$$

PSSCH 的 MCS 索引见表 5-6。在式（5-3）中，N_{RE} 根据式（5-2）计算得到。其中，R 是目标码率，Q_m 是调制阶数，通过表 5-6 得到 PSSCH 的 I_{MCS}，再根据 I_{MCS} 得到 R 和 Q_{m}；v 是数据的层数，对于 PSSCH，最多为 2 层。

表5-6　PSSCH的MCS索引

MCS 索引（I_{MCS}）	调制阶数（Q_{m}）	目标编码速率（R）（1024）	频谱效率
0	2	120	0.2344
1	2	193	0.3770
2	2	308	0.6016
3	2	449	0.8770
4	2	602	1.1758
5	4	378	1.4766
6	4	434	1.6953
7	4	490	1.9141
8	4	553	2.1602
9	4	616	2.4063
10	4	658	2.5703
11	6	466	2.7305
12	6	517	3.0293
13	6	567	3.3223
14	6	616	3.6094
15	6	666	3.9023
16	6	719	4.2129
17	6	772	4.5234
18	6	822	4.8164
19	6	873	5.1152
20	8	682.5	5.3320
21	8	711	5.5547
22	8	754	5.8906
23	8	797	6.2266
24	8	841	6.5703
25	8	885	6.9141
26	8	916.5	7.1602
27	8	948	7.4063
28 ～ 31		预留	

如果 $N_{info} \leqslant 3824$，则通过第 3 步计算 TBS；如果 $N_{info} > 3824$，则通过第 4 步计算 TBS。

第 3 步：当 $N_{info} \leqslant 3824$ 时，通过以下方式计算 TBS。

通过式（5-4）计算量化的中间信息比特 N'_{info}。

$$N'_{info} = \max\left(24, \ 2^n \times \left\lfloor \frac{N_{info}}{2^n} \right\rfloor\right) \tag{式（5-4）}$$

其中，$n = \max\left(3, \left\lfloor \log_2\left(N_{info}\right) \right\rfloor - 6\right)$。式（5-4）的实际含义是把中间的信息比特 N_{info} 量化为 8、16、32……的倍数。

$N_{info} \leqslant 3824$ 的 TBS 见表 5-7。通过查找表 5-7，得到最接近的不小于 N'_{info} 的 TBS。

表5-7 $N_{info} \leqslant 3824$ 的 TBS

索引	TBS	索引	TBS	索引	TBS
1	24	32	352	63	1352
2	32	33	368	64	1416
3	40	34	384	65	1480
4	48	35	408	66	1544
5	56	36	432	67	1608
6	64	37	456	68	1672
7	72	38	480	69	1736
8	80	39	504	70	1800
9	88	40	528	71	1864
10	96	41	552	72	1928
11	104	42	576	73	2024
12	112	43	608	74	2088
13	120	44	640	75	2152
14	128	45	672	76	2216
15	136	46	704	77	2280
16	144	47	736	78	2408
17	152	48	768	79	2472
18	160	49	808	80	2536
19	168	50	848	81	2600
20	176	51	888	82	2664
21	184	52	928	83	2728
22	192	53	984	84	2792
23	208	54	1032	85	2856

索引	*TBS*	索引	*TBS*	索引	*TBS*
24	224	55	1064	86	2976
25	240	56	1128	87	3104
26	256	57	1160	88	3240
27	272	58	1192	89	3368
28	288	59	1224	90	3496
29	304	60	1256	91	3624
30	320	61	1288	92	3752
31	336	62	1320	93	3824

第 4 步：当 $N_{info} > 3824$ 时，通过以下方式计算 *TBS*。

① 通过式（5-5）计算量化的中间信息比特 N'_{info}。

$$N'_{info}=\max\left[3840，2^n\times round\left(\frac{N_{info}-24}{2^n}\right)\right] \qquad 式（5-5）$$

其中，round 函数计算结果为向上取整。

② 通过式（5-6）、式（5-7）和式（5-8）计算 *TBS*。

如果 $R \leqslant 1/4$，则

$$TBS=8\times C\times\left\lceil\frac{N'_{info}+24}{8\times C}\right\rceil-24 \qquad 式（5-6）$$

其中，$C=\left\lceil\frac{N'_{info}+24}{3816}\right\rceil$

如果 $R > 1/4$ 且 $N'_{info} > 8424$，则

$$TBS=8\times C\times\left\lceil\frac{N'_{info}+24}{8\times C}\right\rceil-24 \qquad 式（5-7）$$

其中，$C=\left\lceil\frac{N'_{info}+24}{8424}\right\rceil$

如果 $R > 1/4$ 且 $N'_{info} \leqslant 8424$，则

$$TBS=8\times\left\lceil\frac{N'_{info}+24}{8\times C}\right\rceil-24 \qquad 式（5-8）$$

以 40MHz 的系统带宽、30kHz 子载波间隔为例，计算 PC5 接口的峰值速率。

第 1 步：计算 1 个时隙内的 RE 数 N_{RE}。

1 个 PRB 内分配给 PSSCH 的 RE 数达到最大值，需要同时满足以下 4 个条件。

sl-lengthSLsymbols 取值为 14 个符号，即 $N_{symb}^{sh}=14-2=12$。

不配置 PSFCH，即 $N_{symb}^{PSFCH}=0$。

不配置 CSI-RS 和 PT-RS，即 $N_{\text{symb}}^{\text{PSFCH}}=0$。

sl-PSSCH-DMRS-TimePattern 取值为 {2}，即 $N_{\text{RE}}^{\text{DMRS}}=12$。根据以上参数和式（5-1），可以计算得到 1 个 PRB 内分配给 PSSCH 的 RE 数 $N_{\text{RE}}'=12\times(12-0)-0-12=132$。

当信道带宽是 40MHz、子载波间隔是 30kHz 时，共计有 106 个 PRB，当子信道尺寸是 15 个 PRB 时，分配给 UE 的 PSSCH 数 n_{PRB} 达到最大值，共计有 105 个 PRB。PSCCH 及 PSCCH 的 DM-RS 在时域上最少占用两个符号，在频域上最少占用 10 个 PRB，1 个 PRB 上有 9 个 RE 用于 PSCCH 传输，3 个 RE 用于 PSCCH 的 DM-RS 传输，PSCCH 共计占用 10×9×2=180 个 RE。第 1 阶段 SCI 包含以下信息：优先级为 3 个 bit；频域资源分配，最大为 8 个 bit；时域资源分配，最大为 9 个 bit；DM-RS 模式为 3 个 bit；第 2 阶段 SCI 格式为 2 个 bit；Beta 偏移指示为 2 个 bit；DM-RS 端口数为 1 个 bit；调制编码方案为 5 个 bit；CRC 为 24 个 bit，共计 57 个 bit，采用 QPSK 调制，假定编码速率是 0.26，则共计需要 57÷0.26÷2 ≈ 110 个 RE，小于 180 个 RE，假定 PSCCH 及 PSCCH 的 DM-RS 占用的 RE 数是 2×10×12=240 个 RE，假定第 2 阶段的 SCI 尺寸是 64 个 bit，采用 QPSK 调制，编码速率是 0.26，则第 2 阶段的 SCI 需要的 RE 数是 64÷0.26÷2 ≈ 124 个 RE。根据以上的参数和式（5-2），可以计算出 1 个时隙分配给 PSSCH 的 RE 数 $N_{\text{RE}}=132\times105-240-124=13496$ 个 RE。

第 2 步：计算中间的信息比特 N_{info}。

在该步中，当满足以下条件时，N_{info} 达到最大值，调制编码方案是 27，对应的 $R=948/1024$，$Q_m=8$，数据的层数是 $v=2$。根据以上参数和式（5-3），可以计算出 $N_{\text{info}}=13496\times948/1024\times8\times2 \approx 199909$，由于 $N_{\text{info}} > 3824$，使用第 4 步。

第 3 步：计算 *TBS*。

通过式（5-5），计算出量化的中间信息比特为 198656。

由于 $R > 1/4$ 且 $N_{\text{info}}' > 8424$，通过式（5-7），计算出 *TBS* 为 200808。

当子载波间隔是 30kHz 时，时隙长度是 0.5ms，假设所有的时隙都是 PSSCH，则 PSSCH 的峰值速率 =200808/0.0005/1024/1024 ≈ 383Mbit/s。

同理，对于不同的信道带宽和子载波间隔，当不配置 PSFCH 时，PC5 接口的峰值速率（不包含 PSFCH）见表 5-8。

表5-8　PC5接口的峰值速率（不包含PSFCH）

信道带宽 / MHz	子载波间隔 /kHz	时隙长度 /ms	*PRB*	子信道尺寸	分配给 PSSCH 的 *PRB*	*TBS*/bit	峰值速率 / （Mbit/s）
10	15	1	52	10	50	94248	90
10	30	0.5	24	12	24	42016	80
10	60	0.25	11	10	10	14344	55

信道带宽 / MHz	子载波间 隔 /kHz	时隙长 度 /ms	*PRB*	子信道 尺寸	分配给 PSSCH 的 *PRB*	*TBS*/bit	峰值速率 / （Mbit/s）
20	15	1	106	15	105	200808	192
20	30	0.5	51	50	50	94248	180
20	60	0.25	24	12	24	42016	160
40	15	1	216	12	216	417976	399
40	30	0.5	106	15	105	200808	383
40	60	0.25	51	10	50	94248	360

如果配置 PSFCH，则 $N_{\mathrm{symb}}^{\mathrm{PSFCH}}=3$，*sl-lengthSLsymbols* 取值为 14 个符号，$N_{\mathrm{symb}}^{\mathrm{sh}}=14-2-3=9$。对于不同的信道带宽和子载波间隔，当配置 PSFCH 时，PC5 接口的峰值速率（包含 PSFCH）见表 5-9。

表5-9　PC5接口的峰值速率（包含PSFCH）

信道带宽 / MHz	子载波间 隔 /kHz	*PRB*	子信道尺寸	分配给 PSSCH 的 *PRB*	*TBS*/bit	峰值速率 / （Mbit/s）
10	15	52	10	50	67584	64
10	30	24	12	24	29192	56
10	60	11	10	10	8968	34
20	15	106	15	105	147576	141
20	30	51	50	50	67584	129
20	60	24	12	24	29192	111
40	15	216	12	216	303240	289
40	30	106	15	105	147576	281
40	60	51	10	50	67584	258

对于 PC5 接口的峰值速率，有以下 3 个方面的分析。

第一，在相同的信道带宽下，随着子载波间隔的增加，峰值速率逐渐减少，主要原因包括两个方面。① 在式（5-2）中，假定每个时隙中都分配了第 1 阶段的 SCI 和第 2 阶段的 SCI。当子载波间隔变大后，在相同时间内，时隙数增加，因此，会有更多的 RE 用于 SCI 的开销。② 随着子载波间隔的增大，信道两侧的最小保护带变大，导致可用的频率资源减少。

第二，上述计算的是理论上的峰值速率，只有在实验室环境中才有可能获得。在实际应用中，PSSCH 的数据层数调制方式为 64QAM（Q_m=6）比较合理，这会导致峰值速率下降 62.5% 左右。

第三，根据统计，普通视频的速率在 2 ～ 4Mbit/s，高清视频的速率是 7.5 ～ 25Mbit/s；取一个中间速率，普通视频是 3Mbit/s，高清视频是 15Mbit/s。对于信道带宽为 20MHz，子载波间隔为 30kHz 的情况，当不包含 PSFCH 时，理论上的峰值速率是 180Mbit/s，可以分别承载 60 路普通视频和 12 路高清视频；比较容易实现的峰值速率是 67.5Mbit/s，可以分别承载 22 路普通视频和 4 路高清视频。当包含 PSFCH 时，理论上的峰值速率是 129Mbit/s，可以分别承载 43 路普通视频和 8 路高清视频；比较容易实现的峰值速率是 48.4Mbit/s，可以分别承载 16 路普通视频和 3 路高清视频。

5.5.2 直连通信承载的用户数分析

NG-RAN 动态分配 PC5 接口上的时频资源涉及两个空中接口的资源，分别是 PC5 接口上的时频资源和 NR Uu 接口上的 PDCCH 资源。PC5 接口的容量能力即 PC5 接口承载的 Sidelink 用户数与 PC5 接口的带宽、发送消息的频率和发送消息的大小等有关；NR Uu 接口的 PDCCH 容量能力与控制区域提供的 CCE 数及 1 个 PDCCH 占用的 CCE 数等有关。

Sidelink UE 的业务数据分为两类：一类是非周期性的数据；另一类是周期性的数据。

对于非周期数据，业务模型如下。物理层的数据包尺寸处于 200 个字节到 2000 个字节之间，步长是 200 个字节，均匀分布，数据包之间的间隔是 50ms+ 指数分布的随机变量，指数分布的随机变量的平均值是 50ms；本小节假设非周期数据包的平均间隔是 100 ms，调制方式是 QPSK 或 16QAM，编码速率是 0.33 ～ 1.67，控制包尺寸是 64 个 bit；调制方式是 QPSK，编码速率是 0.26。对于不同的数据包尺寸，Sidelink UE 非周期数据包需要的 RE 个数见表 5-10。

表5-10 Sidelink UE非周期数据包需要的RE个数

数据包尺寸 / 字节	200	400	600	800	1000	1200	1400	1600	1800	2000
调制方式	QPSK	QPSK	16QAM	16QAM	16QAM	16QAM	16QAM	16QAM	16QAM	16QAM
编码速率	0.33	0.67	0.5	0.66	0.83	1	1.16	1.33	1.5	1.67
数据包的 RE/ 个	2425	2389	2400	2425	2410	2400	2414	2407	2400	2396
控制包尺寸 /bit	64	64	64	64	64	64	64	64	64	64
调制方式	QPSK	QPSK	QPSK	QPSK	QPSK	QPSK	QPSK	QPSK	QPSK	QPSK
编码速率	0.26	0.26	0.26	0.26	0.26	0.26	0.26	0.26	0.26	0.26
控制包的 RE/ 个	124	124	124	124	124	124	124	124	124	124
总 RE/ 个	2549	2513	2524	2549	2534	2524	2538	2531	2524	2520

对于周期数据，业务模型如下。物理层的数据包尺寸分别是 800 个字节和 1200 个字节；800 个字节的概率是 0.8，1200 个字节的概率是 0.2；数据包的时间间隔是 50ms；调制方式

是 16QAM，800 字节的编码速率是 0.66，1200 字节的编码速率是 1，控制包的尺寸是 64 个 bit；调制方式是 QPSK，编码速率是 0.26。对于不同的数据包尺寸，Sidelink UE 周期数据包需要的 RE 个数见表 5-11。

表5-11　Sidelink UE周期数据包需要的RE个数

数据包尺寸 / 字节	800	1200
调制方式	16QAM	16QAM
编码速率	0.66	1
数据包的 RE/ 个	2425	2400
控制包尺寸 /bit	64	64
调制方式	QPSK	QPSK
编码速率	0.26	0.26
控制包的 RE/ 个	124	124
总 RE/ 个	2549	2524

根据表 5-10 和表 5-11，Sidelink UE 在 PC5 接口上传输 1 个非周期数据包需要 2513 ~ 2549 个 RE，传输 1 个周期数据包需要 2524 或 2549 个 RE。为了计算方便，假设 Sidelink UE 传输 1 个非周期数据包和 1 个周期数据包各需要 2549 个 RE。

对于非周期数据，数据包的平均间隔是 100ms，1s 内需要传输 10 个数据包；对于周期数据，数据包的时间间隔是 50ms，1s 内需要传输 20 个数据包。对于 1 个 Sidelink 用户，1s 内传输的非周期数据包和周期数据包共计 30 个。

根据 3GPP TS 38.214 协议，分配给 Sidelink UE 的 PSSCH 包含的 RE 个数见式（5-1）。

N_{SC}^{RB} =12 是 1 个 PRB 内的子载波数；N_{symb}^{sh} 是 PSSCH 在 1 个时隙内的 OFDM 符号数，对于常规 CP，1 个时隙内有 14 个 OFDM 符号，第 1 个 OFDM 符号用于重复传输，最后 1 个 OFDM 符号用于保护间隔，因此，N_{symb}^{sh} =14-1-1=12。

N_{symb}^{PSFCH} 是 PSFCH 负荷指示，假定采用广播模式，N_{symb}^{PSFCH} =0。

N_{oh}^{PRB} 是高层参数配置的 CSI-RS 和 PT-RS 的负荷，可以取值 0、3、6 或 9，广播模式可以不配置 CSI-RS 和 PT-RS，因此，N_{oh}^{PRB} =0。

N_{RE}^{DMRS} 是高层参数配置的 1 个 PRB 内的 DM-RS 信号占用的 RE 个数，可以取值 12、15、18 或 24，假定 N_{RE}^{DMRS} =18。

根据以上参数，可以计算出 1 个 PRB 内，PSSCH 包含 12×（12-0）-0-18=126 个 RE。Sidelink UE 传输 1 个数据包需要 2549 个 RE，即需要 2549/126 ≈ 20.23 个 PRB，对应的子信道尺寸是 25 个 PRB。需要注意的是，子信道除了传输 PSSCH，还需要传输 PSCCH，25-20.23=4.77 个 PRB 能够满足 PSCCH 的传输需求。

対于 PC5 接口，当信道带宽是 40MHz、子载波间隔是 30 kHz 时，在频域上共有 106 个 PRB，当子信道尺寸为 25 个 PRB 时，频域上共有 4 个子信道。在时域上，1 个时隙是 0.5ms，1s 内有 2000 个时隙，共有 8000 个子信道。1 个 Sidelink UE 在 1s 内需要传输 30 个数据包，因此 PC5 接口可以承载的 Sidelink 用户数是 8000/30 ≈ 267 个。当 PSSCH 传输 2 次或 3 次时，PC5 接口可以承载的 Sidelink 用户数分别是 133 个和 88 个。

当信道带宽是 20MHz、子载波间隔是 30kHz 时，在频域上共有 51 个 PRB，当子信道尺寸为 25 个 PRB 时，频域上共有 2 个子信道。在时域上，1 个时隙是 0.5ms，1s 内有 2000 个时隙，共有 4000 个子信道，因此，PC5 接口可以承载的 Sidelink 用户数是 4000/30 ≈ 133 个。当 PSSCH 传输 2 次或 3 次时，PC5 接口可以承载的用户数分别是 66 个和 44 个。

NR Uu 接口的 PDCCH 在控制资源集合（Control-resource set，CORESET）上传输，当信道带宽是 20MHz、子载波间隔是 30 kHz 时，CORESET 在频域上最多占用 48 个 PRB，在时域上占用 1 个、2 个或 3 个 OFDM 符号。1 个 PDCCH 可以包括 1 个、2 个、4 个、8 个或 16 个 CCE，1 个 CCE 由 6 个 REG 组成；1 个 REG 在频域上占用 1 个 RB，在时域上占用 1 个 OFDM 符号，1 个 REG 上有 12−3=9 个 RE 用于传输 PDCCH，1 个 CCE 共有 9×6=54 个 RE 用于传输 PDCCH，PDCCH 采用 QPSK 调制方式，因此 1 个 CCE 可以传输 108 个 bit 的信息。当配置的 OFDM 符号是 1 个、2 个和 3 个时，1 个 CORESET 可用的 CCE 数分别是 8 个、16 个和 24 个。

当采用 NG-RAN 动态调度资源分配模式时，通过 DCI 格式 3_0 的 PDCCH 分配 PC5 接口上的时频资源，对于广播传输模式，DCI 格式 3_0 包括以下字段。

资源池索引：最大为 3 个 bit。

时间间隔：最大为 3 个 bit。

子信道分配的最低索引：需要 $\left\lceil \log_2\left(N_{\text{subChannel}}^{\text{SL}}\right)\right\rceil$ 个 bit，当 $N_{\text{subChannel}}^{\text{SL}}=4$ 时，子信道分配的最低索引是 2 个 bit。

SCI 格式 1-A 的频域资源指配：当 PSSCH 传输 2 次时，频域资源指配需要 $\left\lceil \log_2\left(\dfrac{N_{\text{subChannel}}^{\text{SL}}\left(N_{\text{subChannel}}^{\text{SL}}+1\right)}{2}\right)\right\rceil$ 个 bit，当 $N_{\text{subChannel}}^{\text{SL}}=4$ 时，频率资源指配需要 4 个 bit；当 PSSCH 传输 3 次时，频率资源指配需要 $\left\lceil \log_2\left(\dfrac{N_{\text{subChannel}}^{\text{SL}}\left(N_{\text{subChannel}}^{\text{SL}}+1\right)\left(2N_{\text{subChannel}}^{\text{SL}}+1\right)}{6}\right)\right\rceil$ 个 bit，当 $N_{\text{subChannel}}^{\text{SL}}=4$ 时，频率资源指配需要 5 个 bit。

SCI 格式 1-A 的时域资源指配：当 PSSCH 传输 2 次时，时域资源指配需要 5 个 bit；当 PSSCH 传输 3 次时，时域资源指配需要 9 个 bit，CRC 是 24 个 bit。

综上所述，当 $N_{\text{subChannel}}^{\text{SL}}=4$ 时，对于广播传输模式，DCI 格式 3_0 最大是 3+3+2+5+

271

9+24=46 个 bit。假设 PDCCH 的编码速率是 0.26，则编码后的 bit 数是 177 个，1 个 CCE 可以传输 108 个 bit 的信息，因此，传输 1 个 DCI 格式 3_0 的 PDCCH 需要 2 个 CCE。

当 CORESET 配置为 1 个 OFDM 符号时，CORESET 内可用的 CCE 数是 8 个，1 个 CORESET 内可以传输 8/2=4 个 DCI 格式 3_0 的 PDCCH 时，1s 内可以传输 4×2000=8000 个 DCI 格式 3_0 的 PDCCH。1 个 Sidelink UE 在 1s 内需要传输 30 个数据包，因此当 CORESET 配置为 1 个 OFDM 符号时，可以动态调度的 Sidelink 用户数是 8000/30 ≈ 267 个。当 CORESET 配置为 2 个和 3 个 OFDM 符号时，CORESET 可以动态调度的 Sidelink 用户数分别是 533 个和 800 个。

通过以上分析可以发现，对于广播传输模式，NR Uu 接口的 PDCCH 调度的 Sidelink 用户数明显高于 PC5 接口承载的 Sidelink 用户数，这是因为在广播传输模式下，DCI 格式 3_0 包含的字段较少，1 个 DCI 格式 3_0 的 PDCCH 只需要 2 个 CCE。当采用单播传输和组播传输模式时，DCI 格式 3_0 还需要包括 HARQ 进程号、PSFCH 到 HARQ 定时索引、PUCCH 资源索引等信息，则 1 个 DCI 格式 3_0 的 PDCCH 需要 4 个 CCE，NR Uu 接口的 PDCCH 调度的 Sidelink 用户数减半。

●● 5.6 直连通信的覆盖能力

移动通信覆盖能力分析的常用方法是，通过链路预算计算 MAPL，然后再根据传播模型，计算不同业务、不同场景的最大小区半径。移动通信网络覆盖能力与频率、制式、小区边缘速率、发射功率、天线配置、接收灵敏度等因素都有关系。

当 NR Uu 接口和 PC5 接口并发操作时，NR Uu 接口支持的频率有 n39、n40、n41、n71、n78、n79 频段。

n39、n40、n41 分别是中国移动的 F 频段、E 频段和 D 频段。F 频段（1885 ~ 1915MHz）的频率相对较低、覆盖半径较大，是中国移动 4G 室外覆盖的主力频段，短期内无法被重耕为 5G 网络；E 频段（2320 ~ 2370MHz）带宽较大，用于室外会对雷达等设备造成干扰，只能限定在室内使用，是中国移动 4G 室内覆盖的主力频段；D 频段（2515 ~ 2675MHz）可兼顾 4G 容量和 5G 覆盖需求，主要用于中国移动在城区的 4G 容量补充和 5G 覆盖。

n78 是中国电信和中国联通的 C 频段（3300 ~ 3600MHz），相对于高频段具有较好的传播特性，相对于低频段具有更宽的连续覆盖，可以实现覆盖和容量的平衡，是中国电信和中国联通在市区的主力覆盖频段。

n79 是中国移动和中国广电的 4.9GHz 频段（中国移动 4800 ~ 4900MHz，中国广电 4900 ~ 4960MHz），频率较高，覆盖半径较小，不适用室外广覆盖，可用于热点容量补充和专网覆盖。

n71 频段（上行 663 ～ 698MHz，下行 617 ～ 652MHz）是 FDD 制式，具有空口时延低、覆盖广等优点，且该频段不会与运营商的 5G 网络产生容量冲突，未来极有可能是应急通信和车联网使用的 5G 频段，本节重点分析 n71 频段的覆盖能力。

根据 3GPP 协议，在 Rel-16 版本中，分配给 PC5 接口的频率是 n47 频段，频率范围是 5855 ～ 5925MHz，最大带宽是 70MHz。另外，应急通信使用的频率资源是 n39 频段，频率范围是 1785 ～ 1805MHz。本节先分析 PC5 接口的 n47 频段的覆盖能力，然后再分析 n39 频段的覆盖能力，最后分析 NR Uu 接口的 n71 频段覆盖能力。

5.6.1 PC5 接口的覆盖能力

PSBCH 在频域上占用 11 个 PRB。PSCCH/PSSCH 占用 25 个 PRB。PSFCH 在时域上占用一个时隙的最后两个 OFDM 符号，在频域上占用 1 个 PRB。当 PSBCH、PSCCH/PSSCH 及 PSFCH 采用时分复用的方式发射时，终端可以用较大的功率发送这几个信道，因此可以显著增加覆盖范围，同时终端的实现也较为简单。由于传递 HARQ 信息只用 1 个 bit，一般不会成为覆盖的瓶颈，接下来分别计算 PSBCH、PSCCH、PSSCH 的覆盖能力。

① 系统带宽：n47 频段的最大带宽是 70MHz，但是当 NR Uu 接口和 PC5 接口并发操作时，PC5 接口的系统带宽最大是 40MHz，PSBCH、PSCCH、PSSCH 实际发射的带宽分别是 11 个 PRB、25 个 PRB、25 个 PRB。

② 子载波间隔：n47 频段支持的子载波间隔是 15kHz、30kHz 和 60kHz，n71 频段支持的子载波间隔是 15kHz、30kHz，较大的子载波间隔能容忍较大的多普勒频移，适合高速移动的终端。另外，NR Uu 接口和 PC5 接口使用相同的子载波间隔可以使终端的实现比较简单，建议 NR Uu 接口和 PC5 接口的子载波间隔都设置为 30kHz，40MHz 带宽对应的 PRB 数是 106 个。

③ 终端类型：Sidelink UE 通常采用 1T2R 配置，即 1 个发射天线、2 个接收天线。对于手持终端，单天线增益一般为 0，由于只有 1 个发射天线，所以发射天线增益是 0；由于有 2 个接收天线，所以接收天线增益是 3dBi。

④ 终端发射功率：当 NR Uu 接口和 PC5 接口并发操作时，Sidelink UE 在 n47 频段和 n71 频段发射的总功率是 23dBm，为了增加覆盖距离，建议 Sidelink UE 在 NR Uu 接口和 PC5 接口上采用时分复用的方式发射，即 Sidelink UE 在 PC5 接口上的发射功率是 23dBm。

⑤ 阴影衰落余量：发射机和接收机之间的传播路径非常复杂，有简单的视距传播（Line of Sight，LoS），也有各种复杂的地物阻挡形成的非视距传播（Non Line of Sight，NLoS）等，因此，无线信道具有极大的随机性。从大量的实际统计数据来看，在一定距离内，本地的平均接收场强在中值附近上下波动。这种平均接收场强因为一些建筑物或自然界的阻隔而发生的衰落现象被称为阴影衰落（或慢衰落）。一般情况下，阴

影衰落服从对数正态分布。

基于无线信道的随机性,在固定距离上的路径损耗可在一定范围内变化,我们无法使覆盖区域内的信号一定大于某个门限,但是必须保证接收信号能在一定概率下大于接收门限。为了对抗这种衰落带来的影响,保证基站以一定的概率覆盖小区边缘,基站(或终端)必须预留一定的发射功率以克服阴影衰落,这些预留的功率就是阴影衰落余量。

街道峡谷模型 NLoS 的标准差是 7.82dB,阴影衰落余量取 8.2dB。

⑥ 干扰余量:PC5 接口采用的是正交频分多址(OFDMA)技术,各个子载波正交,理论上小区内的干扰为零,但是不能忽视小区间的干扰。在实际组网中,邻近小区对本小区的干扰随着邻近小区负荷的增大而增加,系统的噪声水平也在提升,接收机灵敏度降低,基站覆盖范围也缩小,因此,在链路预算中需要考虑干扰余量。

对于 PC5 接口,需要从两个角度来考虑干扰余量。第一,由于 Sidelink UE 的发射功率较小,且在相对封闭的场所内,所以终端之间的干扰相对较小。第二,在不能从 gNB/eNB 或 GNSS 获取同步信号时,Sidelink UE 以其他 UE 作为同步源,同步精度相对较低,因此,子载波之间会存在较大的干扰。综合考虑以上两个角度,干扰余量取 2dB。

⑦ 快衰落余量:移动终端周围有许多散射、反射和折射体,会引起信号的多径传输,使到达的信号之间相互叠加,其合成信号幅度表现为快速的起伏变化,它反映微观小范围内数十个波长量级接收电平的均值变化产生的损耗,其变化率比慢衰落快,故被称为快衰落。在 PC5 接口处,需要考虑小尺度衰落(即快衰落)对通信的影响。3GPP 在制定 PC5 接口协议时,采取了以下措施来消除快衰落的影响,满足应急通信业务对可靠性的要求:每个时隙的第 1 个符号为 AGC 符号,AGC 符号为同时隙中第 2 个符号的完全复制映射,以满足发送端和接收端距离频繁变化对 AGC 时延的要求;每个时隙的最后 1 个符号为保护符号;为了增加传输的可靠性,1 个 PSSCH 可以调度 1 个、2 个或 3 个 PSSCH。因此不再单独考虑快衰落余量。

⑧ 穿透损耗:当人在建筑物内通信时,信号需要穿过建筑物,会造成一定的损耗。穿透损耗与具体的建筑物结构和材料、电波入射角度和通信频率等因素有关。

根据 3GPP 定义,不同材料的穿透损耗见表 5-12。

表5-12 不同材料的穿透损耗

材料	穿透损耗 /dB
标准多面玻璃	$L_{glass}=2+0.2f$
IRR(钢膜)玻璃	$L_{IRRglass}=23+0.2f$
混凝土	$L_{concrete}=5+4f$
木材	$L_{wood}=4.85+0.12f$

在表 5-12 中,频率的单位是 GHz。

室外到室内 O2I 建筑物穿透损耗模型分为两类，分别为低穿透损耗模型和高穿透损耗模型。

对于低穿透损耗模型，室外到室内 O2I 建筑物的穿透损耗见式（5-9）

$$PL_{\text{low}}=5-10\log_{10}\left(0.3\times10^{\frac{-L_{\text{glass}}}{10}}+0.7\times10^{\frac{-L_{\text{concrete}}}{10}}\right)+0.5d_{\text{2D-in}} \qquad \text{式（5-9）}$$

对于高穿透损耗模型，室外到室内 O2I 建筑物的穿透损耗见式（5-10）。

$$PL_{\text{high}}=5-10\log_{10}\left(0.7\times10^{\frac{-L_{\text{IRRglass}}}{10}}+0.3\times10^{\frac{-L_{\text{concrete}}}{10}}\right)+0.5d_{\text{2D-in}} \qquad \text{式（5-10）}$$

在式（5-9）和式（5-10）中，$d_{\text{2D-in}}$ 是窗户（或者墙体）到终端之间的距离。

对于 n47 频段（5855 ～ 5925 MHz），取 f=5.875GHz（5875MHz），代入式（5-9）和式（5-10），可以计算出室外到室内 O2I 建筑物的低穿透损耗和高穿透损耗分别是 15.9dB 和 33.1dB。

⑨ 接收机灵敏度：接收机灵敏度为在输入端无外界噪声或干扰的条件下，在所分配的资源带宽内，满足业务质量需求的最小接收信号功率。直连通信采用 OFDMA 方式，接收灵敏度为所需的子载波的复合接收灵敏度，其计算方法如下。

复合接收灵敏度 = 每子载波接收灵敏度 +10×$\log_{10}$（需要的子载波数）= 背景噪声密度 + 10×（子载波间隔）+10×$\log_{10}$（需要的子载波数）+ 噪声系数 + 解调门限

其中，背景噪声密度即热噪声功率谱密度，等于玻尔兹曼常数 K 与绝对温度 T 的乘积，背景噪声密度为 –174dBm/Hz。

⑩ 解调门限：信号与干扰加噪声比（SINR）门限，是有用信号相对于噪声的比值，是计算接收机灵敏度的关键参数，是设备性能和功能算法的综合体现，在链路预算中具有极其重要的地位。

对于直连通信，解调门限与频段、信道类型、移动速度、多输入多输出（MIMO）方式、MCS、误块率（BLER）等因素相关。在确定相关的系统条件和配置时，可通过链路仿真获取该信道的 SINR。

⑪ 传播模型：采用 3GPP 定义的 UMi- 街道峡谷模型，终端天线高度为 1.5m。对于 UMi- 街道峡谷模型 NLoS，路径损耗计算见式（5-11）。

$$PL_{\text{UMi-NLoS}}=35.3\log_{10}(d_{\text{3D}})+22.4+21.3\log_{10}(f_c)-0.3(h_{\text{UT}}-1.5) \qquad \text{式（5-11）}$$

在式（5-11）中，f_c 是载波的中心频率，单位是 GHz；d_{3D} 是发射天线和接收天线的欧式距离，单位是 m；h_{UT} 是终端天线的高度，单位是 m。

根据以上参数，可以计算出 Sidelink UE 的 *MAPL* 和覆盖半径，Sidelink UE 在 PC5 接口的 *MAPL* 和覆盖半径（n47 频段）见表 5-13。

表5-13　Sidelink UE在PC5接口的*MAPL*和覆盖半径（n47频段）

参数 PSBCH		低穿透损耗			高穿透损耗		
		PSCCH	PSSCH	PSBCH	PSCCH	PSSCH	PSBCH
功率 设定	基站发射功率 /dBm	23	23	23	23	23	23
	PRB/ 个	106	106	106	106	106	106
	UE 发射的 *PRB*/ 个	11	25	25	11	25	25
	子载波发射功率 /dBm	1.8	−1.8	−1.8	1.8	−1.8	−1.8
系统 余量	发射天线增益 /dBi	0.0	0.0	0.0	0.0	0.0	0.0
	接收天线增益 /dBi	0.0	0.0	0.0	0.0	0.0	0.0
	接收天线分集增益 /dBi	3.0	3.0	3.0	3.0	3.0	3.0
	干扰余量 /dB	2.0	2.0	2.0	2.0	2.0	2.0
	穿透损耗 /dB	15.9	15.9	15.9	33.1	33.1	33.1
	阴影衰落余量 /dB	8.2	8.2	8.2	8.2	8.2	8.2
	总的系统余量 /dB	23.1	23.1	23.1	40.3	40.3	40.3
灵敏 度	环境热噪声密度 / （dBm/Hz）	−174	−174	−174	−174	−174	−174
	子载波热噪声功率 /dB	−129.2	−129.2	−129.2	−129.2	−129.2	−129.2
	接收机噪声系数 /dB	7.0	7.0	7.0	7.0	7.0	7.0
	SINR/dB	−3.0	−1.5	0.0	−3.0	−1.5	0.0
	子载波复合灵敏度 /dBm	−125.2	−123.7	−122.2	−125.2	−123.7	−122.2
	MAPL/dB	103.9	98.9	97.4	86.7	81.7	80.2
	覆盖半径 / m	70	50	46	23	16	15

根据表 5-13 可以发现，在 PSBCH、PSCCH、PSSCH 3 个信道中，PSSCH 的覆盖半径最小，因此以 PSSCH 的覆盖半径作为 Sidelink UE 的覆盖半径。当 PC5 接口使用 n47 频段时，对于低穿透损耗和高穿透损耗，Sidelink UE 的覆盖半径分别是 46m 和 15m。该覆盖半径相对较小，主要原因是 n47 频段较高，路径损耗和穿透损耗都比较大，同时假设发射终端和接收终端都采用手持终端，天线增益较小，如果救援人员手持一个大尺寸的板状天线，板状天线的增益是 11dBi，对于低穿透损耗和高穿透损耗，Sidelink UE 的覆盖半径分别增加到 94m 和 30m。

对于 n39 频段，计算方法与 n47 频段类似，但是以下几个参数需要修改。

① 系统带宽：n39 频段的频率范围是 1785 ～ 1805MHz，最大带宽是 20MHz，当 PC5接口的子载波间隔是 30kHz 时，20MHz 带宽对应的 *PRB* 是 51 个。

② 对于 n39 频段，取 *f*=1.795GHz（1795MHz），代入式（5-9）和式（5-10），可以计算

出室外到室内 O2I 建筑物的低穿透损耗和高穿透损耗分别是 14.1dB 和 24.2dB。

Sidelink UE 在 PC5 接口的 *MAPL* 和覆盖半径（n39 频段）见表 5-14。

表5-14　Sidelink UE在PC5接口的*MAPL*和覆盖半径（n39频段）

参数 PSBCH		低穿透损耗			高穿透损耗		
		PSCCH	PSSCH	PSBCH	PSCCH	PSSCH	PSBCH
功率设定	基数发射功率 /dBm	23	23	23	23	23	23
	PRB/ 个	51	51	51	51	51	51
	UE 发射的 *PRB*/ 个	11	25	25	11	25	25
	子载波发射功率 /dBm	1.8	−1.8	−1.8	1.8	−1.8	−1.8
系统余量	发射天线增益 /dBi	0.0	0.0	0.0	0.0	0.0	0.0
	接收天线增益 /dBi	0.0	0.0	0.0	0.0	0.0	0.0
	接收天线分集增益 /dBi	3.0	3.0	3.0	3.0	3.0	3.0
	干扰余量 /dB	2.0	2.0	2.0	2.0	2.0	2.0
	穿透损耗 /dB	14.1	14.1	14.1	24.2	24.2	24.2
	阴影衰落余量 /dB	8.2	8.2	8.2	8.2	8.2	8.2
	总的系统余量 /dB	21.3	21.3	21.3	31.4	31.4	31.4
灵敏度	环境热噪声密度（dBm/Hz）	−174	−174	−174	−174	−174	−174
	子载波热噪声功率 /dB	−129.2	−129.2	−129.2	−129.2	−129.2	−129.2
	接收机噪声系数 /dB	7.0	7.0	7.0	7.0	7.0	7.0
	SINR/dB	−3.0	−1.5	0.0	−3.0	−1.5	0.0
	子载波复合灵敏度 /dBm	−125.2	−123.7	−122.2	−125.2	−123.7	−122.2
MAPL/dB		105.7	100.7	99.2	95.6	90.6	89.1
覆盖半径 /m		161	116	105	83	60	54

根据表 5-14 可以发现，当 PC5 接口使用 n39 频段时，对于低穿透损耗和高穿透损耗，Sidelink UE 的覆盖半径分别是 105m 和 54m，该覆盖半径明显高于 n47 频段，主要原因是 n39 频段较低，路径损耗和穿透损耗较小。如果救援人员手持一个大尺寸的板状天线，对于 n39 频段，板状天线的增益可达 9dBi，对于低穿透损耗和高穿透损耗，Sidelink UE 的覆盖半径分别是 189m 和 98m。该距离已经大于绝大多数建筑物的纵深长度，能满足应急通信的需要。

5.6.2　NR Uu 接口的覆盖能力

在应急通信中，如果运营商的部分基站正在运行，那么直连通信可以降低运营商基站的网络负荷，同时通过运营商基站调度 PC5 接口的时频资源，可以更好地保障 Sidelink UE 的运行，接下来分析 NR Uu 接口的覆盖能力。

NR Uu 接口可以为 Sidelink UE 提供两类数据：一类是配置信息和应用层数据，配置信息包括系统消息、RRC 连接建立及 RRC 重配置消息，应用层数据包括地图、紧急广播等，这类数据在下行方向使用 PDCCH 和 PDSCH，在上行方向使用 PUCCH 和 PUSCH；另一类是基站调度 PC5 接口时频资源的信令，这类信令通过 PDCCH 发送给 Sidelink UE，主要包括 PC5 接口上的资源池索引、子信道分配的最低索引、频域配置和时域配置及 HARQ 进程号等信息。下行的 PDCCH 和 PDSCH、上行的 PUCCH 和 PUSCH 的覆盖能力分析如下。

① 系统带宽：Sidelink UE 在 NR Uu 接口使用的频率是 n71 频段（FDD 制式，上行 663 ~ 698MHz，下行 617 ~ 652MHz），共计是 35×2=70MHz，当 NR Uu 接口和 PC5 接口并发操作时，NR Uu 接口的系统带宽最大是 20MHz。

② 子载波间隔：n71 频段的子载波间隔是 30kHz，20MHz 带宽对应 51 个。

③ 边缘速率：由于 n71 频段的系统带宽较小，吞吐量较低，如果视频等大流量数据通过 n71 频段传输，则需要定义较高的边缘速率，会导致小区覆盖半径较小。比较合理的传输方案是配置信息和应用层的关键数据通过 n71 频段传输，视频等大流量数据通过其他 5G 频段或通过 PC5 接口传输，这样 n71 频段的边缘速率可以定义得较小，建议 n71 频段的下行边缘速率是 5Mbit/s，上行边缘速率是 1Mbit/s。

④ 基站设备和天线选型：n71 频段的波长较长，使用有源天线单元（Active Antenna Unit，AAU）会导致天线尺寸过大，难以安装在杆塔上，建议基站设备采用 4 通道 RRU+无源天线形态，RRU 的功率是每通道 50W，天线增益是 14.5dBi。

⑤ 终端类型：Sidelink UE 通常采用 1T2R 配置，即 1 个发射天线、2 个接收天线。对于手持终端，单天线增益一般为 0，由于只有 1 个发射天线，所以发射天线增益是 0；由于有 2 个接收天线，所以接收天线增益是 3dB。

⑥ 穿透损耗：在城区场景，采用前文定义的高穿透损耗模型，在农村场景，采用前文定义的低穿透损耗模型。对于上行，载波的中心频率 f=0.678GHz，室外到室内 O2I 建筑物的低穿透损耗和高穿透损耗分别是 12.8dB 和 20.2dB；对于下行，载波的中心频率 f=0.632GHz，室外到室内 O2I 建筑物的低穿透损耗和高穿透损耗分别是 12.6dB 和 20dB。

⑦ 阴影衰落余量：在城区场景，UMa NLoS 的标准差是 8dB，阴影衰落余量取 9dB；在农村场景，RMa LoS 的标准差是 6dB，阴影衰落余量取 6.2dB。

⑧ 传播模型：在城区场景，采用 3GPP 定义的 UMa NLoS 模型，基站的天线高度是 25m，终端的天线高度是 1.5m；在农村场景，采用 3GPP 定义的 RMa LoS 模型，基站的天线高度是 35m，终端的天线高度是 1.5m，道路平均宽度是 20m，建筑物平均高度是 5m。

UMa NLoS 模型的路径损耗见式（5-12）。

$$PL_{\text{UMa-NLoS}}=13.54+39.08\log_{10}(d_{3D})+20\log_{10}(f_c)-0.6(h_{UT}-1.5) \quad \text{式（5-12）}$$

RMa LoS 模型的路径损耗计算见式（5-13）到式（5-15）。

$$PL_{\text{RMa-LoS}} = \begin{cases} PL_1 & 10\,\text{m} \leqslant d_{2D} < d_{BP} \\ PL_2 & d_{BP} \leqslant d_{2D} \leqslant 10\,\text{km} \end{cases} \quad \text{式（5-13）}$$

$$PL_1 = 20\log_{10}\left(\frac{40\pi d_{3D}f_c}{3}\right) + \min(0.03h^{1.72},10)\log_{10}(d_{3D}) - \quad \text{式（5-14）}$$

$$\min(0.044h^{1.72},14.11)+0.002\log_{10}(h)\,d_{3D}$$

$$PL_2=PL_1(d_{BP})+40\log_{10}(d_{3D}/d_{BP}) \quad \text{式（5-15）}$$

在式（5-14）中，f_c 是载波的中心频率，单位是 GHz；h 是基站的天线高度，单位是 m；h_{UT} 是终端的天线高度，单位是 m。

断点距离（Breakpoint Distance）d_{BP} 的定义见式（5-16）。

$$d_{BP} = 4h'_{BS}h'_{UT}f_c / C \quad \text{式（5-16）}$$

在式（5-16）中，$h'_{BS} = h_{BS} - h_E$，$h'_{UT} = h_{UT} - h_E$。其中，h_{BS}、h_{UT} 分别是基站和终端的实际天线高度，是有效的环境高度。

根据以上参数，可以计算出 Sidelink UE 在城区和农村的 *MAPL* 和覆盖半径，Sidelink UE 在 NR Uu 接口的 *MAPL* 和覆盖半径（n71 频段）见表 5-15。

表5-15　Sidelink UE在NR Uu接口的*MAPL*和覆盖半径（n71频段）

参数 PDSCH		城区				农村			
		PDCCH	PUSCH	PUCCH	PDSCH	PDCCH	PUSCH	PUCCH	PUCCH
边缘速率（Mbit/s）		5	—	1.0	—	5	—	1.0	—
功率设定	基站发射功率 /dBm	53	53	23	23	53	53	23	23
	RB/ 个	51	51	51	51	51	51	51	51
	分配给 UE 的 *RB* 或 CCE/ 个	40	4	10	2	40	4	10	2
	子载波发射功率 /dBm	25.1	25.1	2.2	9.2	25.1	25.1	2.2	9.2
系统余量	基站馈线损耗 /dB	1.0	1.0	1.0	1.0	1.0	1.0	1.0	1.0
	基站天线增益 /dB	14.5	14.5	14.5	14.5	14.5	14.5	14.5	14.5
	基站天线分集增益 /dB	0	0	3.0	3.0	0	0	3.0	3.0
	终端天线增益 /dB	0	0	0	0	0	0	0	0
	终端天线分集增益 /dB	3.0	3.0	0	0	3.0	3.0	0	0

续表

参数 PDSCH		城区				农村			
		PDCCH	PUSCH	PUCCH	PDSCH	PDCCH	PUSCH	PUCCH	PUCCH
系统余量	干扰余量 /dB	8.0	8.0	3.0	3.0	8.0	8.0	3.0	3.0
	穿透损耗 /dB	20	20	20.2	20.2	12.6	12.6	12.8	12.8
	阴影衰落余量 /dB	9.0	9.0	9.0	9.0	6.2	6.2	6.2	6.2
	总的系统余量 /dB	20.5	20.5	15.7	15.7	10.3	10.3	5.5	5.5
灵敏度	环境热噪声密度 /（dBm/Hz）	−174	−174	−174	−174	−174	−174	−174	−174
	子载波热噪声功率 /dB	−129.2	−129.2	−129.2	−129.2	−129.2	−129.2	−129.2	−129.2
	接收机噪声系数 /dB	7.0	7.0	3.0	3.0	7.0	7.0	3.0	3.0
	SINR/dB	0	0	0	−2.1	0	0	0	−2.1
	子载波复合灵敏度 /dBm	−122.2	−122.2	−126.2	−128.3	−122.2	−122.2	−126.2	−128.3
	MAPL/dB	126.9	126.9	112.7	121.8	137.1	137.1	122.9	132.0
	小区覆盖半径 /m	1004	1004	421	719	12464	12456	5497	9277

根据表 5-5 至表 5-15，可以发现，在城区，n71 频段的 PDSCH、PDCCH、PUSCH、PUCCH 的覆盖半径分别是 1004m、1004m、421m 和 719m，取 PUSCH 的覆盖半径为 Sidelink UE 在城区的覆盖半径，即对于 NR Uu 接口，Sidelink UE 在城区的覆盖半径是 421m，该半径相对较小，主要原因是 PUSCH 的边缘速率取值是 1Mbit/s，相对较高。如果不使用 PUSCH 传输上行数据，而只是通过 PUCCH 传输上行控制信令，则 Sidelink UE 在城区的覆盖半径可以达到 719m。如果 PC5 接口使用广播模式，那么只需要使用 NR Uu 接口的 PDCCH，Sidelink UE 的覆盖半径可以进一步扩展到 1004m，该覆盖半径可以基本满足应急通信在城区的需要。在农村，Sidelink UE 在 n71 频段的覆盖半径可达 5497m，可以满足应急通信在农村的需要。

●● 5.7 本章小结

使用新定义的 PC5 接口的邻近终端之间的直接通信，具有数据不需要通过基站，终端可以自主组网，网络健壮性强、吞吐量大等优点。

NR 直连通信支持单播模式、组播模式和广播模式。有两种部署场景，分别是覆盖区范围内的操作和覆盖区范围外的操作，"部分覆盖"场景是覆盖区范围内的操作子集，覆盖区范围内的操作涉及两个空中接口，分别是 Sidelink UE 与 NG-RAN 之间的 NR Uu 接口及

Sidelink UE 之间的 PC5 接口。PC5 接口的信道从上到下依次为逻辑信道、传输信道和物理信道。

PC5 接口的物理层与 NR Uu 接口的物理层类似，但是灵活性和特征没有 NR Uu 接口的物理层丰富，相当于对 NR Uu 接口的物理层进行了裁剪。为了降低复杂度，PC5 接口在频域上的最小资源分配单位是子信道。

直连通信的物理层过程包括直连通信 HARQ、直连通信的功率控制、直连通信的 CSI 获取和直连通信的同步过程。相较于 NR Uu 接口，直连通信的同步过程比较复杂，候选的同步源包括 gNB/eNB、GNSS 和直连 UE，不同的同步源具有不同的优先级。

Sidelink UE 在 PC5 接口，支持 NG-RAN 调度资源分配（Mode 1 资源分配）和 Sidelink UE 自主资源分配（Mode 2 资源分配）两种资源分配模式。NG-RAN 调度资源分配由基站分配 PC5 接口上的资源，大大降低了资源选择碰撞的概率，提高了系统的可靠性，由 4 个步骤组成。Sidelink UE 自主资源分配由 Sidelink UE 自主选择 PC5 接口的资源，可以满足更低时延、更大覆盖范围、多种业务类型混合等需求，包括资源感知、资源排除、资源选择、资源抢占及资源重选等过程。

直连通信 PC5 接口的峰值速率计算涉及的信道有 PSSCH、PSCCH、PSFCH 和 PSSCH 的 DM-RS，计算过程共有 4 个步骤。当信道带宽是 20MHz、子载波间隔是 30kHz 时，不包含 PSFCH 的理论上的峰值速率是 180Mbit/s，包括 PSFCH 的理论上的峰值速率是 129Mbit/s，可以承载多路高清视频业务。当采用 NG-RAN 动态分配 PC5 接口上的时频资源模式时，PC5 接口承载的 Sidelink 用户数与 PC 接口的带宽、发送消息的频率和大小等有关，NR Uu 接口的 PDCCH 容量能力与控制区域提供的 CCE 数及 1 个 PDCCH 占用的 CCE 数等有关。

PC5 接口的覆盖能力与使用频率密切相关，当使用 n47 频段（5855 ~ 5925MHz）时，Sidelink UE 的覆盖半径分别是 46m（高穿透损耗）和 15m（低穿透损耗）；当使用 n39 频段（1785 ~ 1805MHz）时，Sidelink UE 的覆盖半径分别是 105m（高穿透损耗）和 46m（低穿透损耗）。当使用 NG-RAN 调度 PC5 接口上的资源时，建议 NR Uu 接口使用 n71 频段（FDD 制式，上行在 663 ~ 698MHz，下行在 617 ~ 652MHz），Sidelink UE 在 n71 频段的覆盖能力分别是 719m（城区）和 5497m（农村）。

参考文献

[1] 3GPP TS 38.101-1. NR；User Equipment (UE) radio transmission and reception；Part 1: Range 1 Standalone.

[2] 3GPP TS 38.104，NR；Base Station (BS) radio transmission and reception.

[3] 3GPP TS 38.211，NR；Physical channels and modulation.

[4] 3GPP TS 38.212，NR；Multiplexing and channel coding.

[5] 3GPP TS 38.213，NR；Physical layer procedures for control.

[6] 3GPP TS 38.214，NR；Physical layer procedures for data.

[7] 3GPP TS 38.300，NR；NR and NG-RAN Overall Description；Stage 2.

[8] 3GPP TS 38.321，NR；Medium Access Control (MAC) protocol specification.

[9] 3GPP TS 38.322，NR；Radio Link Control (RLC) protocol specification.

[10] 3GPP TS 38.323，NR；Packet Data Convergence Protocol (PDCP) specification.

[11] 3GPP TS 38.331，NR；Radio Resource Control (RRC) protocol specification.

[12] 3GPP TR 38.901，TSGRAN；Study on channel model for frequencies from 0.5 to 100 GHz.

[13] 3GPP TR 22.804. TSGSSA；Study on Communication for Automation in Vertical Domains.

[14] 3GPP TS 23.287. TSGSSA；Architecture enhancements for 5G System (5GS) to support Vehicle-to-Everything (V2X) services.

[15] 贾靖，聂衡 . 5G 邻近服务关键技术 [J]. 移动通信，2022，46(2): 49-54.

[16] 任晓涛，马腾，刘天心，等 . 5G NR Rel-16 V2X 车联网标准 [J]. 移动通信，2020，44(11): 33-41.

[17] 张建国，彭博，段春旭 . NR-V2X 容量能力综合分析 [J]. 移动通信，2020，44(11):14-18.

[18] 张建国 . LTE-V 容量能力综合分析 [J]. 邮电设计技术，2018，512(10): 33-37.

[19] 张建国，杨东来，徐恩，等 . 5G NR 物理层规划与设计 [M]. 北京：人民邮电出版社，2020.

[20] 汪丁鼎，许光斌，丁巍，等 . 5G 无线网络技术与规划设计 [M]. 北京：人民邮电出版社，2019.

[21] 汤建东，肖清华 . 5G 覆盖能力综合分析 [J]. 邮电设计技术，2019 (6):28-32.

行业应用规划案例

Chapter 6

第6章

导读

　　我国无线通信专网宽带应用日趋成熟，即便在公网高度发达的今天，也有必要统一建设专业服务于指挥调度、应急通信的公共安全专网。目前，"数字化""宽带化""综合化""信息化"已成为专网发展的趋势，行业信息化专网市场必将迎来大发展。我国各重点行业对生产管理型专网的需求和政府等部门对应急指挥型专网的需求均十分迫切。新形势下的专网主要为政府、企业、特殊单位等提供通信和信息化服务的专业网络。我国应从战略层面对专网的发展进行整体布局，抓住机遇，促进专网及其产业的崛起，制定统一的技术标准和频谱资源，打造自主可控的产业链和科技创新能力，推动专网的国际化发展。

●●6.1　专网建设的必要性

无线通信专用网络（以下简称专用）与公网具有不同的应用背景，面向不同的用户群体，在系统设计与应用解决方案方面存在差异，专网专注于满足特定部门和群体的应用需求，通常由该部门或群体自行建设、运营、维护和管理。专网用户与公网用户的需求有非常大的差异，不同行业的专网应用需求也不同，各个行业的无线专网都会有自己明显的特征，行业专网需要面对的是特定群体、特定事件和特定程序，公网面对的是公众和社会。行业专网的运营和管理观念与公网有着很大的区别，专网运营和管理不依赖于经济指标，重点关注的是责任和制度，以实际的应用需求引导技术性能。因此，直接将公网的技术体系照搬到专网或者进行简单的优化无法满足行业用户的需求。另外，公众移动通信无法满足典型行业无线专网对技术和操作的要求，例如，安全性和呼叫时延等，尤其是当遇到突发事件时，事发地的移动通信量暴增，通常会使商业的公众通信网络瘫痪，其在技术特性上也无法满足集群指挥调度的需要，因此，只有建立无线通信专用网络才能满足行业的特殊应用需求。

专网用户都是行业用户，普遍需要安全、可靠、定制化的网络能力，专网技术演进相对于公网虽然慢一些，并且带宽仍以窄带为主，但在公网的发展中，也融入专网的设计理念，5G 网络设计就具备明显的专网思维，例如，为了降低 5G 网络时延而引入的边缘计算技术，其核心思维就是将 5G 网络的许多控制权限下放到网络边缘，网络结构类似于多个局域网络，其实就是一种典型的专网设计。再如，5G 的网络切片技术主要针对不同的业务应用进行网络资源的切片化处理，在网络结构上类似于多张独立的专网。当前，多数专网的技术发展相当于公网 2G 或 3G 的阶段。造成这种现象有多种原因：一是专网具有鲜明的行业应用特点，例如，公共安全等，行业的特殊性决定了专网通信的高安全、高稳定、低成本等需求，在某种程度上也限制了专网迭代的速度；二是专网的通信规模相对较小且高度分散，研发的成本投入较少。

●●6.2　无线政务专网

在建设服务型政府理念的指导下，政府主导、覆盖城乡、可持续的基本公共服务体系加快形成，改进政府提供公共服务的方式，使政府的公共服务更加满足现场的需求已成为各界共识。从技术角度看，在各地原来有线政务网的基础上，政府对于无线网络的依赖性不断加大，服务企业和市民生活、重大社会事件保障、公共安全应急处置等工作的重要性不断加大。政府服务范围和工作模式的变化，直接对无线网络和宽带网络提出了迫切需求，引发了专网市场窄带通信设备的换代和宽带无线设备的升级。

6.2.1 行业需求及特点

1. 城市管理与公共服务

（1）城市管理与执法

随着我国城市的飞速发展，城市政府的主要职责也逐步从城市规划、建设向城市管理转变，迎来"城市管理时代"。在具体的综合执法过程中，城市宽带集群无线政务专网可以发挥积极的作用。首先，人员岗位管理，实现语音点名、喊话和报到，利用手持终端的定位信息上报功能确定执法人员的位置，利用地图轨迹跟踪和回放功能检查执法人员是否按任务完成巡检，通过对手持终端视频联动，可以随时了解现场执法情况，做到对每个执法人员的精细化管理，做好文明执法的监督工作。其次，执法人员在具体执法过程中，可以利用手持终端的实时视频上传和记录功能，做好执法备案和取证。遇到突发紧急事件时，实现远程多媒体指挥调度，后台可以对一线执法人员直接下达命令，快速事件处置。另外，由于是多部门联合执法，宽带集群具有动态重组、临时组呼等功能，可以实现多部门的实时联合编组和空口实时下发编组信息，大大提高了联合执法效率，遇到复杂情形时，还可以把一线执法人员回传的视频实时转发给消防、医疗、应急救援等人员进行实时会商处置。

（2）城市交通管理

宽带集群无线专网可以承载物联、无线宽带等应用，可以为城市交通管理提供端到端的解决方案，在交通综合监测、交通运输管理、交通调控指挥、税费征收管理、公众出行服务等方面，提高城市的智能化交通管理水平，提高人民的满意度。

对于有内河航运航道的城市，宽带集群无线专网可用于货物和客运运输工作保障。首先，宽带集群无线专网可以远程监视航道基础水文数据，实时了解航道的水文气象变化。其次，通过无线固定或移动视频监控实时监视航道站点、船闸、服务区、桥梁、锚泊区情况、作业船只运行情况，通过语音集群和 GIS 定位功能能够实时指挥处置异常情况。宽带集群无线专网还可以加强校车安全管理，有效预防重大交通事故，保证师生生命和财产安全；加强危化品车辆的安全监管，可最大限度地预防危化品道路交通事故，进行实时位置信息采集和跟踪预警，实时车载视频监控，将校车和危化品车辆运行的情况实时传递到监控中心。在医疗救护领域，指挥中心可以实时了解车辆的运行情况，快速找到最合适的车辆并进行语音集群调度；指挥中心可以根据交通路况，为救护车提供最佳路线的规划和指导；通过在急救车上部署高清视频，病人情况可以即时回传到医院，通过终端与医疗仪器的对接，提前进行抢救准备工作。

（3）城市环保监控

宽带集群无线专网可以对以下数据进行收集并将其发送至数据中心进行处理。

① 污染监控：基础信息管理、监控数据查询、综合分析、监控点控制、异常监控报警、数据采集等。

② 环保视频监控：网络监控、报警联动、视频分发、移动视频、视频数据叠加、数字化存储。

③ 环境质量监控：空气质量监测、环境噪声监测、污染超标告警、水质监测、统计分析。

④ 水文监测：实时监测江、河、湖泊、水库、渠道等监测点的水位、流量、流速、降雨（雪）量等。

（4）政府移动办公

现代社会的生活、工作节奏越来越快，为了适应快节奏的社会，政府的办事效率也在同步加快。而基于服务人民的思想，越来越多的政府部门开始深入基层服务，这就对移动办公提出了强烈的需求。在宽带集群无线政务专网的基础上，通过搭建移动办公系统，政府部门的各级领导和工作人员可以使用智能终端等移动通信工具，主动接入政府内部办公自动化系统，随时进行公文流程电子审批。在用户没有在线的情况下，系统还可以通过短信主动通知移动用户需要处理的事务。通过移动办公系统，工作人员可以完成待办工作查询和公文审批，包括正文查询、附件浏览、历史意见查询、填写意见、流程审批等。政府内部办公自动化系统依托的是专用网络，确保公务处理的安全性。

（5）重大赛事、活动、展览等保障应用

① 场馆综合监控

在重大活动中，场馆人群聚集，对公共安全要求极高，必须建立对现场综合感知的综合监控系统，即在重大活动场馆内灵活部署移动式信息采集传感器（温度、气体传感器等）、高清视频监控设备及多媒体集群手持终端进行视频回传调度，通过宽带集群无线专网传输到监控中心，后台进行智能化的分析处理，及时发现问题和隐患，指挥相关人员迅速恢复正常秩序。

② 交通指挥调度

在重大活动场馆班车及安保、后勤等专用车辆上安装宽带集群无线专网车载设备，建立活动车辆远程监控系统。管理中心一方面可以通过车载移动视频和集群语音实时调度和指导车辆运行，另一方面可以监控道路交通情况，遇到拥堵时及时呼叫交警疏导。发生紧急情况，例如，紧急刹车、碰撞、车厢烟雾报警等，系统会自动向监管中心发送告警信息，并将声音和图像通过宽带集群无线专网实时传送至监管中心。同时，人员上车时的刷卡数据也可以通过宽带集群无线专网实时传送至管理中心，使管理中心更为实时、直接且准确地掌握活动人员的上下车情况和具体数据记录。如果有异常情况发生，系统可以主动向管理中心发出提示信息，以保障活动正常运行。

③ 市内临时监控管制点的布设

在重大活动中，城市随时都有发生突发事件的可能。因此，城市管理者需要具备对紧急事件快速响应、灵活部署的能力。对于突发事件，相关人员可在现场通过手持多媒体集群终端或车载视频监控设备将现场情况实时反馈到指挥中心，便于管理者对事件做出快速的判断，并通过统一调度平台对后续部署做出迅速反应。

④ 会场数据传输

重大活动专用有线网络连接所有场馆和管理中心，是活动数据等各类信息传输的主要通道。但由于会场和文化活动场馆众多，如果要保证信息传输万无一失，就必须要有备份线路。宽带集群无线专网可以作为专用有线网络的备份，在专用有线网络拥塞或中断时，承担活动关键等数据的信息传输任务。

2. 公共安全和应急处理

（1）社会公共安全及应急处理

社会公共安全是关系到民生的重要领域，面对突发事件的应急处理反映了一个城市政府的服务能力。宽带集群无线专网建成后，其强大的无线宽带数据能力和融合的多媒体宽带集群调度功能，可以为快速准确地处置突发事件带来更大的便利，移动监控可以提供全新的现场信息获取手段，移动应急指挥中心满足了全城指挥调度的工作需求。移动监控和移动应急指挥中心作为移动的现场指挥所，负责现场指挥工作，并与现有的固定应急指挥中心保持实时通信，传递语音、图像、视频和数据信息。如果遇到突发事件人员处于移动中的情况，那么移动指挥中心还可以进行持续跟踪。

突发事件发生后，政府应急处理、消防、医疗、电力、天然气和水利等各相关应急处置人员到达事件现场，通过车载终端或者手持终端，第一时间将现场的实际情况通过高清视频、语音交流等方式通知指挥中心。指挥中心根据现场情况，使用调度呼叫进行远程指挥。移动应急中心也设有视频会议系统，现场指挥人员不仅可以参加视频会议，还可以将现场视频接入视频会议系统，与所有参与视频会议的人员共享。

（2）城市高空视频监控

城市高空大范围实时视频监控是城市运行管理的有效方式之一，可以有效提升城市公共安全、交通管理、环保监测、重大活动指挥等工作效率。执法部门可以在警用直升机执行空中巡逻与监控任务时，实时将视频信息回传至地面，同时通过语音集群进行指挥调度。

（3）移动视频会议调度

目前，视频会议已经进入各个政府部门，为政府节约了大量的会议支出。但是当领导或者与会人员不在办公楼时，视频会议就无法召开。无线专网建成后，通过强大的无线宽带数据能力，即使领导在出差途中、移动指挥车中，也可以召开视频会议。外出与会成员既可以在车辆中通过大屏幕参与会议，也可以使用智能终端参加会议，同时，通过语音集群辅助，提高沟通效率。

（4）重大活动保障

在进行重大活动保障时，需要保证现场活动有序进行，宽带集群数字专网对关键场所进行视频实时回传，同时，通过集群语音对安保人员现场调度。因此，需要在特定地点临时部署视频监控点，实现现场视频图像的实时回传和人员的调度，确保活动安全。而这些临时部署地点往往没有有线传输链路，必须通过宽带网络回传视频，只须供电设备，即可立刻实现监控点视频回传、单兵和手持终端视频回传及语音视频调度业务。宽带集群数字专网需求汇总见表6-1。

表6-1 宽带集群数字专网需求汇总

需求单位	业务类型	覆盖区域	覆盖类型	用户规模	带宽需求	优先级
公共安全	无线视频监控、多媒体指挥调度、移动警务、巡逻执法等	主城区、重要车站、展馆、交通要道、重点保护单位	室外	适中	业务量分布不均衡，核心区域业务量集中，未来增势明显	优先
应急指挥	跨部门联动指挥、现场信息实时回传、视频高清回传，注重统一指挥平台建设	全市域	室内、室外	适中	应急事件区域宽带压力大	优先
电子政务	政务管理、移动办公、移动视频会议	城区重点区域	室内	小规模	初期带宽需求小，后期需求规模逐步增大	一般
城市管理	城市运行数据监测、岗位检查、指挥调度、任务派发、现场执法	城区重点区域	室外	小规模	初期小，随用户规模逐步增大	一般
城市交通管理	现场指挥调度、城市智能红绿灯控制、现场执法等	城区重点区域	室外	小规模	一般	一般
安全生产监督管理	应急救援现场	安全生产重点区域	室外	小规模	一般	一般
公共服务监管	大型住宅区、重点监管企业	全城区	室内	适中	一般	一般
环境保护	环境资源现场执法	重点区域	室外	小规模	一般	一般

需求单位	业务类型	覆盖区域	覆盖类型	用户规模	带宽需求	优先级
消防	地质灾害、应急事件处置	重点区域	室外	小规模	一般	一般
卫生与计划生育委员会	医疗整治上报	重点区域	室外	小规模	一般	一般

6.2.2　建设方案

1. 同频组网

1.4GHz 频段宽带集群数字专网频谱带宽为 20MHz，建议采用同频组网的方式，即所有宽带集群数字专网基站使用相同的 20MHz 带宽，采取相同的上下行时隙配置。根据宽带集群数字专网的客户需求和业务特点，本规划中的网络配置采取 1:3 的下行 / 上行时隙配比。同频组网示意如图 6-1 所示。

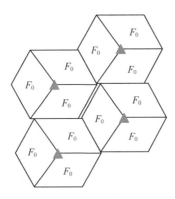

图6-1　同频组网示意

基于 TD-LTE 的宽带集群数字通信网采用正交频分多址技术，小区内的用户信息承载在相互正交的不同载波上，同频组网可以规避小区内的用户间干扰。但同频组网带来的一个新问题是会产生小区间的干扰，位于相邻小区的两个用户可能使用相同的时频资源块，从而产生相互干扰。小区间的干扰控制技术主要包括干扰消除技术、小区间干扰协调（Inter-Cell Interference Coordination，ICIC）技术。另外，智能天线技术和功率控制技术也可以作为小区间干扰抑制技术的补充。TD-LTE 系统中主要采用的是 ICIC 技术。该技术可对小区的可用资源进行限制，以减少本小区对相邻小区的干扰，提高相邻小区在这些资源上的信噪比及小区边缘的数据速率和覆盖。

2. 共网部署

共网部署如图 6-2 所示，组网带宽为 20MHz，无线接入网和核心网共建，使用单位可以自行定制终端，后续使用单位也可以根据业务量和需求自行建设核心网，共用一套无线基站和天馈系统。专网建设时依托运营商现有的无线基站机房、传输、电源、线路及天面等网络基础设施，充分利用运营商现网站址资源，采用与运营商共站址的方式构建宽带集群数字政务专网。

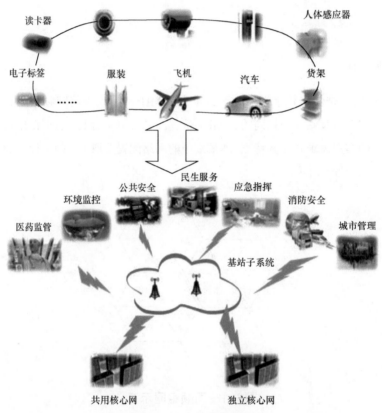

图6-2　共网部署

3. 站点资源共建共享

依托中国铁塔的站点资源，使用单位可避免重复投资造成资源浪费，快速高效地部署宽带集群数字政务专网。通信铁塔及相关附属设备是移动通信网络的基础设施，尽管二者的网络制式、内容和模式不尽相同，但在铁塔、机房、电力及配套等设施中应用的宽带集群数字专网与公众移动通信网的基本功能相同。随着手机的广泛普及，移动通信覆盖面的不断扩展，"双塔并立""多塔林立"等情形随处可见，基站重复建设现象越来越严重，给公共设施资源造成极大浪费，因此，工业和信息化部在 2014 年 7 月成立了中国铁塔股份有限公司，对基站资源进行重新整合。专网的建设应从减少公共资源占用、美化环境及节约租金和维护成本方面考虑，充分利用中国铁塔的站点资源共建共享基站天馈建设。

4. 基础配套资源的共建共享

（1）电源

电源是基站运行的必要设备。专网与公网的共享机房，首先，需要考虑整合站点的市电容量、后备电源等相关因素能否满足专网与公网的运行，规划拟共建共享的市电引入容量，如果无法满足专网与公网整合后的用电量，则需要对市电引入容量进行扩容。其次，考虑蓄电池容量能否满足整合后的基站设备的备电时间要求，如果蓄电池备电时间不能满足，则需要更换大容量电池，也可以考虑采用铁锂电池等新型电池或采用不同的电源排列方式，减少对机房空间的占用。最后，测算基站开关电源容量能否满足需求，对具备模块扩容条件的开关电源进行扩容，对无法扩容的开关电源进行替换。

（2）机房空间

共享站点涉及主设备及相关配套的安装。如果机房空间未受限，则应对机房剩余空间提前做好规划，满足专网和公网设备安装的要求；如果机房空间受限，但机房具备改造条件，则可以对机房进行改造，以扩大实际机房空间，例如，拆除原有机房隔间、与业务协商扩大机房租用面积等。

（3）传输资源

专网建设时租用三大运营商的传输资源，在共享站点之前需要核实机房内是否有足够的纤芯资源，光缆芯数在 12 芯以上时，宜预留 30% 以上的备用纤芯，多余的纤芯资源应开放共享。如果不满足容量需求，使用方则可提出扩建或改建方案。

5. 网络频谱资源共建共享

共网模式部署需要统一网络管理和运维，共用频谱资源和网络基础设施。共网模式具有资源利用率高、使用单位成本低、网络覆盖目标明确、运营效率高、网络可持续发展能力强、用户业务可自行管理等优点，可避免重复投资而造成资源浪费、频率使用率低等问题。

经过"十三五"应急通信重点工程的建设，部分城市建成了应急宽带卫星通信和应急短波网，为政府部门和各行各业提供应急通信保障；初步建成了国家通信网应急指挥调度系统，满足日常应急管理工作需要，但与国家应急体系对应急通信的需求相比，还存在许多不完善的地方，具体体现在如下几个方面。

① 部门之间、地方之间的协调机制不通畅。一些部门自建了应急指挥通信系统，但大

多数是针对行业应用建设的，建设标准不同，协同工作能力弱，通信频段差异较大，不能实现有效的互联互通。

②应急指挥调度平台横向互联、纵向延伸不够；应急资源数据不能动态共享，不能有效实现智能化指挥。

③应急通信保障队伍尚未形成体系化，专业化程度不高，装备水平落后于公众通信网，与实际应急通信需求存在较大差距；主要装备集中在省会城市，在发生特大事件时，通信全面受阻，现场信息不能及时传送。

④缺少应急物资储备中心，尚未实现应急装备和物资的智能化管理和调度，无法满足极端情况下装备和物资的激增需求，影响极端情况下的应急通信保障效率。

⑤公众通信网的应急支撑能力不足，网络授时严重依赖 GPS，企业间通信网络较为独立，没有形成互为备份的体系，基础设施的抗毁容灾能力有待进一步提高。

综上所述，一个高效的数字集群指挥调度平台已成为城市发展中必不可少的信息通信基础设施。建设一张横跨政府各部门的宽带集群数字专网，可以在遇到突发事件时，通过各部门之间的协同工作，方便政府实现统一指挥调度，有利于提高网络资源利用率。随着专网对多媒体业务的需求增多，频谱资源日益紧张，可根据不同部门的实际使用需求，通过网络切片管理，采用多部门共网的模式，将网络资源有效分配给不同部门使用，从而提升网络资源利用率。共网模式还有利于降低网络的建设和维护成本，可以让不同部门共用频谱资源和网络的基础设施，只须建设一套天馈系统，有效利用无线基站机房、有线传输线路、核心机房等网络基础资源，就可以实现网络统一管理和运行维护，有效降低网络的建设成本。

6.2.3　运营模式

当前，国内对 1.4GHz 政务专网的运营模式正处于探讨和试验过程中，国内主要的运营模式有公共私营合作模式、"建设—经营—转让"模式、私人主动融资模式、"建设—转让"模式和"建设—拥有—运营"模式等。

从国内几个大城市已有的运营经验来看，目前，北京、浙江已成功实施了"建设—经营—转让"模式并取得了一定经济成效，福建应急通信网则采用"建设—转让"模式完成福建省应急保障能力示范工程的建设。但由于 1.4GHz 频段宽带集群数字专网是面向政府部门服务的宽带无线政务专网，这类基础设施项目短期回报差，财政部正在主推公共私营合作模式来解决此类问题。

各省（自治区、直辖市）1.4GHz 频段宽带集群数字专网的运行模式可根据将来各部门的业务需求、信息化发展水平与建设方进行合作谈判，但不管用户采取哪种运营模式，原则上均要保证 1.4GHz 频段宽带集群数字专网可持续发展。

●●6.3 光伏企业监测专网

6.3.1 行业需求及特点

宽带多媒体无线解决方案可以为客户提供快速部署、高速通信、运行安全的网络，可应用于生产、安防和移动巡检等多种业务，端到端支撑产业建设。

6.3.2 组网方案

无线宽带多媒体数字集群系统可以实现高清视频监控、生产数据采集、宽带多媒体集群、移动办公等业务。随着 5G 技术的运用，目前，无线宽带多媒体数字集群系统能满足行业运用中 90% 以上的场景，整个网络架构主要由数据采集层、终端设备层、无线接入层和核心设备及业务层组成。某光伏区无线系统接入组网架构如图 6-3 所示。

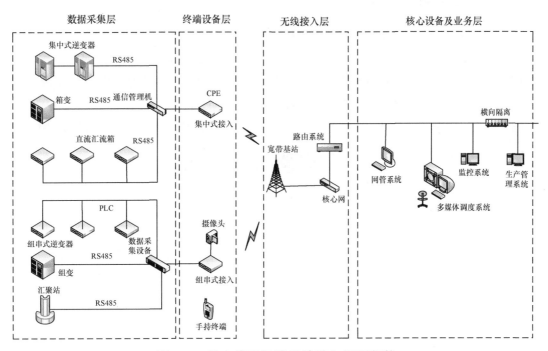

图6-3 某光伏区无线系统接入组网架构

某光伏区无线系统接入组网架构中的各层功能介绍如下。

① 数据采集层：该层主要由数据采集设备及与其对接的设备组成，具体包括集中式逆变器、箱变等设备与通信管理机对接，采集所需数据，再通过组串式逆变器接入终端设备层。

② 终端设备层：接入终端可以安装在室内外，形式多样，包括手持终端、CPE 及摄像

头等。终端支持语音、数据及视频等各类业务，支持多种接入方式，TDD——400MHz/1.4GHz/1.8GHz/2.3GHz；FDD——800MHz，并带有 GPS 定位、Wi-Fi、蓝牙等功能，工业级无线传输终端三防等级高于移动通信的手机终端。

③ 无线接入层：包括天线、RRU、基带处理单元（Building Base band Unit，BBU）、核心网设备，提供大容量的无线传输通道，无线收发终端通过空口传输至无线宽带基站，再通过光缆连接到核心网。

④ 核心设备及业务层：提供无线接入层和终端层的管理，通过 IP 链路与业务主站进行连接，即利用核心网中转数据功能，可实现各类数据的转发。例如，将 CPE、终端、RRU、BBU 核心网等设备的运行信息传输至网管系统进行设备管理；视频语音信息传输至多媒体调度平台；生产所需传递的电气信息通过核心网中转至各个多媒体监控系统与生产管理系统，从而实现生产业务管理。

1. 参数运行监测通道设计

光伏电站需要对电站运行进行实时监控，包括实时采集逆变器、汇流箱、箱变等的数据，并将这些数据传送到主站或其他智能装置，提供配电系统运行控制及管理所需的数据，每个光伏子阵每次传送的数据小于 128kbit，属于中低速率数据流，但单位面积上的光伏传感器数量比较集中。以某市光伏产业园为例，单小区下，光伏阵子数量约为 50 个，在容量计算时，需要重点考虑小区用户数的调度能力。光伏电站无线宽带接入网如图 6-4 所示。

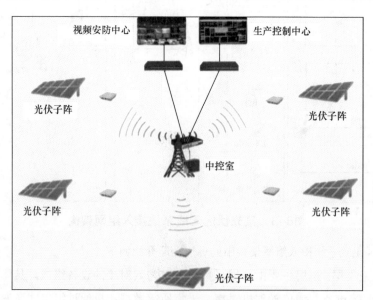

图6-4　光伏电站无线宽带接入网

无线宽带集群可以为光伏电站提供一个更加便捷和稳定的通道，其特点如下。

（1）快速部署，减少工作量

主要设备被集中放置在中控室内，光伏子阵只须安装一个 CPE 终端，建设时，不需要挖沟埋光缆，缩短了建设工期。

（2）维护简单

整体网络更扁平化、简单化，设备集中放置，方便集中操作和维护，终端采用 IP65 防护等级，可靠性高，利用无线网管可以实现端对端设备的维护，减少因设备故障而造成通信中断的时间。

（3）可靠安全

无线端到端时延小于 5ms，设备的安全可靠性达到 99.999%。

2. 视频监控高速通道设计

由于光伏电站占地面积广，为了达到无人值守电站的目的，光伏电站经常利用视频对电站周边及电站内的设备进行监控。无线解决方案可以将实时的固定视频监控和多媒体调度平台相结合，固定视频监控的图像可以实时转发到手持终端上。巡检人员可以随时随地查看监管区域，以便更好地监控电站。在此方案中，视频传输占用的宽带资源最多，在容量测算时需要考虑视频监控摄像头的数量、图像格式及传送的频次，计算出小区的吞吐量是否满足视频传输带宽需求，以光伏产业园为例，光伏电站无线系统视频传输方式如图 6-5 所示。

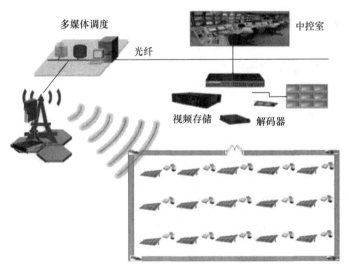

图6-5　光伏电站无线系统视频传输方式

3. 多媒体集群调度设计

重大自然灾害、设备故障等造成电力网络故障或电力系统损坏的事件时有发生，因此，用户迫切需要提升应急抢修指挥能力，快速恢复电站的正常运行。宽带多媒体集群通信可利用无线的便利性提高电信运维的管理效率，并给维护人员配备手持智能终端，完成视频回传、视频调度等功能，实现现场信息迅速流动、互动，使指挥中心人员实时了解电站的现场状况，做出正确的判断和指挥，提高现场的指挥调度能力，缩短抢修时间，提高应急处理能力。光伏电站无线宽带系统远程维护方式如图6-6所示。

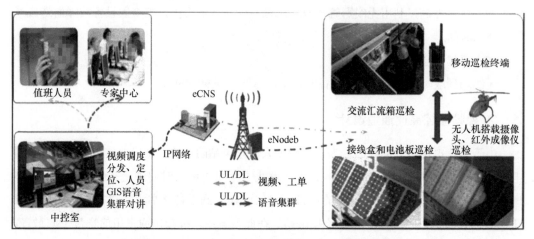

图6-6　光伏电站无线宽带系统远程维护方式

无线宽带通信系统完全满足光伏发电企业的配电网对通信系统覆盖范围广、业务能力丰富等的需求，非常适用于广袤区域发电场的运维管理、状态监测、视频调度等，可以为配网信息化建设提供高效可靠的通信保障。

●● 6.4　轨道交通调度专网

6.4.1　行业需求及特点

随着轨道交通网络化运行及轨道交通自动化程度的不断提高，城市轨道交通车地通信的重要性不断加强，支撑安全运营生产的业务不断增加，对车地通信功能和性能的要求不断提升，业务所需的带宽也不断加大。为了满足城市轨道交通互联互通和信息传输综合业务承载的需求，在遵循 B-TrunC 相关规范的基础上，中国城市轨道交通协会技术装备专业委员会牵头，与多家设计院、信号厂商、通信设备商一起制定了《城市轨道交通车地综合通信系统（LTE-M）规范》。LTE-M 是针对城市轨道交通综合业务承载需求的 TD-LTE 系统，具有高可靠的抗干扰能力、多业务 QoS 保障机制及高速移动下的稳定性，可实现一张网络同时承载集群调度业务、视频监控、乘客信息系统和列车运行状态监测等综合信息，简化了车地无线传输系统，同时降低了网络部署成本和维护成本。

2014 年，北京地铁已组织相关院校和厂商开展了 TD-LTE 综合承载生产业务的实验室和试验段测试，结果证明 TD-LTE 完全能够综合承载城市轨道交通的生产业务，各项性能均能满足指标要求。为了使 LTE-M 技术在城市轨道交通得以广泛应用，各个地铁公司近年来已开展了 LTE-M 在城市轨道交通领域的应用示范工作。北京、武汉、青岛等近 30 个城市的 50 多条地铁线路已经采用车地无线通信系统进行业务承载。其中，杭州、郑州、武汉、哈尔滨、石家庄、南昌等城市的 10 条商用线路已投入运营。

6.4.2　技术特征及应用场景

在轨道交通车地无线通信系统中，由于视频监控、多媒体业务等信息要实时上传或下载，所以网络需要高速率来满足。

无线局域网（Wireless Local Area Network，WLAN）成本低、设备小、带宽大、应用比较成熟，但同时存在安全性差、覆盖有限、切换频繁、移动场景带宽小、干扰源多等问题。仿真和研究表明，WLAN 的传输速度如果超过 120km/h，就会导致误码率急剧增加。

虽然 TD-LTE 比 WLAN 的设备造价高，但其具有较好的移动性，能在不同小区间切换，在地铁高速移动的情况下能够提供高速率，可使用 1.8GHz 专用频段承载业务，且 TD-LTE 具有抗干扰能力强、覆盖广、切换快、频段利用率高等优势，更适合承载多个系统的车地无线通信业务，为轨道交通安全行车提供强有力的保障，提高服务水平，改善旅客的乘车体验，提升城市形象。宽带集群和 WLAN 方案性能对比见表 6-1。

表6-1　宽带集群和WLAN方案性能对比

项目	宽带集群	WLAN
抗干扰能力	专用频道，避免干扰；采用 ICIC、IRC 等抗干扰技术，解决系统内干扰问题	开放频段，避免干扰能力弱；缺乏系统内抗干扰技术
数据传输速率	在 10M 频段下，上下行资源 1:1，下行峰值达 20Mbit/s，上行峰值达 8Mbit/s。采用了先进的无线技术（例如 MIMO），将空开接口的资源发挥到极致	实际项目中，在 20M 频段下，下行峰值为 15Mbit/s，上行峰值为 2Mbit/s
移动性	采用抗频偏的算法，能够支持 430km/h 的速度，已经在上海磁悬浮列车应用中得到验证，完全可以满足地铁的移动速度要求	无抗频偏算法。WLAN 的定位是覆盖机场、宾馆、办公室等场所，主要为了解决网络布线的问题，其协议标准确定了支持步行速度的慢速移动
覆盖距离及维护成本	隧道内单个 RRU 覆盖距离为 1.2km	单个接入点（Access Point，AP）覆盖距离为 200m，施工难度大，维护成本高
切换频度	在 80km/h 的速度下，每隔 54s 切换一次	在 80km/h 的速度下，9s 切换一次，切换频繁，影响服务质量

续表

项目	宽带集群	WLAN
切换时间	100ms	500ms，切换终端时间长将影响实时的视频监控业务质量
可扩展性	未来可以承载更多业务，包括列控业务	只能服务对安全和质量没有严格要求的单一视频广播业务
可靠性	运营商级别的可靠性设计和生产，RRU 的可靠性指标 $MTFB$ 为 150000h	AP 的可靠性指标 $MTFB$ 小于 50000h

国内部分轨道交通项目见表 6-2。

表6-2 国内部分轨道交通项目

序号	城市	线路	系统	阶段	开通时间	厂商	备注
1	郑州	1 号线	PIS[1]	开通运营	2013 年	华为	10MHz 组网，工作频段为 1795～1805MHz，与商用漏缆合路
2	温州	S1	无线、PIS		2019 年	中兴	10MHz 组网，采用漏缆 + 定向天线
3	杭州	4 号线	PIS	开通运营	2015 年	中兴	20MHz 组网，与 TETRA 共用漏缆
4	北京	燕房线	PIS，CBTC	开通运营	2017 年	中兴	5MHz+5MHz 组网
5	乌鲁木齐	1 号线	PIS，CBTC	开通运营	2018 年	中兴	20MHz 组网
6	青岛	5 号线	CBTC	建设中	预计 2028 年	华为	5MHz+5MHz 组网
7	重庆	9 号线	CBTC	开通运营	2022 年	中兴	5MHz+5MHz 组网
8	重庆	环线	CBTC	开通运营	2018 年	华为	5MHz+5MHz 组网
9	郑州	2 号线	PIS	开通运营	2016 年	华为	与商业漏缆合路
10	石家庄	1 号线	PIS	开通运营	2017 年	华为	10MHz 组网
11	石家庄	3 号线	PIS	开通运营	2017 年	华为	10MHz 组网
12	厦门	1 号线	PIS	开通运营	2017 年	华为	10MHz 组网
13	兰州	1 号线	PIS	开通运营	2019 年	华为	10MHz 组网
14	长沙	3 号线	PIS	开通运营	2020 年	华为	20MHz 组网，采用天线覆盖
15	长沙	4 号线	PIS、CBTC	开通运营	2019 年	华为	与商业漏缆合路
16	长沙	5 号线	PIS、CBTC	开通运营	2020 年	华为	与商业漏缆合路
17	深圳	11 号线	PIS	开通运营	2016 年	华为	10MHz 组网

注：1. 乘客信息系统（Passenger Information System，PIS）。

为了保证城市轨道交通安全，基于通信的列车控制系统、车辆运行状态监测、视频监控、紧急信息、乘客信息系统、调度语音通信系统都需要正常可靠运行。

1. CBTC 系统

CBTC 系统的主要作用是列车间距和速度防护、列车自动运行与调度。该系统是城市轨道交通自动化系统的关键部分，是保证列车和乘客安全、实现列车高效运行、指挥管理有序的自动控制系统。CBTC 系统是实现 CBTC 的信息交换传输通道，分为车至地的信息传输（上行）和地至车的信息传输（下行）。

作为一个安全苛求系统，CBTC 对车地通信的实时性和可靠性有很高的要求，要求冗余双网传输。

在地铁应用环境中，与 WLAN 技术相比，TD-LTE 在拥有专用频点的情况下，有较大的优势。在轨道交通中，列车的高速移动会导致多普勒频移增大，TD-LTE 在设计时就考虑到高速移动需求，有专门的频偏估算和纠错算法，增强的算法可以容忍频偏范围超过 1kHz，保证高速场景性能。相较于目前应用的 WLAN 设备，TD-LTE 系统具有的抗外界干扰及高速移动的性能，具有明显的优势。TD-LTE 系统可以满足 CBTC 系统性能的需求，且各项性能优于 WLAN 技术，从技术角度看，其能够承载 CBTC 相关业务。

2. 列车运行状态监测系统

列车运行状态监测系统通过传感器采集电流、电压、轴温、车下转向架、发动机、制动器等设备的关键参数，并将数据传送到地面监测中心，地面监测中心通过对数据进行集中处理分析，实现对列车运行状态的实时监测和远程故障诊断功能。

3. 无线列车调度系统

地铁中应用的无线列车调度系统采用的是宽带集群技术，可以有力支撑地铁安全，高密度、高效地运营各种语音、视频、数据呼叫通信和管理业务，提供单呼、组呼和列车广播等多种调度方式，为地铁运营的固定用户（控制中心及车辆段调度员、车站值班员等）和移动用户（列车司机、维修人员等）提供可靠的通信手段，对提高运输效率和管理水平、改善服务质量、确保行车安全和应对突发事件提供了重要保证。另外，当地铁运营出现异常或有线通信设备出现故障时，无线列车调度系统也能够迅速提供防灾救援和事故处理等指挥所需的可视化的多媒体调度通信能力。

在城市轨道交通无线列车调度系统中，车至地之间（上行）和地至车之间（下行）主要传输语音信息。无线列车调度系统车地通信采用半双工方式，系统具备选呼、主呼、群呼、优先呼叫、强拆和强插等功能和特点。

4. 闭路电视系统

闭路电视（Closed Circuit Television，CCTV）系统概括来说就是将列车驾驶室、车厢的视频监控图像通过无线的方式传输到控制中心，进行集中监控，也可以通过无线网络将实时监控录像传送到地面监控站进行监控。通过车地之间的视频传输，地面监控中心可以实现对驾驶室、设备间、车厢等重点区域的监控，满足列车安全管理的需求，这是实现列车安全运行的重要辅助手段。CCTV 系统通过无线集群专网提供车地高清视频传输业务，提供实时动态图像传输，以应对紧急突发事件。

CCTV 系统需要具有多路画面实时录像、多路画面实时显示及根据需要灵活设置图像压缩质量和录像存储等功能。

5. PIS

PIS 是一个多媒体咨询发布、播控与管理的平台，可在多种显示终端上显示多种类型的、多信息源的、平行的、分区的、带优先级的信息。PIS 可以向乘客发布各种更直观、更形象的有用信息，有助于提高城市轨道交通行业的服务水平和质量。

PIS 依托无线集群专网，在正常情况下，通过车站和车载显示终端为媒介向乘客提供运营信息、政府公告、出行参考、媒体新闻、赛事直播，也可以播放高清广告等实现广告盈利。在紧急情况下，遵循运营安全信息优先使用的原则，PIS 可提供动态辅助性提示。LTE-M 已明确采用 B-TrunC 组播方式实现 PIS 数据流下发。

PIS 的数据传输由地面将视频或图像信息通过广播或组播传送到车厢内播放，因此，所有的数据传输都是下行传输。一般情况下，每节车厢播放的内容都是相同的。

6. 紧急文本

紧急文本是用户城市轨道交通路网异常情况下的乘客通知，可在 PIS 显示终端上显示，紧急文本是数据量小的文本信息。

根据不同业务的要求，中国城市轨道交通协会技术装备专业委员会在《关于转发工信部 1785—1805MHz 频段使用事宜通知及有关落实工作的意见》（中城轨〔2015〕008 号）中给出了对于一个无线专用网基站覆盖范围（一个基站负责 6 节列车的控制）的业务量。轨道交通业务需求见表 6-3。

表6–3 轨道交通业务需求

序号	承载业务	上行传输速率	下行传输速率	传输时延 /ms
1	CBTC 系统	6×512kbit/s	6×512kbit/s	小于 150
2	列车运行状态监测	6×100kbit/s	0	小于 150

序号	承载业务	上行传输速率	下行传输速率	传输时延/ms
3	无线列车调度	6×100kbit/s	6×100kbit/s	小于200
4	CCTV系统	6×4Mbit/s	6×100kbit/s	小于300
5	PIS	0	6×8Mbit/s	小于300
6	紧急文本	0	6×100kbit/s	小于150

综合考虑业务的重要性和业务对可靠性的要求，建议表6-3中序号为1、2、3类的业务单独组网，尽量使用专用网络。序号为4、5、6类的业务另外组网，在有频率资源的情况下可以使用无线专网，在没有足够频率资源的情况下，可以使用无线公网等作为补充。

对于CBTC系统要实现对列车运行状态监测和无线车辆调度，无线专网每个基站单扇区的上行传输速率为4.2Mbit/s，下行传输速率为3.6Mbit/s。作为一个安全苛求系统，CBTC对车地通信的实时性和可靠性有很高的要求，要求冗余双网传输。

对于CCTV系统、PIS和紧急文本，无线专网每个基站的业务需求的上行传输速率为4Mbit/s，下行传输速率为9.2Mbit/s。在上下行时隙比为3:1的情况下，下行调至方式为64QAM/单流时（下行峰值速率6.14Mbit/s）将难以满足要求，而使用上下行时隙比为2:2的配置时，虽然5MHz带宽满足要求，但由于时隙比不同，会在不同的系统中产生干扰。因此，考虑到一些复杂情况，此时可能最多需要10MHz带宽（在上下行时隙比3:1的情况下）。

考虑到1.8GHz频段资源有限，该频段的20MHz频谱资源十分宝贵，应以满足相关单位必要的应用需求为主，同时，在频率规划中应考虑频率的空间复用性和不同场景下的业务需求差异。针对轨道交通地上和地下的业务需求不同，分别对地上和地下业务的组网频率进行规划，建议频段分配如下。

① 分配15MHz带宽满足轨道交通地下业务需求。

② 分配10MHz带宽满足轨道交通地上业务需求。

③ 分配的1.8GHz频段主要用于保障车地通信中CBTC系统、列车运行状态监测系统等重要业务的运行，其余系统可以使用其他无线专网（例如，TETRA、Wi-Fi等）和无线公网满足业务需求。

●●6.5 机场管理调度专网

当前，各大民航机场的客运吞吐量和货运吞吐量都在飞速增长，巨大的吞吐量给机场内部的管理及调度带来了更大的挑战。为了解决机场范围内，与地面旅客服务、行李和邮件处理、货物处理、航空油料、航空食品、地面车辆等调度指挥之间的信息交换问题，机场需要不断采用新技术、新手段来改造机场自身的调度通信系统。

目前，机场的通信主要以窄带集群对讲业务为主，难以满足机场生产运行的需求和发展，阻碍了机场的信息化发展，现有通信系统无法延伸到生产作业流程中的每个步骤和每个检查点，缺乏全面的站坪监控手段，无法实现信息的实时上传和下达。航班计划、航班动态、航班服务通告广播给所有的工作人员，工作任务单无线发送，人员和车辆的位置实时监控，工作进展和任务执行状态汇报，大容量的航行航班资料、气象动态资料、机载电子设备数据的无线传输等，这些大规模的、密集的、实时的、可靠的用户的无线数据传输需求是一般通信系统无法满足的，迫切需要一套宽带集群系统来满足机场信息化工作业务的需要。

随着大数据、物联网、云计算等新技术的发展，信息化、智能化是各行各业发展的必然趋势。"智慧机场"被认为是解决或缓解当前机场业务规模大、运行主体多、运行状况复杂、航班延误频发、公众关注度激增等行业问题的重要手段和发展趋势。宽带集群通信系统可实现机场的信息化、智能化，对机场及工作区域进行无线覆盖，满足机场对智能信息化及集群调度等相关业务的需求。网络覆盖主要包含机场办公区、员工生活区、航站楼、机坪、跑道、围界等。机场的无线业务需求主要为正常生产活动和应急调度，但机场的用户对数据和视频类业务的需求也日益增加。

总体来看，为了保证机场的安全运行，民航机场专网业务需求主要分为以下4类。

① 地面服务：服务/任务指令等数据调度业务；车辆定位/调度（通过车辆定位来管理站坪车辆不按线行驶、超速、违规停放，减少安全事故的发生）；多媒体集群调度业务；图片传输业务等。

② 数据传输：飞行员需要的静态和动态飞行资料，例如，各种航行通告、航图、气象图、气象电报等；飞机飞行记录仪数据。通过物联网采集生产数据，相关的数据信息需要通过无线专网回传到数据库和服务器；管理数据信息下发到指定终端，实现无线调度管理。

③ 视频监控：用于机场某些特殊区域的实时监控。监控站坪车辆按线行驶、限速，按规定停放，避免安全事故，每辆车上安装车载台，实时刷新GPS定位，实现对车辆的监控和轨迹回放。

④ 应急通信：在机场中心8km范围内，能满足应急救援覆盖。在应急处置时，应急通信将使用视频联动、可视化调度、远程故障诊断、群组语音调度等功能；涉及视频、语音、数据、资源定位数据、图像等多种通信方式；要求应急救援的终端优先级高，保障应急救援。

除了新建机场或者扩建工程，现有的机场往往都已有无线通信网络，一般是模拟对讲系统或者窄带对讲系统。为了保护这些系统的资源，并兼顾机场工作人员的工作习惯，宽带集群系统可实现与模拟对讲、窄带对讲系统和固网电话的互联互通，联合编组。

目前，上海虹桥机场和浦东机场、三亚机场、新郑机场、南宁机场、重庆机场陆续采用无线宽带集群专网建设了新一代宽带无线网络，用于机坪移动作业管理。网络建成后，良好的语音和数据作业能力为TD-LTE系统在机场的适配性提供了更加有力的验证。

以宁夏回族自治区为例，该自治区内的机场主要有银川河东机场、固原六盘山机场和中卫沙坡头机场3个民用机场。随着机场运输起降架次、旅客吞吐量的不断增多，各机场在语音调度、数据和视频传输等方面的业务量也不断提高。目前，银川河东机场已通过建设宽带无线专网来进一步满足机场生产调度指挥等的需求。机场因为大小和繁忙情况不同，对相关业务的需求量也各不相同，以银川河东机场的业务需求为例，作为参考进行测算。

根据生产运行系统的运行经验，银川河东机场的单小区下峰值用户数为180人，按照银川河东机场语音业务测算，同时10个主叫、200个被叫，上行速率的需求量为10Mbit/s，下行速率的需求量为50Mbit/s。使用上下行时隙比3:1情况下10MHz的带宽（上行峰值速率为16.07Mbit/s，下行峰值速率为12.28～24.55Mbit/s）可以满足要求。因此，10MHz带宽可以满足该机场的宽带无线专网的业务需求。

•• 6.6 车站组网规划案例

铁路站场环境复杂，铁轨纵横交错，机车运行多向，工作人员种类多，管理难度大，因此，各铁路局对铁路站场的安全监控与安全管理尤为重视。现如今，越来越多的铁路局和铁路局下属各站段纷纷提出建设"智慧路局"或"智慧站场"。

"智慧"就是要利用其更透彻的感知和度量、更全面的互联互通和更深入的智能化三大特点，实现智能信息的网络化，进而在整个站段之间或铁路局系统内实现信息的互联和共享，实现作业过程可监控与实时调度、作业结果可追溯，优化各工种之间的作业流程，提高作业质量和效率，提升安全管理水平，能够在保障铁路运输安全方面起到重大作用。

根据铁路主要技术政策、铁路信息化总体规划、铁路技术规范、铁路维护规范等文件的要求，结合对铁路站场各专业的业务应用，相关部门提出了铁路站场综合宽带无线接入业务需求分类。铁路站场宽带无线业务需求如图6-7所示。

图6-7 铁路站场宽带无线业务需求

6.6.1 业务需求分析

1. 站场调度通信

① 通信对象：列车调度员、机车调度员、车站值班员和助理值班员、机车司机、运转车长、大型养路机械和轨道车司机，以及道口看守、防护人员和巡守人员等。

② 应用场景：客运站、编组站。

③ 带宽需求：调度语音，单次呼叫每个用户带宽按 32kbit/s 计算，组呼每小组也按 32kbit/s 计算（简化计算），单用户带宽上行速率为 32kbit/s，下行速率为 32kbit/s。多媒体调度视频通信，每个用户视频图像数据带宽根据清晰度要求在 1 ~ 4Mbit/s 中选择，单用户带宽上行速率为 1024kbit/s，下行速率为 1024kbit/s。

2. 站场运营维护通信

① 通信对象：工务、供电、电务等区间维护作业通信人员，调度指挥人员。

② 应用场景：所有线路车站。

③ 带宽需求：运营维护语音通信参考调度语音，单用户带宽上行速率为 32kbit/s，下行速率为 32kbit/s。作业管理以上行短数据为主，单用户带宽上行速率为 32kbit/s，下行速率为 10kbit/s。作业视频监控，涉及调度指挥人员远程指导作业，视频清晰度要求高，单用户带宽上行速率为 2048kbit/s。

3. 编组站 / 货运站无线通信

① 通信对象：编组站、货运站作业人员。

② 应用场景：编组站、货运站。

③ 带宽需求，语音通信参考调度语音，单用户带宽上行速率为 32kbit/s，下行速率为 32kbit/s。数据通信多以图像传输为主，允许出现一定时延，每个用户容量按上行速率为 50kbit/s 考虑。调车、车号无线数据通信单用户带宽上行速率为 50kbit/s，下行速率为 50kbit/s。调机视频监控涉及调车安全作业，视频清晰度要求高，单用户带宽上行速率为 2048kbit/s，下行速率为 2048kbit/s。

4. 站场视频监控

① 通信对象：道岔的监测设备与调度指挥中心。

② 应用场景：编组站、大型客站、车站道岔区。

③ 带宽需求：1024kbit/s。

各种业务单用户带宽见表6-4。

表6-4　各种业务单用户带宽

序号	业务名称		业务流向	业务宽带		备注
				每用户上行/（kbit/s）	每用户下行/（kbit/s）	
1	站场视频监控系统		上行	2048	—	终端
2	编组站无线通信	调车无线语音通信	双向	32	32	按调车数量计算
		车号无线语音通信	双向	32	32	终端
		列检无线语音通信	双向	32	32	终端
		列尾无线语音通信	双向	32	32	终端
		平面调车视频监控	双向上行为主	1024	1024	按调车数量计算
		车号无线数据通信	双向	50	50	终端
		列检无线数据通信	双向	50	50	终端
		列尾无线数据通信	双向	50	50	终端
3	运营维护通信	运营维护语音通信	双向	50	50	作业组，参考调度通信业务带宽
		养护维修作业监控系统	双向上行为主	50	50	终端
4	轨道车辆检测系统	轨道检测磁缸数据通信	双向	50	50	终端

6.6.2　案例分析

1. 业务规模预测

以银川迎水桥车站为例，此站点为2级4场编组站，站内峰值为30辆列车、2个列检所、10台调机和4个车号作业组。小区覆盖范围包含所有车场和股道。迎水桥编组站小区用户数量见表6-5。

表6-5　迎水桥编组站小区用户数量

序号	业务名称		用户数量	备注
1	站场视频监控系统		1	按每站同时上传1路视频考虑
2	编组站无线通信	调车无线语音通信	8	本编组站设置8台调机
		车号无线语音通信	4	本编组站设置车号4组
		列检无线语音通信	10	本编组站设置列检10组

续表

序号	业务名称		用户数量	备注
2	编组站无线通信	列尾无线语音通信	15	本编组站设置列尾作业人员15人
		车号无线数据通信	8	本编组站设置按120个终端40个同时通信计列
		列检无线数据通信	40	本编组站设置按120个终端40个同时通信计列
		列尾无线数据通信	15	本编组站设置列尾作业人员15人
3	运营维护通信	运营维护语音通信	65	本编组站设置40个作业组，15个维护组呼，50个单呼
		养护维修作业监控系统	15	本编组站设置45个数据终端同时发起15个数据传输
4	智慧监控系统	智慧数据通信	50	本编组站设置50个智慧终端设备
5	轨道车辆检测系统	轨道检测磁缸数据通信	6	本编组站设置6个轨道检测磁缸设备

2. 频谱带宽需求

TD-LTE系统在不同载波带宽下的峰值速率见表6-6。

表6-6　TD-LTE系统在不同载波带宽下的峰值速率

载波带宽 / MHz	下行 / 上行子帧分配	单小区下行峰值速率 / (Mbit/s)		单小区上行峰值速率 / (Mbit/s)
		64QAM/ 双流	64QAM/ 单流	64QAM
20	1DL : 3UL	48.32	24.16	38.51
	2DL : 2UL	76.96	38.48	24.81
15	1DL : 3UL	35.37	17.69	28.39
	2DL : 2UL	56.29	28.15	17.23
10	1DL : 3UL	20.27	10.14	19.21
	2DL : 2UL	36.08	18.04	11.87
5	1DL : 3UL	7.36	3.68	8.02
	2DL : 2UL	13.36	6.68	5.31

实际组网采用的是平均吞吐量，即考虑邻小区和本小区均在设计负荷（75%）的条件下，

用户均匀分布，可以达到平均容量的水平。TD-LTE 系统在不同载波带宽下的小区平均吞吐量见表 6-7。

表6-7　TD-LTE系统在不同载波带宽下的小区平均吞吐量

组网带宽	TDD 加载小区平均吞吐量指标 /（Mbit/s）		说明
	时隙配比 （1DL：3UL）	时隙配比 （2DL：2UL）	
20MHz	UL：14.0/DL：10.5	UL：9.1/DL：16.7	邻小区和本小区均在设计负荷（75%）的条件下，用户均匀分布，可以达到平均容量的水平
15MHz	UL：10.4/DL：7.7	UL：6.3/DL：12.2	
10MHz	UL：7.0/DL：4.4	UL：4.5/DL：7.8	
5MHz	UL：3.0/DL：1.6	UL：2.0/DL：2.9	

通过不同业务的单用户带宽×用户数量计算得到上下行带宽需求：上行业务带宽为 27.29Mbit/s，下行业务带宽为 17.29Mbit/s。

上行业务带宽需求高于下行业务带宽需求，建议采用时隙配比 1DL：3UL。

铁路站场通站点收发方式为 4T4R，单小区的平均吞吐量为 UL：3.0/DL：1.6，如果铁路站场的覆盖比较好，则单小区平均吞吐量可按 UL：5/DL：3 考虑。

上行扇区数：27.29/5 ≈ 6 个扇区。

下行扇区数：17.29/3 ≈ 6 个扇区。

综合上下行需求，目前，迎水桥车站需要 6 个扇区才能承载忙时峰值业务的需求。因此，迎水桥车站共需设置 6 个扇区，每个扇区分别为 1 个小区，每个小区的频带宽度均为 5MHz，且每个 5MHz 带宽的上下行利用率均超过 80%，故可申请频率带宽为 5MHz。

●● 6.7　农业生产行业

6.7.1　农业生产的应用背景

1. 概述

20 世纪 80 年代以来，我国开展了数据库与信息管理系统、决策支持系统、地理信息系统等技术应用于农业、资源、环境和灾害方面的研究，并取得了一系列重要成果，不少成果已得到应用，并已达到国际先进水平。另外，我国也建立了一些大型农业资源数据库和优化模拟模型、宏观决策支持系统，应用遥感技术进行灾害预测预报与农业估产，让各种农业专家系统和计算机生产管理系统应用于实践。

以光纤技术为代表的有线通信技术由于投资巨大，建设施工难度高等原因并不适用于农村信息化建设，宽带无线接入技术应用于我国农村信息化建设。宽带无线接入技术凭借其覆盖范围广、数据带宽大、业务种类丰富、建网成本低等特点能够为农村信息化发展、缩小城乡差距提供坚实有力的基础通信保障。

2. 行业需求

水利实时视频监控系统对可能发生性的汛情、险情、灾情进行实时动态监控，相关管理人员可以及时采取预防与补救措施，全面提高抗洪防汛工作的有效性和可靠性。水利实时视频监控系统对减少洪水灾害、缓解防洪压力、保障人民财产安全具有重要作用。目前，我国的防汛工作已从被动防范转为主动防范，在汛期到来之前已做好充分准备。其中，无线信息采集与监控系统扮演着重要角色。无线信息采集与监控系统应用于主要河道口水位信息采集及河堤水位监控，将实时图像和视频传回指挥中心，以便指挥中心的管理人员针对现场情况做出相应的预防措施，保障人民生命和财产安全。同时，无线组网系统将每个防汛指挥部的网络联系起来，以实现信息数据和视频图像共享。指挥中心可实时查看任何一个区域的现场情况，统一规划、统一指挥、统一调度，快速预防险情、排除险情。

6.7.2　应用案例

大多数水利设施和流域没有宽带网络，无法连接水利系统信息网，也无法实现水情查询、政策查询等功能，宽带集群网络正好满足以上单位数据的联网需求。当汛情出现时，宽带集群网络可以为移动车辆提供上网服务，使工作人员随时接入水利系统信息网络，实时掌握水情信息。数据通信网络架构示意如图 6-8 所示。

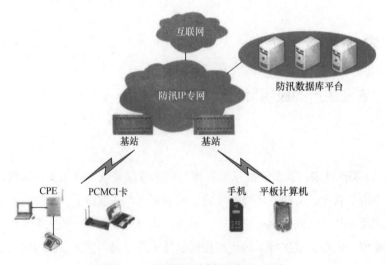

图6-8　数据通信网络架构示意

1. 应急通信

由于技术发展太快，传统的应急指挥系统大多以指挥通信车为工作单元，能够满足指挥中心与通信之间的多媒体调度功能，但通信车与单兵之间仅能提供简单的语音调度功能。在水利行业应用中（例如，在水库、河流等区域内），由于缺乏全面了解现场情况的手段，管理人员仅凭语音信息很难了解实际情况并做出准确的判断和决策。为了解决传统应急方案中通信手段单一的问题，宽带集群通信系统增加了数据、视频等更加丰富的指挥调度功能，包括语音调度、水雨情信息采集、视频图像回传等综合应急指挥平台。汛期作战人员可以随时与指挥车和指挥中心通信，并将现场的图像信息和视频信息及时回传到指挥车或指挥中心，这样指挥中心的管理人员如亲临前线，可以随时了解现场的具体情况，以便做出正确的决策。应急通信网络架构示意如图6-9所示。

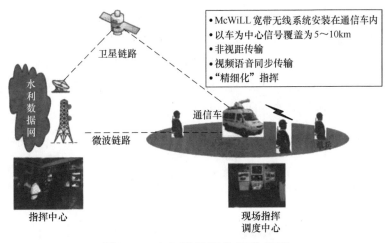

图6-9 应急通信网络架构示意

2. 水库大坝远程无线监控系统

水库大坝远程监控点一般分布在较广阔的范围内，与指挥中心距离较远，同时由于河流山脉的阻碍，架设线缆往往很困难。基于 TD-LTE 的宽带集群技术建立的远程无线监控系统无须铺设网络电缆，即可迅速方便地在需要监控的地方架设前端监控设备，具有很强的实用性、灵活性和可扩展性。

水库大坝实施无线监控系统，可以实现水库重点区域的实时远程监控，实时远程监测水库水位是否超出警戒线，将水质水位检测信息传送到监控中心，实时监控水库内的状况。指挥中心使用该系统可远距离指挥调度水库现场。水利监控网络架构示意如图6-10所示。

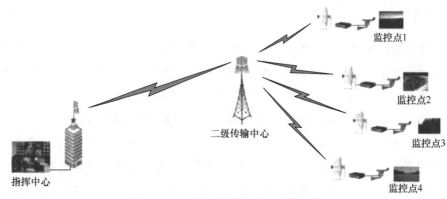

图6-10　水利监控网络架构示意

3. 农业生产

通信技术对农业生产具有广泛的影响，主要有降低农业生产成本，控制农业生产风险，有利于对农业生产进行科学预测、监控和预警等。通信网络在农业信息数据采集、农业风险控制及农业生产监控等方面发挥着重要作用，将宽带集群技术用于农业生产的各个环节，可有效促进我国农业增产、农民增收。在现代化背景下，通信技术在农业生产中的应用有了长足发展，有效提高了农业生产效益，同时减少了一些不必要的生产成本。宽带集群通信技术在农业生产中的应用场景如图 6-11 所示。

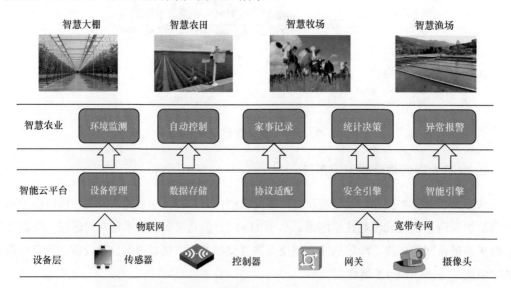

图6-11　宽带集群通信技术在农业生产的应用场景

（1）有利于降低农业生产成本

农民利用通信技术可解决时空性难题，能远程实时监控农作物的生长情况，及时给予农作物相应的养分，提高生产效率，还可以避免消耗大量的人工成本。不仅如此，农民还可以通过通信技术对市场情况进行分析，高效合理地种植农作物，获得更多的经济收益，扩大农业种植规模。

（2）有利于控制农业生产风险

农民在生产过程中可以利用通信技术定位到相应的农作物，实时发送其生长情况，这样能使农民对可能出现的问题做出预判和估计。例如，农民可以针对土壤中出现的有机肥不足、虫害较多等问题，及时采取应对方案，减少损失。另外，利用通信技术可以及时研究和分析市场需求情况，避免出现农产品滞留，以免亏损过大。相较于国外，我国在农业发展中虽然使用通信技术的时间较晚，但是发展速度较快，主要是因为现代化技术的应用大大降低了经济的投入，有效提高了农作物的生产效率。

（3）有利于对农业生产进行科学预测、监控和预警

随着科学技术的发展，目前，通信技术可对农业生产前期进行科学预测，在农业生产过程中可以做好有效监控。当农业生产遇到恶劣天气等影响农产品生长时，使用通信技术可有效做出预警，帮助农民减少损失。

（4）无线通信技术在农业生产自动灌溉中的应用

农作物在生产的过程中，确保水分供给是非常重要的。目前，无线通信技术可有效实现农业生产自动灌溉，免去了人力和物力的消耗，同时，更加高效地实现了灌溉功能。例如，农业生产过程中的增氧灌溉技术，需要借助通气泵向农作物根部加氧。通气泵只有通电后才能运转，待水中溶氧达到饱和后即可把通气泵断开，每天这样反复通气很多次，农民需要一直在农田操控通气泵开关。而借助无线通信远程遥控开关，农民在家即可操作通气泵，远程遥控开关可以控制流量。这种无线通信远程遥控消耗的流量较少，操作起来比较便捷，只要在手机上下载无线通信移动客户端即可，有效提高了农业生产的效率。

●●6.8 本章小结

基于LTE技术的宽带集群通信系统已在多个行业领域中得到广泛应用，例如，公共安全、轨道交通、农业生产等领域。宽带集群技术可以提供快速部署和可视调度指挥功能，在社会治安、安全生产和便民服务等方面发挥着越来越重要的作用，显著提高了人们的生产生活效率和经济效益。同时，随着宽带集群专网部署的普及化，频谱资源的管理要求日趋严格，因此，需要对行业应用开展广泛的调研，掌握各种业务的实际带宽需求，真正实现精准的频谱供给机制。

参考文献

[1] 宽带集群产业联盟.宽带集群通信（B-TrunC）产业白皮书 [Z]，2019.

[2] 兰茹，闫琪，衣鸿燕.浅谈电子通信技术在农业发展中的应用 [J].南方农机，2017，48（3）：51+61.

[3] 黄维，陈刘杰，廖达成，等.电子信息技术在农业机械中的应用探析 [J].南方农机，2020，51（23）：75-76.

宽带集群技术演进展望

Chapter 7

第7章

导读

　　2020年，5G网络建设进入快车道，公共通信网络（以下简称"公网"）正以前所未有的态势飞速发展。相较于各大运营商积极建设运营的公网而言，专网领域的布局整体相对落后。在实际应用中，专网通常服务于政府、公安、能源、消防、轨道交通等部门，大部分情况下被用来进行应急通信、调度指挥。专网的性能可靠、低成本、定制化的特点，让专网在行业应用中具备不可替代的优势。即便5G时代呼啸而来，专网依旧能够找到自己的用武之地。过去专网服务的对象群体较为集中，与5G技术侧重的垂直行业有一些差异，但这种差异正在逐渐缩小。

　　5G切片技术的发展也从技术上为行业专网的宽带化提供了充足的技术储备。未来，行业专网将在安全技术、多业务支持、行业定制、双模架构等方面进一步增强，并与5G其他技术进一步融合。

7.1 专网与 5G 业务融合展望

当前，随着信息技术发展的日新月异和大数据时代的到来，各行业的应用需求也发生了很大变化。高清图像、高清视频、大规模数据传输和应用等宽带多媒体业务逐渐成为潮流。5G 技术具有广覆盖、大带宽、低时延等显著优势，专网也密切关注 5G 的动向，不过采用 5G 技术来提升专网通信技术的过程是曲折的。虽然在安防、工业互联网、智慧车联网等领域，采用 5G 技术建设专网具有非常显著的优势，5G 无人机、5G 运输车等应用也扩大了专网的应用范围，丰富了专网的应用场景，但是数据传输仅仅是行业需求的一部分，更重要的是，要保证其关键通信能力可靠有效的指挥调度，在这一方面，传统专网的技术优势依旧无可取代。因此，无论是用 4G 还是用 5G 建设的专网，在短期内都难以撼动传统专网在垂直行业的地位。未来的专网技术很可能是传统专网技术和新一代通信技术的融合，应用于不同的业务场景。5G 技术可能会在扩展专网边界、推动新型应用等方面大展身手。当然，随着 LTE 的普及和 5G 等新一代通信技术的快速发展，专网和公网相统一的可能性也会随之增强。

专网与公网同根同源，公网的产业规模巨大，专网的未来需要尽可能引入公网技术。随着技术的推进，宽带化将首先成为专网发展的方向。4G 宽带、5G 切片技术的发展，也从技术上为行业专网的宽带化提供了充足的技术储备。专网仍然有强烈的应用需求，因此，公网并不能完全取代专网。金融、交通等特殊行业出于对信息安全、网络管理的需要，通常会采用独立于公网运行的专业网络。随着 5G 时代的到来，专网和公网将出现更加深度的融合，例如，运营商可能会基于 5G 技术切入专网，提供具有成本优势的行业应用解决方案，为专网的技术应用创造条件。

7.2 宽带集群增强技术

7.2.1 增强的集群安全技术

TD-LTE 专网虽然继承了 LTE 标准空口加密的特性，但一些特殊的行业应用（例如，保密要求比较高的单位）必须防止遭受恶意攻击及信息被截获或篡改，因此，这些应用要求移动通信必须具有更高的安全性。为了满足高安全性的通信需求，需要有基于移动交换网的端到端加密通信系统，来保证敏感数据的全程加密。目前，LTE 技术可以保障用户身份安全和点到点数据传输的安全，但是不能保障点到多点的数据传输安全。宽带集群增强技术需要在继承LTE现有安全功能的基础上，考虑行业专网的特殊安全需求，针对专网系统提供增强的安全功能。专网系统的安全应满足用户身份安全、数据的加密和完整性保护等需求。考虑到语音组呼、视频组呼、组播短数据等业务的安全需求，专网系统不仅要支持点到点数据传输安全，还要支持点到多点的数据传输安全。同时，对于不同行业差异化的安全需求，端到端加密方案依托宽带集群技术架构，将其作为安全通道，从而实现完整的端到端加密功能。

1. 宽带集群安全功能

对于各种采用点到点传输的信令和业务，例如，数据业务、集群单呼业务和集群组呼业务中讲话方的上行传输，B-TrunC系统主要支持以下安全功能。

① 用户身份保密。

② 认证和密码协商。

③ RRC和NAS信令机密性保护。

④ RRC和NAS信令完整性保护。

⑤ 用户面数据安全。

⑥ 网络域的控制面保护。

⑦ 回传链路用户面保护。

⑧ S1接口管理面保护。

B-TrunC系统增强的安全要求如下。

① 对于集群业务，支持下行点到多点传输的RRC信令空口加密和完整性保护功能，支持下行点到多点传输的用户面和空口加密功能，支持下行点到多点传输的NAS层信令加密和完整性保护功能。另外，下行点到多点传输的RRC信令和用户面支持"一话一密"。

② 对于终端的集群业务，在NAS信令中提供端到端加密信息的传输通道。

③ 对于调度台，支持SIP Digest挑战鉴权机制。

2. 系统端到端加密

端到端加密解决方案提供终端TF加密卡和密钥分配中心（Key Distribution Center，KDC）。TF加密卡需要在KDC进行开户设置，通过设置终端的电子序列码或国际移动设备标志号码和终端绑定，通过设置USIM的国际移动用户标志、MSISDN号码和用户绑定。TF加密卡在KDC开卡后，且与KDC通过双向认证后才能进行通信。

TF加密卡提供了一套接口供终端调用，完成主存储器（Core Memory，CM）与终端的认证、短信加解密、点呼语音加解密、集群语音加解密的调用，其具体过程如下。

① CM和KDC之间没有直接的连接，所有的CM和KDC之间交互的消息需要通过

UE 调用 CM 的接口才能写入和读取，CM 和 KDC 交互的消息中包含加密密钥。

② UE 主动调用 CM 的接口，从函数的返回参数获得 CM 产生的消息，并转发给 KDC。

③ UE 收到 KDC 下发给 CM 的消息后，调用 CM 的接口写入。如果 CM 需要返回给 KDC 消息，则 UE 从 CM 的调用函数的返回参数中获得。

④ CM 和 KDC 之间的消息有完整性保护，中间不能修改，KDC 和 CM 会对消息的完整性进行判断。

安全模型网络架构示意如图 7-1 所示。

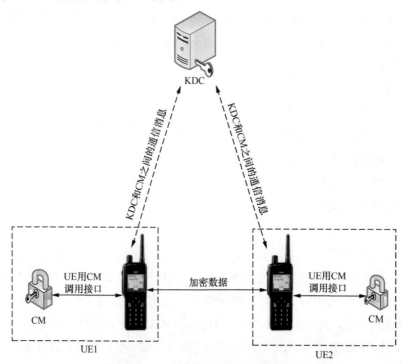

图7-1　安全模型网络架构示意

CM 获得 KDC 分发的密钥之后，终端调用 CM 的接口进行通信数据的加密和解密，从而实现端到端的加密通信。

端到端加密采用三层密钥体系，CM 和 KDC 保证了所有的密钥只有 CM 和 KDC 可见和使用，有关密钥的字段在消息传递过程中都已加密。端到端加密的三层密钥体系如图 7-2 所示。

一层密钥：即设备根密钥，由 TF 加密卡初始化时写入。TF 卡保证一层密钥的安全性，一层密钥是非对称密钥体系，存在 TF 卡中的是私密钥，不能获取。一层密钥用于 KDC 对 TF 卡的认证，保证后续密钥分发流程的安全性。一层密钥的更新周期通常为 5 年，因此，用户可以定期收回终端，重设一层密钥。

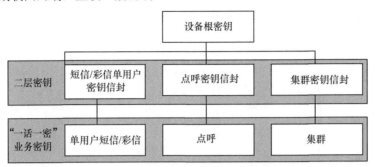

图7-2　端到端加密的三层密钥体系

二层密钥：业务级的基础密钥。点呼、短信/彩信各一个，集群通信的每组分别有一个。二层密钥也被保存在终端的 TF 卡内，不能从 TF 卡中获取，只有 TF 卡知道解开后的密钥值。下发二层密钥时，使用 TF 卡的公共密钥加密，并由 KDC 的数字签名保护。二层密钥更新周期可以由用户设定，通常为 1 周或 1 个月，由 KDC 产生和下发。

三层密钥：即"一话一密"业务密钥，也叫会话密钥，用于加密用户面数据的业务密钥。三层密钥由终端调用 TF 卡的接口生成会话密钥申请请求，然后将申请请求发送给 KDC，KDC 使用二层密钥加密三层密钥，并使用二层密钥对消息做完整性保护。三层密钥也保存在 TF 卡中，不能获取。

3. 典型专网的加密网络拓扑结构

系统提供支持端到端加密功能的无线设备（终端、LTE 核心网、调度机、KDC 密钥代理）、终端 TF 加密卡、KDC 及终端 TF 加密卡注密设备等配套网元。典型的端到端加密网络结构如图 7-3 所示。

由于 KDC 和 CM 之间没有直接的通信通路，KDC 和 CM 之间的交互消息需要由 UE 代理。而 KDC 设备为了自身安全，不暴露 IP 地址，不能和终端直接建立通信连接，因此，在网络中增加一个 KDC 代理，代理 UE 和 KDC 之间的连接。其过程如下。

① 引入加密通信后，需要在通信的两端分发加密密钥。

② 在点呼和群呼流程中，为了减少呼叫时延，CM 到 KDC 的密钥请求过程和呼叫信令流程结合。

③ UE 从 CM 获得密钥请求消息之后，在业务信令消息中，发送给 MDC，由 MDC 再转发给 KDC 代理。

④ KDC 返回的密钥信息也经 KDC 代理转发给 MDC，并由 MDC 通过信令流程转发给参与通信的终端。

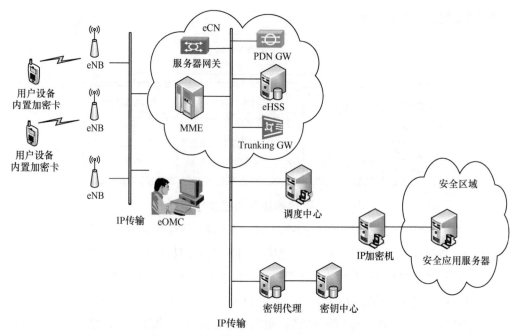

图7-3 典型的端到端加密网络结构

4. 端到端加密需要改进的方面

E2EE 在保护数字通信方面的能力较强，但它并不能确保数据安全。首先，端点定义困难，在传输的特定阶段，一些 E2EE 允许对加密数据进行解密和重新加密。因此，正确描述和区分通信电路的端点至关重要。其次，隐私太多，服务提供商无法为执法部门提供访问内容的权限，政府和执法机构担心端到端加密可以保护那些传输非法内容的人。再次，元数据可见，尽管传输中的消息经过加密且难以阅读，但有关消息仍然可用，例如，发送日期和接收者，这对闯入者来说可能很有价值，如果端点被利用，则加密数据可能会暴露。最后，尽管端到端加密目前是一项强大的技术，但随着量子计算技术的不断发展，数据安全可能会在未来受到一定威胁。

7.2.2　增强的组网和互通技术

目前，宽带集群通信技术还处于本地组网阶段，开放了终端（包括无线终端、调度台）与系统的接口。但在实际应用中，各行业对专网的需求不再局限于本地应用，还有向区域或全国性方向发展的需求。例如，政务行业一般以城市级进行建设，而行政管理、日常办公等信息按行政级别上传下达，要求省级网络与下辖的市级网络之间，以及市级网络之间能够形成一张网，保证信息安全传输和业务互联互通。因此，宽带集群增强技术要能够支持大规模组网，满足集群核心网间业务互联互通的需求，在现有宽带集群产品的基础上开放集群核心网间接口、集群核心网和集群基站间接口，以支持灵活的组网方式和业务需求。规模组网和业务互通则需要专网系统能够支持统一签约数据管理、网络互联和漫游等能力。增强的组网和互通技术将更好地保障网络运营的可靠性，提高网络扩容的灵活性，提升网络资源的利用率。

行业专网宽带化发展已成为大趋势，但仍不能忽视现有网络中已经部署的一定规模的窄带系统，例如，具有代表性的主要应用在轨道交通行业的窄带集群系统 TETRA 和主要应用在公安行业的 PDT 系统。虽然宽带集群技术正在快速成熟，但是短期内，从保护现有窄带网络投资等方面考虑，宽带系统还无法完全替代窄带系统。综合用户实际需求、技术标准、频率资源和投资成本等因素，窄带集群系统与宽带集群系统的关系不应该是简单的替代关系，而应是在一定的时间内共存、融合互补。宽窄带业务融合要解决宽带集群用户和窄带集群用户之间的语音单呼和短数据等业务互通问题，同时，还要满足混合编组语音组呼和组播短数据等业务融合需求，未来还将有更深层次的宽窄带业务融合。

总之，宽带集群增强技术将实现终端、基站、核心网和应用平台之间接口的全面开放，满足政务、轨道交通和电力等各个行业宽带集群调度的特色业务需求，提供增强的安全机制，并实现与窄带集群系统的互联互通。未来，行业专网应用将向更加多样化的场景、更高的业务性能要求和全方位的安全保障方向发展，能够为不同行业应用提供差异化的网络服务、安全保障和网络接入能力。

目前，宽带集群第二阶段技术标准经过两年的研究和讨论后，技术总体要求已发布，新的要求实现了更加全面的宽带集群网络架构、完善的组网和漫游机制、标准开放的网元间接口，并且支持了宽窄带集群系统的融合。第二阶段标准化的无线宽带集群系统新增了核心网设备间的 5 个接口（5 个接口分别为 TC1、TC2、S6a、S5/S8、S10），同时，开放了第一阶段定义的 S1T 接口。这意味着基于 LTE 的宽带集群产业即将进入大规模组网和互联互通的新阶段。

7.2.3　支持多样化的业务能力

随着移动互联网的迅速发展，专网在应用上除了具备语音、视频和调度控制等基本功能，还需要具备更多样化的业务能力。要实现多业务的联合调度，专网需将常用的宽窄通信系统业务统一到一张图上，例如，PDT 窄带数字集群、海事卫星电话、4G 宽带数字集群等，加上已有的普通电话、IP 电话、公网移动终端等，多样化的通信制式为应急指挥调度带来多重保障。因此，语音的融合调度是十分重要的。通过统一的语音通信调度管理，实现全网的单呼、组呼、广播、强插、强拆、动态重组等功能，完成指挥中心与突发事件现场、上级应急平台与下级应急平台、领导专家和现场救援人员等多方的语音信息交换。

在特定行业，宽带集群通信技术要具有支持多样化功能的业务能力。未来，宽带集群增强技术能够把不同业务与集群指挥调度业务完美地结合起来，形成专业级的解决方案。

7.2.4 深度的行业定制能力

宽带集群专网使网络承载更丰富的业务成为可能。随着业务的不断丰富、各行业专网建设需求的加强，以及行业用户的宽带化转型升级，宽带集群增强技术需要具备能够为用户提供更深入的行业定制化服务的能力。

2016 年，业界提出的 LTE-M 集群系统是宽带集群技术和行业应用的完美结合。该系统沿用了宽带集群通信的接入网和核心网，LTE-M 应用层包括列车自动监控网元和调度信息服务器网元，为 CBTC、转组等城市轨道交通的运营维护提供支撑。宽带集群通信架构和 LTE-M 应用层之间采用松耦合，LTE-M 业务流程（例如，功能号查询、列车信息更新、转组通知等）与集群通信技术支持的单呼、组呼、动态重组流程彼此独立，通过将集群业务过程和 LTE-M 业务过程关联，整合为一个完整的 LTE-M 端到端流程。

以轨道交通行业为起点，未来，在宽带集群技术的基础架构上可增加应用层能力，形成不同行业的集群标准，实现对集群技术进行定制开发后转化为垂直行业领域的行业解决方案，进一步适用于各类行业应用和复杂多变的组网场景，并可以根据行业的具体需求进行深度定制。

7.2.5 新型双模架构设计

未来，宽带集群系统可采用现有的窄带数字集群技术与高速数据传输技术的双模体系架构，使用窄带数字集群技术实现控制、广播、语音通话及短信等基本业务，使用高速数据传输技术实现高速的分组数据业务，从而获得每秒几兆至几十兆的数据传输速率。近年来，宽带无线传输技术有了很大提高，尤其在多址技术和多天线技术方面有了非常大的改进。同时，宽带集群系统也进行了其他方面的局部改进，例如，调制与编码技术结合宽带数字集群通信系统，在能满足性能指标要求的前提下选择合适的系统设计参数，降低了系统复杂程度和研发成本。双模架构的宽带数字集群通信系统中涉及以下研究热点。

1. 下行多址技术

OFDMA 是目前无线宽带通信技术中下行信道最常用的多址接入技术，基于 OFDM 的信道估计算法早已成为国内外通信领域的研究热点，包括 OFDM 技术信道估计及 OFDM 技术与多天线分集相结合的 MIMO-OFDM 技术信道估计。OFDM 技术具有频谱效率高、带宽扩展性强的特点，易于实现 MIMO 技术的调制方式，而且在抗多径传播和多普勒频移、消除符号间干扰、抗频率选择性衰落等方面性能较好。OFDM 技术可以成为未来移动通信的核心技术。但同时，OFDM 在峰值平均功率比、时间与频率同步、多小区多址和干扰抑制方面存在一定局限性，需要采取相应的技术措施来保证系统性能的相应指标。

2. 上行多址技术

上行多址技术和下行多址技术有所不同，由于终端能力有限，尤其是发射功率受限，所以这对上行传输技术选择有很大影响。OFDM 这样的多载波技术，在发送信号时具有非常高的 PAPR，增加了模 / 数、数 / 模复杂度，降低了 RF 功率放大器的效率，使发射机功放效率成本耗电量增加，不利于在上行链路实现。因此，相关规划设计人员可以考虑采用集中式单载波 FDMA（SC-FDMA）技术 DFT-S-OFDMA 作为上行多址技术。DFT-S-OFDMA 技术将传输带宽分为正交的子载波集合，并将不同的子载波集合分配给不同的用户，系统传输带宽可以灵活地在多个用户之间共享，同时，信号在频域的正交性避免了系统中出现用户多址干扰。

3. 切换技术

双模设计引入一个关键问题，即窄带集群模式与宽带集群模式之间的切换。处于窄带集群网络的移动台（Mobile Station，MS）仅能够使用窄带业务，而无法使用宽带网络的多媒体业务，例如，可视电话、实时视频、高速数据等。因此，应该在窄带集群和宽带集群均有覆盖的地方，优先选择宽带网络，在宽带网络覆盖不到的地方，仍可以利用窄带网络为 MS 提供服务，保持业务的连续性。切换过程包括测量控制、测量报告、切换判决和切换执行。其中，在测量控制阶段，网络通过发送测量控制信息通知 MS 进行测量的参数；在测量报告阶段，MS 向网络发送测量报告消息；在切换判决阶段，网络根据测量报告做出切换判断；在切换执行阶段，MS 和网络执行信令流程，并根据信令做出相应动作。

●● 7.3 宽带集群技术的研究热点

数据增强型宽带数字集群通信系统采用新的空中接口标准，在现有的数字集群通信系统的基础上进行扩展与修改，向下兼容能力较强。为了提高数据传输速率以实现宽带集群的多媒体业务，数据增强型宽带数字集群通信系统需要捆绑多个信道来增加信道带宽，使之成为虚拟的单个信道，然后再采用多电平调制的方式提高数据的传输速率。数据增强型宽带数字集群通信系统中涉及信道捆绑技术、信道链路适配技术、协议栈升级技术、多协议标记交换（Multi-Protocol Label Switching，MPLS）多播技术等。

7.3.1 信道捆绑技术

扩展信道带宽需要利用连续的频谱资源，并将连续多个信道绑定使用，例如，信道带宽从 25kHz 扩展到 150kHz 时，需要将 6 个连续信道捆绑使用。从理论上讲，信道带宽的提升必然会带来数据传输速率的提升。但通信距离、信道带宽与传输速率之间存在密切的关系，在相同的调制下，信道带宽增加一倍，则传输速率增加一倍，但接收灵敏度会下降约 3dB。这意味着要保持原有的 QoS，通信距离必须缩短。同样，在相同信道带宽的情况下，采用多电平调制可以实现传输速率提升一倍，接收灵敏度下降约 5dB，这意味着要保持原有的 QoS，也需要缩短通信距离。因此，信道带宽不能无限增加且不易选取过高。具体的信道带宽和调制电平应依据实际业务对数据速率的要求进行调整，并通过仿真确定其具体的取值。

7.3.2 信道链路适配技术

信道链路适配技术为了保证多媒体信息传输的质量，改善信道的链路效率，依据当前的链路状态和传输的数据类型自适应地改变调制电平或编码率，包括 AMC 技术和 HARQ 技术。其中，AMC 技术是在给定数据传输质量要求的前提下，根据无线信道的实际情况、平均信噪比、平均时延、通信中断概率和数据速率等来决定采用何种调制和编码方式。AMC 技术组成框架如图 7-4 所示。编码码率和调制阶数的变换实质上是一种变速率传输控制方法，以适应无线信道衰落的变化，具有抗多径传播能力强、频谱利用率高等优点。

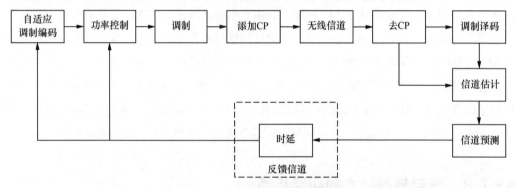

图7-4 AMC技术组成框架

混合自动重传请求技术是为了降低移动通信信道时变性和多径衰落造成的较高误码率，提高系统吞吐量，提高数据传输的可靠性，确保 QoS 而采用的差错控制技术。其主要应用于数据链路层和物理层中。AMC 技术虽然抗多径传播能力较强、频谱利用率较高，但对测量误差时延较敏感。

7.3.3 协议栈升级技术

1. 多媒体交换层技术

如果要增强传输多媒体分组数据功能，则需对现有的数字集群通信系统协议栈进行部分修改。为了实现对多媒体分组数据传输路由等的管理，增加了 MEX 子层。MEX 子层位于 MS 协议栈的子网相关汇聚协议（SubNetwork Dependent Convergence Protocol，SNDCP）之上，它为多媒体分组数据应用于 SNDCP 提供接口，与 MEX 相连的多媒体应用不仅可以是 MS 内部的应用，也可以是外接设备的应用，数量多达 8 个。MEX 为这些应用提供与 SNDCP 之间的路由业务，以保证正确发送和接收多媒体信息。另外，MEX 可以对同时传输的多媒体信息提供优先级管理。

2. 高层协议实体的升级

实现点对点或点对多点的 IP 数据业务，数据业务主要分为 3 类：第一类是实时数据，这类数据不能超出一定的时延，不能出现丢包；第二类是遥测数据，某些应用间断地使用此类数据，允许有一定的时延和丢包；第三类是背景数据，这类数据不允许出现丢包，可以有一定的时延。升级后的协议标准应具备为各种应用提供这些数据传输服务的能力。

7.3.4 MPLS 多播技术

宽带多媒体集群网是满足行业指挥调度应用的专业移动通信系统，最重要的是实现快速指挥调度功能，在一对多或者多对多的情况下，集群通信系统中对于组呼功能的要求越来越高，这就需要核心网在设计方面比公众网具有更高的要求。MPLS 技术将第二层的快速交换和第三层的路由技术有机结合，作为一种新的数据传输技术得到越来越多的应用。因此，将 MPLS 技术与多播技术相结合，可以实现宽带多媒体集群系统核心网中数据包快速高效的传输，一方面提高了数据包的传输速率，另一方面可以保证最优化应用网络资源。

MPLS 作为新一代的 IP 高速骨干网络交换标准，是一种将第三层路由技术和第二层交换技术相结合的交换技术，其基本原理是依照不同的转发等价类别，对分组进行分类，从而给分组贴上标记，并将标记存储在标记交换路由器里的相应标记转发表项中，随后，分组在 MPLS 域中依照标记进行交换，从而完成在标记交换路径上的传输。MPLS 多播技术是一种允许数据包从一个或者多个源发送到多个目的地的优化使用带宽的路由技术。MPLS 多播技术区别于单播、广播技术，MPLS 多播技术仅发送单一的数据包到要接收数据的用户，广播需要发送 N 份复制的数据包到 N 个用户。MPLS 从一开始就没有充分考虑对多播的支持。近年来，各国学者在 MPLS 支持多播方面进行探索，力求提出一些行之有效的方法。IETF 工作组提出了一个 MPLS 多播框架文档。该文档综述了在 MPLS 环境下配置 IP 多播的框架及可能出现的问题，但并未提供一个完整的 MPLS 多播解决方案。在后来的技术方案研究中，学者们提出了大量的多播解决方案。这些方案大多侧重在建立 LSP 树的触发方式，在减少转发状态数方面，A. Boudani，B. Cousin 等人提出使用一种 MPLS 多播树的技术方案，关键是在分枝节点路由器上保存转发状态，在每两个分枝路由器之间建立 LSP 树，所有的多播数据包都可以被当作单播数据包来处理，大大减少转发状态数。然而，多播树并未完全解决 MPLS 多播固有的 3 种局限性，且在多播树的健壮性、发生故障时的恢复机制方面有欠缺。在标签聚集方面，Young-Kyu 等人采用一种多播标签聚集机制。

总之，MPLS 多播技术作为宽带多媒体集群网的核心网，具备指挥、调度、宽带多媒体数据传输等重要功能，未来，将从 MPLS 多播树的构建、MPLS 多播的标签聚集、MPLS 多播抗毁机制等方面缩短呼叫建立的时间，增强网络的可靠性和安全性。

●●7.4 本章小结

5G 技术在商用化过程中逐渐成熟，集群通信系统有了实现大带宽、低时延的可能性，为了应对日益增长的集群通信行业用户的增长及业务的扩展，迫切需要对宽带集群通信技术进行面向 5G 的数字化集群通信系统研发，例如，新型多天线技术、高频段传输、同频双全工、D2D 直通等技术的引入，针对不同的行业需求提供深度定制能力。同时，为了最大限度地保护现有用户的投资，数据增强型集群系统和双模架构系统给用户提供了多种选择。其中，双模架构集群系统更注重大带宽、大数据的传输性，数据增强型集群系统更注重向下兼容、低功耗及易实现性，用户可以根据不同的需求选择不同的发展方向。目前，在应对突发事件时，为了能够出色地完成现场指挥调度任务，将社会、经济损失降到最低，用户执行任务过程中不但要求"听得清"，更要求"看得见、看得准"。这就需要各大集群通信系统的研究单位、生产厂商和运营部门发挥各自的优势，真正实现向下兼容的宽带数字集群通信系统，提供更丰富的服务业务，更好地满足行业用户个性化的需求。

参考文献

[1] 宋得龙，徐杨．宽带集群通信产业发展现状及特点．电信网技术 [J]．2020(8):72-74.

[2] 李芳．宽带多媒体集群网中 MPLS 多播关键技术研究 [D]．哈尔滨：哈尔滨工业大学．2013.

缩略语

英文缩写	英文全称	中文全称
3GPP	3rd Generation Partnership Project	第三代合作伙伴计划
AAU	Active Antenna Unit	有源天线单元
ACK	Acknowledgement	肯定应答
AGC	Automatic Gain Control	自动增益控制
AM	Acknowledged Mode	确认模式
AMR	Adaptive Multi-Rate	自适应多速率编码
AS	Access Stratum	接入层
BLER	Block Error Rate	误块率
B-TrunC	Broadband Trunking Communication	宽带集群通信
BWP	Band-Width Part	部分带宽
CCE	Control Channel Element	控制信道单元
CCSA	China Communications Standards Association	中国通信标准化协会
CDD	Cyclic Delay Diversity	循环时延分集
CDM	Code Division Multiplexing	码分复用
CM	Core Memory	主存储器
CORESET	Control-Resource Set	控制资源集合
CP	Cyclic Prefix	循环前缀
CPE	Customer Premise Equipment	用户驻地设备
CP-OFDM	Cyclic Prefix-OFDM	带有循环前缀的 OFDM
CQI	Channel Quality Indicator	信道质量指示
CRC	Cyclic Redundancy Check	循环冗余校验
CSI	Channel State Information	信道状态信息
CSI-RS	Channel State Information-Reference Signal	信道状态信息参考信号
D2D	Device-to-Device	设备到设备
DCI	Downlink Control Information	下行控制信息
DFT-S-OFDM	DFT Spread OFDM	DFT 扩频的 OFDM
DL	DownLink	下行

英文缩写	英文全称	中文全称
DL-SCH	Downlink Shared CHannel	下行共享信道
DM-RS	Demodulation Reference Signal	解调参考信号
DSS	Decision Support System	决策支持系统
DVR	Digital Video Recorder	数字录像设备
EDACS	Enhanced Digital Access Communication System	增强型数字接入通信系统
eHSS	enhanced Home Subscriber Server	增强型归属用户服务器
EIRP	Effective Isotropic Radiated Power	有效全向辐射功率
EMM	Enterprise Mobility Management	企业移动管理
eMTC	enhanced Machine Type Communication	增强类机器通信
ETSI	European Telecommunications Standards Institute	欧洲电信标准化协会
FHMA	Frequency Hopping Multiple Access System	跳频多址接入系统
GIS	Geographic Information System	地理信息系统
gNB	gNodeB	基站
GNSS	Global Navigation Satellite System	全球导航卫星系统
GOB	Grid Of Beam	波束扫描法
GP	Guard Period	保护间隔
G-RNTI	Group Radio Network Tempory Identity	组无线网络临时标识
GTP	General Packet Radio Service Tunnelling Protocol	通用分组无线服务隧道协议
HARQ	Hybrid Automatic Repeat reQuest	混合自动重传请求
ICI	Inter-Carrier Interference	子载波间干扰
ICIC	Inter-Cell Interference Coordination	小区间干扰协调技术
IDRS	Integrated Dispatch Radio System	集成分配无线电系统
IPC	IP Camera	网络摄像机
IPPBX	IP Private Branch eXchange	IP 网络电话交换机
ISDN	Integrated Service Digital Network	综合业务数字网
ITIL	Information Technology Infrastructure Library	IT 信息技术基础架构库
IMSI	Internation Mobile Subscriber Identity	国际移动用户标志
KDC	Key Distribution Center	密钥分配中心
LoS	Line of Sight	视距传播
LTE	Long Term Evolution	长期演进技术
MBSFN	Multicast Broadcast Single Frequency Network	多播 / 组播单频网络

英文缩写	英文全称	中文全称
MCS	Modulation and Coding Scheme	调制与编码策略
MIB	Master Information Block	主信息块
MIMO	Multiple Input Multiple Output	多输入多输出
NAS	Non-Access Stratum	非接入层
Ng-eNB	Next generation eNodeB	下一代 eNodeB
NGN	Next Generation Network	下一代网络
NG-RAN	Next Generation-Radio Access Network	下一代无线接入网
NLoS	Non Line of Sight	非视距传播
NR	New Radio	新空口
NVR	Network Video Recorder	网络硬盘录像机
OFDM	Orthogonal Frequency Division Multiplexing	正交频分复用
OFDMA	Orthogonal Frequency Division Multiple Access	正交频分多址接入
P2P	Peer-to-Peer	点对点
PAPR	Peak-to-Average Power Ratio	峰值平均功率比
PBCH	Physical Broadcast CHannel	物理广播信道
PDCCH	Physical Downlink Control CHannel	物理下行控制信道
PDCP	Packet Data Convergence Protocol	分组数据汇聚协议
PDSCH	Physical Downlink Shared CHannel	物理下行共享信道
PDT	Police Digital Trunking	警用数字集群
PDU	Protocol Data Unit	协议数据单元
PHICH	Physical Hybrid ARQ Indicator CHannel	物理 HARQ 指示信道
PIS	Passenger Information System	乘客信息系统
PMI	Precoding Matrix Indicator	预编码矩阵指示
POI	Point Of Interface	多系统接入平台
PPDR	Public Protection and Disaster Relief	公共保护和抢险救灾
PRACH	Physical Random Access CHannel	物理随机接入信道
PRB	Physical Resource Block	物理资源块
ProSe	Proximity Services	邻近服务
PSBCH	Physical Sidelink Broadcast CHannel	物理直连广播信道
PSCCH	Physical Sidelink Control CHannel	物理直连控制信道
PSFCH	Physical Sidelink Feedback CHannel	物理直连反馈信道

英文缩写	英文全称	中文全称
PSSCH	Physical Sidelink Shared CHannel	物理直连共享信道
PSTN	Public Switched Telephone Network	公众电话交换网
PT–RS	Phase Tracking–Reference Signal	相位跟踪参考信号
PUCCH	Physical Uplink Control CHannel	物理上行链路控制信道
PUSCH	Physical Uplink Shared CHannel	物理上行共享信道
QAM	Quadrature Amplitude Modulation	正交调幅
QCL	Quasi Co–Located	准共址
QoS	Quality of Service	服务质量
QPSK	Quadrature Phase Shift Keying	四相移相键控
RB	Resource Block	资源块
RCMS	Remote Container Management System	远程起重机管理系统
RE	Resource Element	资源单元
REG	Resource Element Group	资源单元组
RI	Rank Indicator	秩指示
RLC	Radio Link Control	无线链路控制层
RoHC	Robust Header Compression	健壮性报头压缩
RRC	Radio Resource Control	无线资源控制
RRU	Remote Radio Unit	射频拉远单元
RSRP	Reference Signal Received Power	参考信号接收功率
RTP	Real–time Transport Protocol	实时传输协议
S1AP	S1 Application Protocol	S1 应用层协议
SBCCH	Sidelink Broadcast Control CHannel	直连广播控制信道
SCCH	Sidelink Control CHannel	直连控制信道
SCI	Sidelink Control Information	直连控制信息
SCS	Sub–Carrier Spacing	子载波间隔
SCTP	Stream Control Transmission Protocol	流控制传输协议
SDAP	Service Data Adaptation Protocol	服务数据自适应协议
SDK	Software Development Kit	软件开发工具包
SDU	Service Data Unit	服务数据单元
SFCI	Sidelink Feedback Control Information	直连反馈控制信息
SFN	System Frame Number	系统帧号

英文缩写	英文全称	中文全称
SINR	Signal to Interference Plus Noise Ration	信号与干扰加噪声比
SIP	Session Initialization Protocol	会话起始协议
SL	Side Link	直通链路
SL-BCH	Side Link Broadcast CHannel	直连广播信道
SL-DRB	Side Link Data Radio Bearer	直连数据无线承载
SL-RNTI	Side Link Radio Network Temporary Identifier	直连无线网络临时标识
SL-SRB	Side Link Signalling Radio Bearer	直连信令无线承载
SLSS	Sidelink Synchronization Signal	直连同步信号
SN	Sequence Number	序列号
SPS	Semi-Persistent Scheduling	半永久性调度
S-PSS	Sidelink Primary Synchronization Signal	直连主同步信号
SR	Service Request	服务请求
S-SSB	Sidelink Synchronization Signal Block	直连同步信号块
S-SSS	Sidelink Secondary Synchronization Signal	直连辅同步信号
STCH	Sidelink Traffic CHannel	直连业务信道
TBS	Transport Block Size	传输块尺寸
TCCH	Temporary Control CHannel	临时控制信道
TM	Transparent Mode	透明模式
TMF	Truncking Media Function	集群媒体功能
TPCCH	Trunking Paging Control CHannel	集群寻呼信道
TPTI	Trunking Procedure Transaction Identity	集群传输标识
TSM	Trunking Service Management	集群业务管理
UE	User Equipment	用户终端
UL	UpLink	上行
UM	Unacknowledge Mode	非确认模式
V2X	Vehicle to Everything	车联网
VRB	Virtual Resource Block	虚拟资源块
xGW	x-GateWay	综合网关